江苏省医药类院校信息技术系列课程规划教材
江苏省卓越医师药师（工程师）规划教材

新编大学计算机信息技术教程

（第二版）

主　编　周金海　印志鸿
副主编　王　珍　董海艳　郑晓梅　高治国　顾金媛
编　委　张卫明　张　季　佘侃侃　程　月　范永龙
主　审　施　诚

【微信扫码】
本书导学&开篇自测，领你入门

南京大学出版社

内容提要

本书是在教育部高等学校医药类计算机基础课程教学指导分委员会的指导下，以《高等学校医药类计算机基础课程教学基本要求及实施方案》为依据，结合医药类院校的实际教学情况而组织编写的。

全书共分7章，包括信息技术概论、计算机组成原理、计算机软件系统、计算机网络、数字媒体及应用、数据库原理以及医院信息系统。本书编写的宗旨是使读者较全面、系统地了解计算机基础知识，具备计算机实际应用能力，并能在各自的专业领域中自觉地应用计算机进行学习与研究。

本书在内容组织上，不仅涵盖了计算机等级考试要求的相关知识，而且还加入了信息技术在医药行业实际应用的知识和案例，为医药类专业学生将信息技术与专业知识更好地融合打下坚实的基础。本书既可作为医药类高等院校各专业及护校各专业的大学计算机信息技术课程的实验教材，也可作为医药类研究生计算机应用基础课程的参考教材，还可供医院医护人员、制药企业职工进行计算机知识能力培训时使用。

图书在版编目(CIP)数据

新编大学计算机信息技术教程 / 周金海，印志鸿主编. — 2版. — 南京 ：南京大学出版社，2017.8

江苏省医药类院校信息技术系列课程规划教材

ISBN 978-7-305-19137-4

Ⅰ. ①新… Ⅱ. ①周… ②印… Ⅲ. ①电子计算机—医学院校—教材 Ⅳ. ①TP3

中国版本图书馆 CIP 数据核字(2017)第187028号

出版发行 南京大学出版社

社　　址 南京市汉口路22号　　邮编 210093

出 版 人 金鑫荣

丛 书 名 江苏省医药类院校信息技术系列课程规划教材

书　　名 新编大学计算机信息技术教程(第2版)

主　　编 周金海　印志鸿

责任编辑 钟亭亭　王南雁　　**编辑热线** 025-83597482

照　　排 南京理工大学资产经营有限公司

印　　刷 赣榆县赣中印刷有限公司

开　　本 787×1092　1/16　印张 13.25　字数 331千

版　　次 2017年8月第2版　　2017年8月第1次印刷

ISBN 978-7-305-19137-4

定　　价 31.80元

网　　址：http://www.njupco.com

官方微博：http://weibo.com/njupco

官方微信号：njupress

销售咨询热线：(025)83594756

前　言

随着信息技术的飞速发展,信息技术的应用已经渗透到高等院校的各个学科和专业中,大学信息技术课程的改革必须与时俱进。大学开设信息技术课程已经有较长的时间,相关教材也比较多,但是适用于医药类院校的好教材较为缺乏。

大学计算机基础是非计算机专业高等教育的公共必修课程,是学习其他计算机相关技术课程的前导和基础课程。本教材是针对医药类院校中非计算机专业"大学信息技术基础"课程的教学而编写的理论教材。本教材编写的宗旨是使读者较全面、系统地了解计算机基础知识,具备计算机实际应用能力,并能在各自的专业领域中自觉地应用计算机进行学习与研究。

本教材是在教育部高等学校医药类计算机基础课程教学指导分委员会的指导下,以《高等学校医药类计算机基础课程教学基本要求及实施方案》为依据,结合医药类院校的实际教学情况而组织编写的。本书在内容组织上,不但涵盖了计算机等级考试要求的相关知识,而且还加入了信息技术在医药行业实际应用的知识和案例,为医药类专业学生将信息技术与专业知识更好地融合打下坚实的基础。

本教材概念讲解清晰正确、原理阐述简单明白、案例组织新颖实用。全书共7章,包括信息技术概论、计算机组成原理、计算机软件系统、计算机网络、数字媒体及应用、数据库原理、医院信息系统等。

本教材是由多位具有多年从事计算机基础课程教学、具有丰富教学实践经验的教师编写,与本教材实践教程配套的还有相关的PPT教学课件等(供学生参考使用)。本书还配套有不少网络资源,内容包括导学、知识点讲解、习题解答,其他资源等,覆盖各章节,能够让学习者随时随地用手机观看。这些网络资源以二维码的形式在书中呈现,无需下载与注册,只需用微信扫描即可观看。

本教材是在前一版的基础上针对信息技术的发展做了修订,全书整体结构不变。由周金海、印志鸿担任主编,编写组成员有郑晓梅、王珍、张卫明、张季、佘侃侃、高治国、董海艳、顾金媛、程月、范永龙等。全书由中国医药信息学会(CMIA)理论与教育分会主任施诚教授主审。

本教材在编写过程中得到了编者所在学校各级领导及专家的大力支持和帮助,编写过程中也参阅了大量的书籍与网络资源,书后仅列出主要参考资料,在此一并表示感谢。

由于时间仓促,加上编者水平有限,书中难免有不妥之处,敬请读者批评指正。E-mail:zhoujh2003@126.com。

编　者

2017年5月

目 录

【微信扫码】
拓展阅读 & 趣味测试

第1章　信息技术概论

【微信扫码】
本章导学 & 拓展阅读

1.1　信息与信息技术

信息时代，人通过获得、识别自然界和社会的不同信息来区别不同的事物，得以认识和改造世界。在一切通信和控制系统中，信息是一种普遍联系的形式。信息像传统的物质和能量一样，已成为了组成现代信息社会很重要的要素，它正在改变人们的生存环境和生活方式。

1.1.1　信息的定义与特征

现实世界中每时每刻都产生大量的信息，但信息需要用一定形式表述出来才能被记载、传递和应用。这就要求人们必须使用一组符号及其组合来对信息进行表示，通常称为数据。在计算机领域中，数据的含义非常广泛，它包括数值、文字、语音、图形和图像等反映各类信息的可鉴别的符号。

信息究竟是什么？作为一个严谨的科学术语，信息的定义没有统一的观点，这是由它的极端复杂性决定的。信息的表现形式包括：声音、图片、温度、体积、颜色等；信息的分类包括：电子信息、财经信息、天气信息、生物信息等。信息论的创始人香农(Claude Elwood Shannon)对信息作了如下的定义："信息是用来消除某种不确定性的东西"。现代控制论创始人维纳认为"信息就是信息，不是物质，也不是能量"。经济管理学家认为"信息是提供决策的有效数据"。李宗荣教授在他的《医学信息学导论》一书中指出：任何一个有目的的系统，都必然是材料、能量和信息的和谐结合，材料构成系统的形成，能量产生运转的活力，信息是指挥系统动作的灵魂。信息是事物的属性及内在联系的表征。

国际标准化组织(International Organization for Standardization，ISO)对信息的定义是：信息是对人有用的数据，这些数据将可能影响到人们的行为与决策。ISO对数据的定义是：数据是对事实、概念或指令的一种特殊的表达形式，这种特殊的表达形式可以用人工的方式或者用自动化的装置进行通信、翻译转换或者进行加工处理。根据这一定义，日常生活中的数值、文字、图像、声音、动画、影像等都是数据，因为它们都能负载信息——有用的数据，它们均可以通过人工的方式(或计算机)进行处理。总的来说，数据是对客观事物记录下来的，可以鉴别的符号，其特点是：数据经过处理仍然是数据，数据是信息的基础，经过解释才有意义。

信息的特征有：普遍性、动态性、时效性、多样性、可传递性、可共享性和快速增长性。

当今人类正处于信息爆炸的时代，随着信息技术的高速发展，人们积累的数据量急剧增长。在这样的时代，为了有效地管理这些数据，为了从浩瀚的数据海洋中及时发现有用的信息，提高信息利用率，使数据能真正为人们的决策生成和战略预测服务，一个新的研究方向——计算机数据挖掘和知识发现技术应运而生。

在数据量成几何倍数增加的情况下，大数据和云计算成为当今研究的热点。大数据(big data，mega data)或称巨量资料，指的是需要新处理模式才能具有更强的决策力、洞察力和流程优化能力的海量、高增长率和多样化的信息资产。大数据在医疗方面的应用前景广阔,它能让更多的创业者更方便地开发产品。比如,通过社交网络来收集数据的健康类App。也许未来数年后,它们搜集的数据能让医生的诊断变得更为精确。比如,不是所有成人吃药都是每日三次、一次一片,而是通过检测血液中的药剂代谢完成情况来自动提醒患者再次服药。

总之,数据是信息的源泉,信息是知识的基础。这些概念都是相对的。例如,护士测量患者体温为39℃,这对急诊室来讲是允许挂急诊号的信息,但对处理急诊的临床医生来讲,体温39℃仅是医生处理患者信息中的一个数据;再如,一张化验报告,对化验室来讲是经过数据处理后获得的信息,而对临床医生来讲则是分析疾病的数据。同样,在知识挖掘的过程中,又将已经积累的许多知识视为数据。

1.1.2　信息技术与信息技术产业

信息技术(Information Technology,IT)是主要用于管理和处理信息所采用的各种技术的总称,是用来扩展人们信息器官功能、协助人们更有效地进行信息处理的一类技术。人的信息器官系统包括感觉器官、神经网络、大脑以及效应器官,主要用于信息的获取、传递、处理及反馈。因此,信息技术主要包括信息的获取、存储、传输及控制等方面的技术,是所有高新科技的基础和核心。基本的信息技术包括以下4种:

(1) 扩展感觉器官功能的感测(即获取)与识别技术。

(2) 扩展神经系统功能的通信技术。

(3) 扩展大脑功能的计算(即处理)与存储技术。

(4) 扩展效应器官功能的控制与显示技术。

自20世纪以来,现代信息技术取得突飞猛进的发展,在扩展人类信息器官功能方面取得了杰出的成果,极大地拓展了人类的信息功能水平。雷达、卫星遥感、电话、通信技术、计算机、因特网等产品的问世,代表了人类正在积极地向信息化、智能化社会迈进。

信息技术产业是一项新兴的产业。从20世纪90年代末开始,人类正走进以信息技术为核心的知识经济时代,而信息资源已成为与材料、能源同等重要的战略资源。信息技术正在积极地与传统产业结合,通过它的活动使经济信息的传递更加及时、准确、全面,有利于各产业提高劳动生产率和对传统产业进行改造。信息技术还催生了许多新兴产业的发展。信息技术产业的发展对整个国民经济的发展意义重大;信息技术产业加速了科学技术的传递速度,缩短了科学技术从研制到应用于生产领域的距离;信息技术产业的发展推动了技术密集型产业的发展,有利于国民经济结构上的调整。

物联网和云计算作为信息技术新的高度和形态被提出、发展。根据中国物联网校企联盟的定义,物联网是当下几乎所有技术与计算机互联网技术的结合,让信息更快、更准地搜集、传递、处理并执行,是科技的最新呈现形式与应用。

1.1.3　信息社会

信息社会也称信息化社会,是脱离工业化社会以后,信息起主要作用的社会。在信息社会中,信息成为比物质、能源更为重要的资源,以开发和利用信息资源为目的信息经济活动迅速扩大,逐渐取代工业生产活动而成为国民经济活动的主要内容。信息经济在国民经济中占据主导地位,并构成社会信息化的物质基础。以计算机、微电子和通信技术为主的信息技术革命是社会信息化的动力源泉。

由于信息技术在资料生产、科研教育、医疗保健、企业和政府管理以及家庭中的广泛应用，从而对经济和社会发展产生了巨大而深刻的影响，从根本上改变了人们的生活方式、行为方式和价值观念。

信息社会的特点：

(1) 在信息社会中，信息、知识成为重要的生产力要素，信息、物质、能量一起构成社会赖以生存的三大资源。

(2) 信息社会是以信息经济、知识经济为主导的经济，它有别于农业社会是以农业经济为主导，而工业社会则是以工业经济为主导的经济。

(3) 在信息社会，劳动者的知识成为基本要求。

(4) 科技与人文在信息、知识的作用下更加紧密的结合起来。

(5) 人类生活不断趋向和谐，社会可持续发展。

1.1.4 医药行业信息化建设

信息化是指培养、发展以计算机为主要智能化工具所代表的新生产力，并使之造福于社会的历史过程。信息技术在医药领域中的应用给医药卫生领域带来了前所未有的变革，医护人员的工作效率及病人就医效率都得到极大的提高，医疗服务信息化是国际发展趋势。随着信息技术的快速发展，国内越来越多的医院正加速实施医院信息系统(Hospital Information System，HIS)平台，以提高医院的服务水平与核心竞争力。制药企业信息化建设有利于对药品生产全过程的数据追溯，使其更加符合《药品生产质量管理规范》(Good Manufacturing Practice，GMP)要求，确保用药安全。

在过去几年中，美国医疗服务信息化行业取得了长足发展。谷歌公司与美国的医疗中心合作，为几百万名社区病人建立了电子档案，医生可以远程监控；微软公司推出了一个新的医疗信息化服务平台，帮助医生、病人和病人家属实时了解病人的最新状况；英特尔公司推出了数字化医疗平台，通过信息技术帮助医生与患者建立互动；IBM 公司的"智慧地球"项目工程也已把医疗信息化纳入发展战略。

中国医疗信息化的发展起步较迟，在 20 世纪 80 年代末至 90 年代初，南方经济发达的城市和国内一级城市的大医院开始尝试医院信息化，医疗信息化软件主要以医院 IT 部门自己开发为主，软件功能较弱，软件的设计、开发、测试、培训、支持都较弱，且不规范，操作系统也大部分为 DOS 系统，使用的存储数据库大部分为单机数据库，操作复杂，而且无法良好地实现信息共享与互联，系统性能和稳定性较差。

随着医院环境、设备的改善，医护人员数量和技能不断提高以及人们健康意识的不断增强，医院的门诊量日益增加，人们对于医疗质量、医疗态度、医疗速度、医疗价格的要求也越来越高。医院开始与专业软件公司合作开发医疗信息系统，医院 IT 部门的人员需做好与业务部门衔接、项目组协调、配合实施与培训、专职运营维护等工作。此时的信息化系统已经以 Windows 为主，大型数据库如 MS SQL Server 和 Oracle 被广泛使用，主从 C/S 结构流行，有部分先进的 IT 厂商已经在系统中采用中间件技术，将业务分解成业务组件，可灵活组合，业务与用户界面(User Interface，UI)分离，这使得医院信息化提升到了一个新的水平。

自 2000 年以来，医院信息系统开始与医保系统进行集成互联，此时社区卫生服务站已经在全国开始建设。随着网络技术进入高速发展期，我国建立了全国性的突发疾病疫情监控与上报系统，出现了药品和医疗设备网上招标采购，网上预约、网上医患交流、网上数据上报，各种专业的医疗信息系统不断涌现。医院信息化从结算收费、药品进销存及以财务计费为目标，逐步转向以临床信息化为目标。

目前，电子病历、健康档案、区域卫生医疗被炒得非常火热。健康档案是记录每个人从出生到死亡的所有生命体征的变化，以及自身所从事过的与健康相关的一切行为与事件的档案。区域卫生医疗是在一定区域内的所有医院实现资源共享、信息互联、患者转接等。目前，由于涉及隐私、利益冲突等相关问题，此项工作进展缓慢，各方专家正在积极探索，力争早日全面实现区域医疗信息化。

自2012年以来，中国医疗卫生行业信息化市场保持着高速发展，县医院和社区卫生服务机构的信息化、区域卫生信息化平台建设和各省的公共卫生系统建设成为推动医疗行业信息化发展的主要动力。移动应用系统开始在大型医院使用，社交媒体继续尝试提供新的医疗服务模式，云计算技术被大力推广并且逐渐应用。有统计显示，2012年中国医疗卫生行业信息化市场规模约为170亿元，比2011年增长21%；2014年，这一市场规模达到276.9亿元人民币；2015年医疗卫生行业的信息化投入规模达到334.4亿元人民币，比2014年增长20.77%。

医疗卫生事业的信息化建设已成为新一轮医疗体制改革的重要方面，并且对促进经济转型发挥了积极作用。智慧医疗将物联网技术用于医疗领域，借助数字化、可视化模式进行生命体征采集与健康监测，将有限的医疗资源让更多人共享，特别是在疾病预防和个性化医疗两个方面，智慧医疗将扮演日益重要的角色。

互联网公司在移动医疗业务上已经开始了跑马圈地的快速布局，健康管理类的移动应用在功能上也需要实现区域内诊疗信息与健康档案的整合与共享，因此与金融等领域相似，相关领域中后台离不开专业信息化厂商。所以，拥有更多医院信息化系统入口的厂商将可能首先成为这类商业信息交换平台的合作对象而得到快速发展。

综上所述，中国医药卫生信息化事业正随着新医改的进行而不断蓬勃发展，IBM、惠普、微软、思科、东软、方正等越来越多的国内外知名IT企业已经进军中国医药信息化领域。随着医药信息化的不断深入，中国的医药卫生事业将会得到前所未有的巨大发展。

1.2 计算机的发展及应用

在人类文明的发展过程中，人类通过自己的聪明才智不断发明和创造各种计算工具，从13世纪中国的算盘到17世纪英国的计算尺，再到电子计算机，人类的计算工具经历了阶梯式的发展。电子计算机的发明与发展给现代科学技术和社会的发展带来了革命性的影响，当今信息技术也是随着计算机技术的发展而不断前进的。

1.2.1 计算机的发展史

1. 计算机的元器件发展

计算机具有运算快、精度高、存储记忆强、可进行逻辑判断、高度自动化和人机交互的特点。1946年2月15日，世界上第一台电子计算机——ENIAC(Electronic Numerical Integrator And Calculator，电子数字积分计算机)在美国宾夕法尼亚大学诞生。1946年6月，美籍匈牙利数学家冯·诺依曼首次提出“存储程序”思想模型(相关概念详见第2章)，从而为以后电子计算机的发展奠定了理论基础。

经历了半个多世纪的发展，计算机已经成为信息处理系统中最重要的一种工具，它不仅承担着信息加工、存储的任务，而且在信息传递、感测、识别、控制和显示等方面也发挥着非常重

要的作用。计算机的发展根据其结构中采用的主要电子元器件,一般分为四个时代:

第一代计算机(1946~1959年)——电子管计算机。如图1-1所示,采用电子管作为主要逻辑元件,如图1-2(a)所示,这时的计算机运算速度慢,内存容量小,使用机器语言和汇编语言编写程序,主要用于军事和科研部门的科学计算。典型的计算机有ENIAC、EDVAC、UNIVAC、IBM650等。

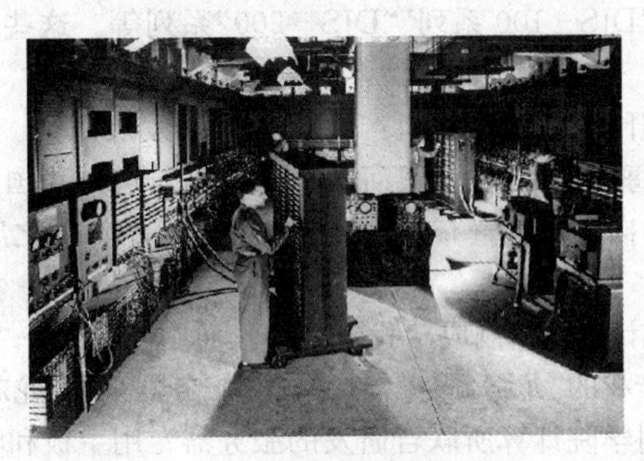

图1-1 第一代计算机

第二代计算机(1959~1964年)——晶体管计算机。采用晶体管作为主要元器件,如图1-2(b)所示,典型的计算机有IBM7090、IBM7094、CDC6600等。由于晶体管计算机采用磁心存储技术,故此类计算机与第一代计算机相比速度快、体积小 、成本低、可靠性强。此时软件方面也有了重大的突破,出现了FORTRAN、COBOL、ALGOL等多种高级编程语言。

第三代计算机(1964~1975年)——中、小规模集成电路计算机。采用小规模集成电路(Small Scale Integration,SSI)和中规模集成电路(Medium Scale Integration,MSI)作为基础元件,并且有了操作系统,如图1-2(c)所示。这是微电子与计算机技术相结合的一大突破。典型的计算机有IBM S/360、GRAY-1等。首次实现了亿次浮点运算/秒,运算速度和效率大大提高。

第四代计算机(1975年~至今)——大规模(Large Scale Integration,LSI)和超大规模集成电路(Very Large Scale Integration,VLSI)计算机。计算机逻辑元器件采用超大规模集成电路技术,如图1-2(d)所示。器件的集成度得到了极大的提高,体积更小,携带方便,运算速度达到上百亿次浮点运算/秒,高集成度的半导体芯片取代了磁心存储器。此外,计算机操作系统也得到了进一步的完善,形成了软件工程理论与方法,应用软件层出不穷。此时,计算机才真正进入社会生活的各个领域。

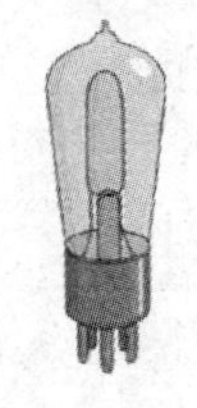

(a) 电子管

(b) 晶体管

(c) 中、小规模集成电路

(d) 大规模集成电路

图1-2 电子管、晶体管与集成电路

随着新的元器件及其技术的发展,新型的超导计算机、量子计算机、光子计算机、生物计算机、纳米计算机、人工智能计算机等将会逐步走进人们的生活,遍布各个领域。

2. 中国计算机发展历程

我国计算机的发展是从新中国成立以后开始的。1956年电子计算机的研制被列入当年定制的《十二年科学技术发展规划》的重点项目;1957年我国成功研制出第一台模拟电子计算机;1958年我国成功研制第一台电子数字计算机("103"机);从1964年开始,我国推出了一系列晶体管计算机,如"109乙""109丙""108乙""320"等;从1972年开始,我国生产出一系列集成电路计算机,如"150""DJS-100系列""DJS-200"系列等。这些产品成为我国当时的主流计算机。

从20世纪80年代开始,我国计算机产业进入快速发展时期。1983年,国防科技大学成功研制出运算速度达到每秒上亿次的"银河—Ⅱ巨型机",这是我国高速计算机研制的一个重要里程碑,它的研制成功向全世界宣布:中国是继美国、日本等国之后,能够独立设计和制造巨型机的国家。

2001年,中国科学院计算所研制成功我国第一款通用CPU——"龙芯"芯片。2002年,曙光公司推出完全自主知识产权的"龙腾"服务器,"龙腾"服务器采用"龙芯-1"CPU如图1-3所示。采用了曙光公司和中国科学院计算所联合研发的服务器专用主板和曙光Linux操作系统,该服务器是国内第一台完全实现自主产权的产品,在国防、安全等部门发挥了重大作用。2003年联想公司研制的曙光6800超级计算机,其运算速度达到4.183万亿次每秒。

2009年10月29日,中国首台千万亿次超级计算机"天河一号"诞生。这台计算机以每秒1 206万亿次的峰值速度和每秒563.1万亿次的Linpack实测性能,使中国成为继美国之后世界上第二个能够研制千万亿次超级计算机的国家。2010年11月16日下午,17日上午,在美国新奥尔良市超级计算机2010国际会议上,国际超级计算TOP500组织正式发布第36届世界超级计算机500强排行榜,国防科学技术大学研制的"天河一号"超级计算机二期系统(天河-1A),以峰值速度4 700万亿次每秒和持续速度2 566万亿次每秒浮点运算速度刷新国际超级计算机运算性能最高纪录,一举夺得世界冠军,这标志着我国自主研制超级计算机综合技术水平进入世界领先行列,取得了历史性的突破。

2016年底全球十大超级计算机排行榜中,中国的两台计算机排名前2位,分别是中国无锡的"太湖之光"和中国广州的"天河二号"。TOP500组织在声明中表示:"除了超级计算系统数量上的对决之外,中国和美国在Linpack性能上也表现出并驾齐驱的态势。"

图1-3 "龙芯-1"CPU

在微型计算机方面,我国出现了联想、方正、清华同方、长城、浪潮、实达、神舟等国产知名品牌,市场占有率与日俱增。软件产业更加繁荣,先后推出北大方正汉字激光照排系统、反病毒程序、字处理软件等。

1.2.2　计算机的应用领域

随着计算机的普及，计算机的应用已渗透到社会的各个领域，从科研、生产、教育、卫生到家庭生活，几乎无所不在。计算机促进了生产率的大幅度提高，将社会生产力的发展推高到前所未有的水平，同时，计算机已经成为人脑的延伸，使社会信息化成为可能。目前，计算机的应用领域主要分为以下几个方面。

(1) 科学计算

在自然科学(如数学、物理、化学、天文、地理等领域)中和工程技术(如航空、航天、汽车、造船、建筑等领域)中，计算的工作量都是很大的，所以利用计算机进行复杂的计算能够提高工作效率。

(2) 信息处理

在计算机应用中信息处理所占的比例最大。现代社会是信息化社会，随着生产力的发展，信息急剧膨胀，信息已经和物质、能量一起被列为人类活动的三个基本要素。信息处理就是对各种信息进行收集、存储、整理、分类、统计、加工、利用和传播等一系列活动的统称，其目的是获取有用的信息，为决策提供依据。

目前，计算机信息处理已广泛应用于办公自动化、企事业计算机辅助管理与决策、文档管理、情报检索、文字处理、激光照排、电影电视动画制作、会计电算化、图书管理和医疗诊断等各个行业。

(3) 过程控制

在工业生产过程中，自动控制能有效地提高工作效率，所以过去工业控制主要采用的模拟电路已逐渐被计算机所代替。计算机的控制系统把工业现场的模拟量、开关量以及脉冲量，经放大电路和模/数转换电路传送给计算机的处理系统，由计算机进行数据采集、显示，以及现场控制。计算机控制系统还应用于交通、卫星通信等方面。

(4) 计算机辅助工程

计算机辅助工程是指利用计算机协助设计人员进行计算机辅助设计(CAD)、辅助制造(CAM)、辅助测试(CAT)、辅助教学(CAI)等操作。目前，在船舶设计、飞机设计、汽车设计和建筑工程设计等行业中均已采用计算机辅助设计系统，在服装设计中也开发各种服装CAD系统。例如，服装款式设计CAD系统能够帮助设计师构思出新的服装款式。

(5) 人工智能

计算机是一种自动化的机器，但是它只能按照人们规定好的程序工作。人工智能就是让计算机模拟人类的某些智能行为，如感知、思维、推理、学习、理解等。这样不仅能使计算机的功能更强大，而且也会使计算机的使用变得十分简单。

人工智能一直是计算机研究的重要领域，如专家系统、机器翻译、模式识别(声音、图像、文字)和自然语言理解等都是人工智能的具体应用。

(6) 网络通信

计算机网络是将世界各地的计算机用通信光纤连接起来，以实现计算机之间的数据通信和资源的共享。网络和通信的快速发展改变了传统的信息交流方式，加快了社会信息化的步伐。计算机和网络的紧密结合使人们能更有效地利用资源，实现“足不出户，畅游天下”的梦想。

(7) 视听娱乐

计算机的娱乐功能是随着微型计算机的发展而发展起來的。最初的计算机只能处理文字,但是在20世纪80年代,由于新技术的运用,计算机可以处理文字、图像、动画、声音等各种数据,这种技术被称为“多媒体技术”。

多媒体技术进一步扩展了计算机的应用领域,人们不仅可以使用计算机打字、学习、处理信息,而且还能绘画、听音乐、看电影甚至于玩游戏等。计算机的娱乐功能使计算机与人们的生活更加紧密地结合在一起。

计算机及其相关技术的快速发展和普及推动了社会信息化的进程,改变了人们的工作、生活、消费、娱乐等活动方式,极大地提高了工作效率和生活质量,计算机已经成为人类社会不可缺少的一种工具。

1.2.3　计算机在医药行业的应用与趋势

在21世纪的今天,随着计算机技术的不断发展和创新,计算机对医药信息学和生命科学等领域产生了巨大而深远的影响。因此也应运而生了医学信息学、生物信息学、卫生信息学等医学与计算机结合的相关专业。

计算机在医药卫生领域内有着广泛的应用。在辅助诊断、辅助操作、治疗、教学科研、远程医疗、区域医疗、医学影像诊疗、医学检验、新药开发、医学情报、电子病历、健康档案、循证医学、数字人体三维重构等方面,计算机和信息技术都发挥着至关重要的作用。数字化的诊疗设备,计算机化、网络化、智能化的医疗信息处理方式,数字化医院等都必须以计算机技术作为强大的支撑力量。

计算机在生物医学工程、分子生物学、基因治疗、遗传和发育、基因克隆等方面发挥着巨大的作用。1988年,由美国倡导的国际性的“人类基因组计划”是20世纪生命科学领域研究的重大举措。该计划在15年内投资30亿美元,目的在于绘制出人类基因图谱,阐明人类染色体上所有基因,从而期待从基因的水平上更加深入地了解生命个体,阐明疾病的发病机制,更加有效地预防和控制疾病。从现代医学角度来讲,人类基因总数在5万～10万,而每个基因又由独特的碱基组成,如此庞大的工程和数据,人们必须借助计算机才能有效的整理、收集、存储、处理、加工、比较、分析并随时调出。美国的约翰斯·霍普金斯大学建立了一个完整的计算机网络数据库,用来存储全世界的基因研究成果。在“人类基因组计划”中,计算机发挥的不仅仅是存储和记忆功能,更发挥了研究对比、统筹管理、智能分析的功能。

综上所述,计算机技术与生命科学的结合必将随着科技的进步取得巨大成果,这些成果必将给人类健康事业带来巨大的改变。

2017年2月,国家卫生计生委关于印发《“十三五”全国人口健康信息化发展规划》,规划的发展目标是:

(1) 到2017年,覆盖公共卫生、计划生育、医疗服务、医疗保障、药品供应、行业管理、健康服务、大数据挖掘、科技创新等全业务应用系统的人口健康信息和健康医疗大数据应用服务体系初具规模,实现国家人口健康信息平台和32个省级(包括新疆生产建设兵团)平台互联互通,初步实现基本医保全国联网和新农合跨省异地就医即时结算,基本形成跨部门健康医疗大数据资源共用共享的良好格局。

(2) 到2020年,基本建成统一权威、互联互通的人口健康信息平台,实现与人口、法人、空间地理等基础数据资源跨部门、跨区域共享,医疗、医保、医药和健康各相关领域数据融合应用取得明显成效;统筹区域布局,依托现有资源基本建成健康医疗大数据国家中心及区域中心,100个区域临床医学数据示范中心,基本实现城乡居民拥有规范化的电子健康档案和功能完备的健康卡;加快推进健康危害因素监测信息系统和重点慢性病监测信息系统建设,传染病动态监测信息系统医疗机构覆盖率达到95%;政策法规标准体系和信息安全保障体系进一步健全,行业治理和服务能力全面提升,基于感知技术和产品的新型健康信息服务逐渐普及,覆盖全人口、全生命周期的人口健康信息服务体系基本形成,人口健康信息化和健康医疗大数据应用发展在实现人人享有基本医疗卫生服务中发挥显著作用。

总之,在医疗行业改革进程中,需要利用整个医疗卫生资源,更好地发挥医药卫生信息系统的支撑作用。随着新医改的不断推进,医疗信息化建设将迎来一个崭新的发展阶段。

1.3 数字技术基础

数字技术(Digital Technology)是一项与电子计算机相伴相生的科学技术,它是指借助一定的设备,将各种信息(包括图、文、声、像等)转化为电子计算机能识别的二进制数字"0"和"1"后,进行运算、加工、存储、传送、传播、还原的技术。采用数字技术实现信息处理是电子信息技术的发展趋势。目前数字技术已经广泛应用到工业、农业、军事、科研、医疗等各个领域,它促使人们的日常生活发生了根本性的变革。例如,数字电视、数码相机、MP4、数字通信、数字化管理、数字化医院、数字化校园网等。

1.3.1 比特与二进制

1. 比特

比特(bit)是数字技术的处理对象,它是 binary digit 的缩写,中文叫作"二进制数字"。比特的取值只有两种状态:"0"或"1"。

比特是组成数字信息的最小单位,如同 DNA 是人体组织的最小单位一样。比特在不同的场合有着不同的含义,用比特可以表示数值、文字、符号、图像、声音等各种各样的信息。

比特是计算机处理、存储和传输信息的最小单位,一般用英文小写字母"b"表示。但是比特这个单位太小了,每个西文字符要用8个比特表示,每个汉字至少要用16个比特才能表示,声音和图像则要用更多的比特才能表示。因此,引入一种比比特稍大的信息计量单位——"字节",用大写字母"B"表示,每个字节由8个比特组成。

在计算机系统中,比特的存储经常需要使用一种称为触发器的双稳电路来完成。触发器有两个稳定状态,分别用"0"和"1"表示,集成电路的触发器工作速度极快,工作频率可达到千兆赫兹,GHz 的水平;另一种存储二进制信息的方法是使用电容,当加上电压后,电容会充电,撤掉电压,充电状态会保持一段时间。这样就可以用"0"来表示电容的充电状态,用"1"来表示电容的未充电状态。磁盘利用磁介质表面区域的磁化状态来存储二进制信息,光盘通过"刻"在表面的微小凹坑来记录二进制信息。寄存器和半导体存储器在电源切断后所存储的信息将会丢失,称为易失性存储器;而磁盘和光盘即使断电后其存储信息也不会丢失,称为"非易失性存储器"。

存储器最重要的指标就是存储器容量。在内存储器的容量计量单位上,计算机中采用"2的幂次"作为单位,经常使用的单位有千字节(KB)、兆字节(MB)、吉字节(GB)、太字节(TB)。

1 KB=1 024 B;1 MB=1 024 KB;1 GB=1 024 MB;1 TB=1 024 GB

而在外存储器的容量计量单位上，则采用“10的幂次”来进行计算，所以各种外存储器制造商也采用1 MB=1 000 KB的标准来进行容量计算。另外，数据传输速度单位也是以“10的幂次”来计算的。

通常运行的Windows系统中显示容量是以“2的幂次”作为单位，这样就会造成外存储器在Windows系统中显示的容量比标称的容量小的情况，这就是单位不同造成的结果。

2. 十进制与二进制

十进制是人们习惯采用的数制，它使用0、1、2、3、4、5、6、7、8、9共10个数字来表示数值。十进制的基数是10，即在每一位上可能出现的状态有0～9这10种，要找到能表示10种稳定状态的电子元件是非常困难的，在计算机中通常采用二进制来表示信息，即使用“0”和“1”来表示数值。采用二进制的优点是：

(1) 电路简单。很容易设计和制造具有两种稳定物理状态的元件和电路，而且二进制数据容易被计算机识别，抗干扰性强，可靠性高。

(2) 便于传输。用“0”和“1”就能表示两种不同的状态，使数据传输容易实现，并且数据不容易出错，传输的信息也更加可靠。

(3) 运算简单。在十进制中所使用的加、减、乘、除的运算规则，在二进制中都可以完全套用，所不同的只是在进位时为“逢二进一”，在借位时为“借一为二”。二进制只有“0”和“1”两个数，对这两个数做算术运算和逻辑运算都很简单，而且容易相互沟通和相互描述。

为了避免用二进制过于冗长，为方便记忆和书写又引进了十六进制、八进制。在实际使用中，二进制、八进制(由0～7共8个数字组成)、十进制、十六进制(由0～9，A，B，C，D，E，F共16个数字和字母组成)数值后面通常会分别加上字母B、Q、D、H来加以标识和区别，如果不加默认为10进制，例如：

10(B)=2；17(Q)=15；2F(H)=47。

3. 数制间转换

(1) 二进制数、十六进制等数转换为十进制数：把二进制数、十六进制数转换为十进制数，只要按位权写出其展开式，用数值计算的方法计算相应的数值即可得到十进制数。

例如：

1101(B)=$1\times2^3+1\times2^2+0\times2^1+1\times2^0=8+4+0+1=13$(D)。

6F(H)=$6\times16^1+15\times16^0=111$(D)。

(2) 十进制数整数部分转换为二进制数值、八进制、十六进制数值：通常最直接的方法就是除数基逆向取余法，该法示例如下。

【例1】 将35(D)表示成二进制，即用除基数2的逆向取余法进行转换：

```
2|35    余1 ↑
 2|17   余1 |
  2|8   余0 |
   2|4  余0 |
    2|2 余0 |
     2|1 余1 |
        0
```

所以，35(D)的二进制表示为 100011(B)。

十进制转换成八进制、十六进制时只需将除数改为 8 或 16 即可。

(3) 十进制数小数部分转换为二进制数，通常采用“乘二取整”的方法。

【例 2】 将十进制小数 0.625 转换为二进制。

计算式子	整数部分	小数部分
0.625×2=1.25	1	0.25
0.25×2=0.5	0	0.5
0.5×2=1	1	0

所以，0.625(D)的二进制表示为 0.101(B)。

(4) 二进制数与八进制数之间的转换：每位八进制数与 3 位二进制数相对应，按此规则，二进制数与八进制数的转换非常简单。

0000(B)=0(H)，0001(B)=1(H)，0010(B)=2(H)，0011(B)=3(H)；

0100(B)=4(H)，0101(B)=5(H)，0110(B)=6(H)，0111(B)=7(H)。

例如：

172(Q)=001111010(B)；

同理可推导出二进制数与十六进制数之间的转换，每位十六进制数与 4 位二进制数相对应。

例如：

2EC(H)=001011101100(B)。

1.3.2　比特的运算

1. 二进制运算

二进制数的运算和十进制数一样，同样也遵循加、减、乘、除四则运算法则。

二进制加法(满二进一)：

$$\begin{array}{r} 0101 \\ +\ 0100 \\ \hline 1001 \end{array}$$

二进制减法(不够向高位借一)：

$$\begin{array}{r} 1001 \\ -\ 0100 \\ \hline 0101 \end{array}$$

乘法可以化为加法和移位运算，而除法可以化为减法和移位运算。

2. 比特的逻辑运算

比特的取值只有“0”和“1”这两种逻辑类型值，其运算与数值计算中的加、减、乘、除四则运算不同，比特的运算需要使用到逻辑运算思想。逻辑代数中最基本的逻辑运算有三种：逻辑加(也称“或”运算，用“OR”“∨”或“+”表示)、逻辑乘(也称“与”运算，用“AND”“∧”或“·”表示)、逻辑取反(也称“非”运算，用“NOT”或“—”表示)运算。它们各自的运算规则如下：

逻辑加：

$$\begin{array}{r}0\\ \vee 0\\ \hline 0\end{array}\qquad\begin{array}{r}0\\ \vee 1\\ \hline 1\end{array}\qquad\begin{array}{r}1\\ \vee 0\\ \hline 1\end{array}\qquad\begin{array}{r}1\\ \vee 1\\ \hline 1\end{array}$$

逻辑乘：

$$\begin{array}{r}0\\ \wedge 0\\ \hline 0\end{array}\qquad\begin{array}{r}0\\ \wedge 1\\ \hline 0\end{array}\qquad\begin{array}{r}1\\ \wedge 0\\ \hline 0\end{array}\qquad\begin{array}{r}1\\ \wedge 1\\ \hline 1\end{array}$$

取反运算：0 取反为 1，1 取反为 0。

多位数进行逻辑运算时按位运算，没有进位、借位。

多位数逻辑加运算：

$$\begin{array}{r}0101\\ \vee\ \ 0100\\ \hline 0101\end{array}$$

多位数逻辑乘运算：

$$\begin{array}{r}0101\\ \wedge\ \ 0100\\ \hline 0100\end{array}$$

1.3.3 信息在计算机中的表示

信息有很多种，如数值、文字、图像、声音、视频、符号等，这些信息在计算机中必须用二进制来表示，计算机才可以对其进行有效的存储、加工、传输等处理。

1. 数值信息在计算机中的表示

机器数(computer number)是将符号"数字化"的数，是数字在计算机中的二进制表示形式。机器数有两个特点：一是符号数字化；二是其数的大小受机器字长的限制。

在计算机中，数值的类型通常包括无符号整数、有符号整数、浮点数这三种数据类型。无符号整数中所有位数都用来表示数值，如一个字节表示的范围是 0～255。对于有符号整数用一个数的最高位作为符号位，"0"表示正数，"1"表示负数。这样，每个数值就可以用一系列"0"和"1"组成的序列来进行表示。符号数值化之后，为了方便对机器数进行算术运算，提高运算速度，设计了用不同的码制来表示数值。常用的有原码(True Form)、反码(Radix-minus-one Complement)和补码(Complement)来表示数值。

(1) 原码表示法

原码表示法通常采用"符号＋绝对值"的表示形式。假设采用 8 位二进制数来表示 29，那么其中一位必须用来表示符号，用"0"表示正数，其余 7 位来表示数值部分。

＋29 的二进制表示是 11101，采用 8 位二进制数表示，其数值部分必须满 7 位，不够的位数在左边用 0 补上，所以＋29 的 8 位二进制数表示的数值部分应该是 0011101，再加上 1 位符号位 0，那么＋29 的 8 位二进制数完整表示如下：

$[+29]_{原}=00011101(B)$

0	0	0	1	1	1	0	1
符号位	数值位						

同理，−29 的二进制原码表示如下：

$[-29]_{原}=10011101(B)$

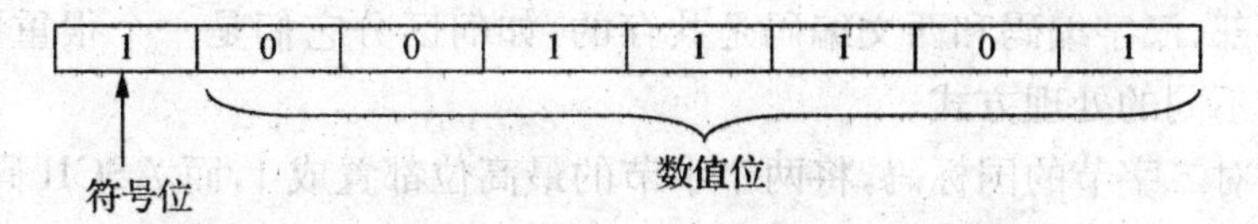

在原码表示法中，“0”有两种表示方法：$[+0]_{原}=00000000$；$[-0]_{原}=10000000$。

(2) 反码表示法

正数的反码与原码相同，负数的反码数值位与原码相反，符号位不变。例如：$[+29]_{反}=[+29]_{原}=00011101(B)$，而$[-29]_{反}=11100010(B)$。

在反码表示法中，“0”也有两种表示方法：$[+0]_{反}=00000000$；$[-0]_{反}=11111111$。

(3) 补码表示法

补码是计算机中数值通用的表示方法。正数的补码与原码相同，负数的补码是在反码的基础上末位加 1。例如：$[+29]_{补}=[+29]_{原}=00011101(B)$，而$[-29]_{补}=11100011(B)$。

在补码表示法中，“0”只有一种表示方法，即$[+0]_{补}=[-0]_{补}=00000000$。

在实际应用中，补码最为常见，通常求解补码分为三个步骤：① 写出与该负数相对应的绝对值的原码；② 按位求反；③ 末位加 1。

例如：机器字长为 8 位，求−46(D)的补码：

＋46 的绝对值的原码：	00101110
按位求反：	11010001
末位加 1：	11010010

所以，$[-46]_{补}=11010010(B)=D2(H)$。

根据原码、反码、补码的表示方式，有以下特点：$[[X]_{反}]_{反}=[X]_{原}$；$[[X]_{补}]_{补}=[X]_{原}$。

2. 文字符号信息在计算机中的表示

计算机除了处理数值信息以外，还需要处理大量的字符、文字等信息。

在西文字符集中，普遍采用的是美国标准信息交换码(American Standard Code for Information Interchange，ASCII)。ASCII 码采用 7 位二进制编码，总共有 128 个字符，包括 26 个英文大写字母，ASCII 码为 41H～5AH；26 个英文小写字母，ASCII 码为 61H～7AH；10 个阿拉伯数字 0～9，ASCII 码为 30H～39H；32 个通用控制字符；34 个专用字符。存储时采用一个字节(8 位二进制数)来表示，低 7 位为字符的 ASCII 值，最高位一般用作校验位。

计算机控制字符有专门用途。例如，回车字符 CR 的 ASCII 码为 0DH，换行符 LF 的 ASCII 码为 0AH 等。

中文字符集的组成是汉字。我国汉字总数超过 6 万，数量大、字形复杂、同音字多、异体字多，这给汉字在计算机内部的处理带来一些困难。汉字编码方案有 2 字节、3 字节甚至 4 字节的。下面主要介绍“国家标准信息交换用汉字编码”(GB 2312－80 标准)，以下简称国标码。

GB 2312 标准共收录 6 763 个汉字，同时收录了包括拉丁字母、希腊字母、日文平假名及片假名字母、俄语西里尔字母在内的 682 个字符。GB 2312 标准字符集由三个部分组成：第一部分是字母数字和各种符号；第二部分是一级常用汉字；第三部分是二级常用汉字。GB 2312 标准中对所收录汉字进行“分区”处理，每区含有 94 个汉字/符号，这种表示方式也称为区位码。其中，01～09 区为特殊符号；16～55 区为一级汉字，按拼音排序；56～87 区为二级汉字，按部首/笔画排序;10～15区及88～94区则未有编码。例如,“啊”字是GB 2312中的第一个汉字,它的区位码就是1601 。

在计算机内部,汉字编码和西文编码是共存的,如何区分它们是一个很重要的问题,因为对不同的信息有不同的处理方式。

方法之一是对二字节的国标码,将两个字节的最高位都置成1,而ASCII码所用字节最高位保持为0,然后由软件(或硬件)根据字节最高位来做出判断。

汉字的内码虽然对汉字进行二进制编码,但输入汉字时不可能按此编码输入,因此,除内码与国标码外,为了方便操作人员由键盘输入,出现种种键盘上输入符号组成的代表汉字的编码,称为汉字输入码。汉字输入码是不统一的,区位码、五笔字形码、拼音码、智能ABC、自然码等都是汉字的输入码。汉字输入码输入计算机后,由计算机中的程序自动根据输入码与内码的对应关系,将输入码转换为内码进行存储。

3. 图像等其他信息在计算机中的表示

计算机中的数字图像按其生成方法可以分为两大类:一类是从现实世界中通过扫描仪、数码相机等设备获取的图像,称为位图图像;另一类是使用计算机合成的图像,称为矢量图像或者图形。图像在计算机中的存储要比汉字更复杂一些,要在计算机中表示一幅图像,首先必须把图像离散成为M列、N行,这个过程称为取样。经过取样,图像被分解成为$M \times N$个取样点,每个取样点称为一个像素,每个像素的分量采用无符号整数来进行表示。

在医疗领域中,通常需要用到大量的黑白图像和彩色图像。在黑白图像中,像素只有“黑”与“白”两种,因此每个像素只需要用一个二进制位即可表示。在彩色图像中,彩色图像的像素通常由红、绿、蓝三个分量组成,这就需要用一组矩阵来表示彩色图像。在计算机中存储一幅取样图像,除存储像素数据外,还需要存储图像大小、颜色空间类型、像素深度等信息。

其他形式的信息,如声音、动画、温度、压力等都通过一定的处理后用比特来进行表示。只有用比特来表示的信息才能够被计算机处理和存储。具体的图像、声音、视频的表示方法将在第5章中详细讲解。

1.4 微电子技术基础

微电子技术最具代表性的产品——集成电路,已经成为现代信息技术产业发展的重要基础。微电子技术的飞跃发展,为计算机信息技术的广泛应用开辟了广阔的道路。

1.4.1 微电子技术

微电子技术是信息技术领域中的关键技术,是发展电子信息产业和各项高新技术的基础。微电子技术包括系统和电路设计、器件物理、工艺技术、材料制备、自动测试以及封装、组装等一系列专门的技术,是微电子学中各项工艺技术的总和。微电子学研究的对象十分广泛,除各种集成电路(单片集成电路、薄膜电路、厚膜电路和混合集成电路)外,还包括集成磁泡、集成超导器件和集成光电子器件等。

微电子技术是实现电子电路和电子系统超小型化及微型化的技术,它以集成电路为核心。早期的电子技术以真空电子管为基础元件,在这个阶段产生了广播、电视、无线通信、电子仪表、自动控制和第一代电子计算机。1947年晶体管的发明,再加上印制电路组装技术的应用,使电子电路在小型化方向上前进了一大步。

1.4.2 集成电路

集成电路(Integrated Circuit,IC)是在20世纪50年代出现的,它是一种微型电子器件或部件,指将一个电路中所需的晶体管、二极管、电阻、电容和电感等元件及布线互连在一起,制作在一小块或几小块半导体晶片或介质基片上,然后封装在一个管壳内,成为具有所需电路功能的一种高级微电子器件。而所有元件在结构上已构成一个整体,使整个电路的体积大大缩小,且引出线和焊接点的数目也大为减少,从而使电子元件向着微小型化、低功耗和高可靠性方向迈进了一大步。通常,使用硅为基础材料,在上面通过扩散或渗透技术形成N型半导体和P型半导体及PN结。

现代集成电路使用的半导体材料主要是硅,也可以是化合物半导体,如砷化镓等。集成电路的集成度和产品性能每18~24个月增加1倍,这就是著名的"摩尔定律"。

2016年,我国集成电路产量为1 329亿块,同比增长约22.3%。2016年中国集成电路产业销售额为4 335.5亿元,同比增长20.1%。集成电路产业继续保持高位趋稳、稳中有进的发展态势。

集成电路有多种分类方式,按不同标准可对集成电路进行不同的分类。

1. 按功能结构分类

(1) 模拟集成电路:又称线性电路,用来产生、放大和处理各种模拟信号(指幅度随时间变化的信号,如半导体收音机的音频信号、录放机的磁带信号等)。

(2) 数字集成电路:用来产生、放大和处理各种数字信号,电子数字设备中各种规模集成电路大多属于此类。

(3) 模数混合集成电路:以上两种集成电路的合体。

2. 按集成度高低分类

(1) 小规模集成电路(Small Scale Integration,SSI)。

(2) 中规模集成电路(Medium Scale Integration,MSI)。

(3) 大规模集成电路(Large Scale Integration,LSI)。

(4) 超大规模集成电路(Very Large Scale Integration,VLSI)。

(5) 极大规模集成电路(Ultra Large Scale Integration,ULSI)。

集成电路分类见表1-1。

表1-1 按集成度高低分类

分 类	电子元件数目(集成度)	分 类	电子元件数目(集成度)
小规模(SSI)	小于100	超大规模(VLSI)	10万~100万
中规模(MSI)	100~3 000	极大规模(ULSI)	超过100万
大规模(LSI)	3 000~10万		

3. 按导电类型不同分类

(1) 双极型集成电路:制作工艺复杂,功耗较大,代表集成电路有TTL、ECL、HTL、LST-TL、STTL等类型。

(2) 单极型集成电路:制作工艺简单,功耗也较低,易于制成大规模集成电路,代表集成电路有CMOS、NMOS、PMOS等类型。

4. 按用途分类

集成电路按用途可分为电视机用集成电路、音响用集成电路、影碟机用集成电路、录像机用集成电路、计算机(微机)用集成电路、电子琴用集成电路、通信用集成电路、照相机用集成电路、遥控集成电路、语言集成电路、报警器用集成电路及各种专用集成电路。

5. 按应用领域分类

(1) 通用集成电路:是电子电路设计应用最广泛的器件,如通用集成运算放大器、集成功率放大器、电压基准、线性集成稳压器等集成电路。

(2) 专用集成电路:被认为是一种为专门目的而设计的集成电路,是指应按用户特定要求和特定电子系统的需要而设计、制造的集成电路。

随着集成度不断提高,芯片生产总归要受制于物理极限,而英特尔这样的公司正在逐渐接近这一极限,就连摩尔本人也在 2010 年接受采访时表达了同样的观点。他说,一旦晶体管的体积小到原子那么大,就不可能再小了。到那时,提升计算性能的唯一办法就是调转方向,增大芯片体积,所以研究和实验室的成本需求十分高昂,成本也必然增加,但有财力投资在创建和维护芯片工厂的企业却很少。所以,在不久的将来,摩尔定律有可能将终结。

1.4.3 集成电路的应用

1. 集成电路卡

集成电路卡(Integrated Circuit Card,IC 卡)是在大小和普通信用卡相同的塑料卡片上嵌置一个或多个集成电路构成的,集成电路芯片可以是存储器或微处理器。带有存储器的 IC 卡又称为记忆卡或存储卡,带有微处理器的 IC 卡又称为智能卡或智慧卡。记忆卡可以存储大量信息;智能卡不仅具有记忆能力,还具有处理信息的功能。IC 卡是由 1974 年一名法国新闻记者发明的,因其便于携带、存储量大,日益受到人们的青睐。IC 卡可以十分方便地存停车费、电话费、地铁乘车费、食堂就餐费、公路路桥费以及进行购物旅游、贸易服务等。

IC 卡一般有智能卡、存储器卡、逻辑加密卡、CPU 卡及超级智能卡几类。按照数据读写方式,智能卡又可分为接触式 IC 卡和非接触式 IC 卡两类。

(1) 接触式 IC 卡。接触式 IC 卡由读写设备的触点和卡片上的触点相接触进行数据读写,国际标准 ISO 7816 系列对此类 IC 卡进行规范。图 1-4(a)所示为接触式 IC 卡。

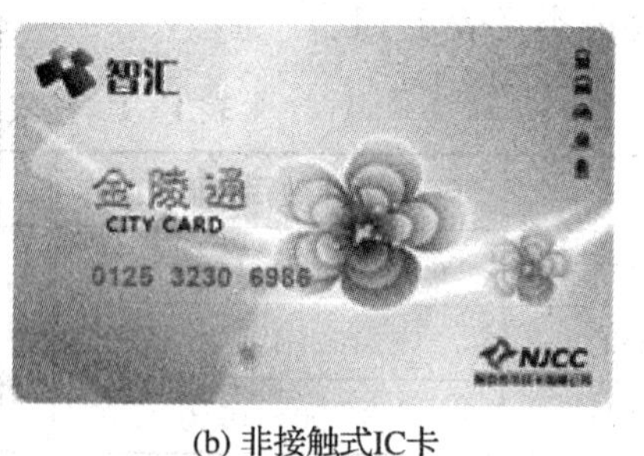

(a) 接触式IC卡 (b) 非接触式IC卡

图 1-4 接触式 IC 卡和非接触式 IC 卡

(2) 非接触式 IC 卡。非接触式 IC 卡与读写设备无电路接触,采用非接触式的读写技术进行读写(如光或无线电技术),其内嵌芯片除存储单元、控制逻辑外,还增加射频收发电路。这类卡一般用在存取频繁、使用环境恶劣的场合。国际标准也对非接触 IC 卡技术做了规范。

图1-4(b)所示为非接触式IC卡。

IC卡的外形与磁卡相似，它与磁卡的区别在于数据存储的媒体不同。磁卡是通过卡上磁条的磁场变化来存储信息的，而IC卡是通过嵌入卡中的电擦除式可编程只读存储器集成电路芯片(EEPROM)来存储数据信息的。因此，与磁卡相比，IC卡具有以下优点：

(1) 存储容量大。磁卡的存储容量大约在200个字符；IC卡的存储容量根据型号不同，小的几百个字符，大的上百万个字符。

(2) 安全保密性好。IC卡上的信息能够随意读取、修改、擦除，但都需要密码。

(3) CPU卡具有数据处理能力，在与读卡器进行数据交换时，可对数据进行加密、解密，以确保交换数据的准确可靠，而磁卡则无此功能。

(4) 使用寿命长。

2. 电子标签

电子标签(Radio Frequency Identification，RFID)，即射频识别，是一种非接触式的自动识别技术，它通过射频信号自动识别目标对象并获取相关数据，识别工作无需人工干预，可工作于各种恶劣环境。RFID技术可识别高速运动物体并可同时识别多个标签，操作快捷方便。短距离射频产品不怕油渍、灰尘污染等恶劣的环境，可在这样的环境中替代条码，如用在工厂的流水线上跟踪物体。长距离射频产品多用于交通上，识别距离可达几十米，如自动收费或识别车辆身份等。

RFID技术适用的领域包括：物流和供应管理、生产制造和装配、航空行李处理、邮件、快运包裹处理、文档追踪、图书馆管理、动物身份标识、运动计时、门禁控制、电子门票、道路自动收费等等。采用不同的天线设计和封装材料可制成多种形式的RFID标签，如车辆标签、货盘标签、物流标签、金属标签、图书标签、液体标签、人员门禁标签、门票标签、行李标签等。

RFID技术在医疗领域的应用主要有以下几方面：

(1) 疾病控制的跟踪

RFID智能标签最大的优点在于对疾病管理状况的操控，具有很大的方便性，医院可对任何新病历进行及时追踪，也可以监测到病人目前的一系列状况。

(2) 医疗系统管理

运用RFID进行医院内部的管理，如药物管理、输血、病人识别、医院急救室的管理以及医护人员的规范、各种手术设备、手术周边信息的收集等，是医院管理的良好工具。

(3) 医疗物品管理

RFID可应用于医疗物品供应链的管理，具有物品追踪功能，并可对物品的存量进行及时准确地控制，如医疗物品存取的人员管理、药品数量与存放位置管理、医疗物品安全期限监控等。

1.4.4　集成电路的发展趋势

未来集成电路将会在新生产设计工艺、新技术的推动下飞速前进。首先，随着集成方法和微细加工技术的不断发展，集成电路器件的尺寸、线宽不断缩小，时钟频率和连线层数不断增大。其次，当集成电路线宽缩小到纳米尺寸时，便会出现纳米结构的量子效应和量子现象。人们研究怎样利用量子效应来研制出具有新功能的量子器件，从而把集成芯片的研制推向量子世界的新阶段，也就是纳米芯片技术。再次，光是自然界中传播最快的信息，人们还将会研究把光作为信息载体来研制集光电路，或者通过把电子与光子并用实现光子集成。因此，集成电路必将在纳米芯片、光子学等新技术和理念的推动下向着更高的阶段发展。

本章小结

本章通过介绍了信息与信息技术的基础知识以及在医药领域内的广泛应用,阐述了计算机的发展历史以及未来发展趋势、计算机在生命科学中的应用、数字技术、微电子技术等相关基础知识;介绍了中国医疗信息化发展历史、卫生信息化的技术手段等。通过学习本章知识,引导读者用科学、严谨、认真的态度学好后续章节的计算机硬件知识、计算机软件知识、多媒体知识、数据库原理以及医药信息系统知识和数据挖掘技术,从而,激发读者对医药信息化的兴趣,培养在实际应用中解决问题与分析问题的能力,提高自身素质。

习题与自测题

一、选择题

1. 下列________不属于信息技术？
   A. 信息的获取与识别　　B. 信息的通信与存储
   C. 信息的估价与出售　　D. 信息的控制与显示
2. 现代通信是指使用电波或光波传递信息技术，故使用________传输信息不属于现代通信范畴。
   A. 电报　　B. 电话　　C. 传真　　D. 磁带
3. 计算机最早是用于________。
   A. 数值计算　　B. 信息处理　　C. 过程控制　　D. 辅助设计
4. 第三代计算机采用的电子逻辑元件是________。
   A. 超大规模集成电路　　B. 晶体管
   C. 电子管　　D. 中小规模集成电路
5. 在下列各种进制的数中，________数是非法数。
   A. $(999)_{10}$　　B. $(678)_{8}$　　C. $(101)_{2}$　　D. $(ABC)_{16}$
6. 下面关于比特的叙述中，错误的是________。
   A. 比特是组成信息的最小单位
   B. 比特只要“0”和“1”两个符合
   C. 比特可以表示数值、文字、图像或声音
   D. 比特“1”大于比特“0”
7. 与十进制数 511 等值的二进制数是________。
   A. 100000000B　　B. 111111111B
   C. 111111101B　　D. 111111110B
8. 以下 4 个数中，最小的数是________。
   A. 32　　B. 36Q　　C. 22H　　D. 10101100B
9. 二进制数 00101011 和二进制数 10011010 相或的结果是________。
   A. 10110001　　B. 10111011　　C. 00001010　　D. 11111111
10. 十进制 268 转换成十六进制数是________。
   A. 10BH　　B. 10CH　　C. 01DH　　D. 10EH

二、判断题

1. 烽火台是一种使用光来传递信息的系统，因此它是使用现代信息技术的信息系统。（　　）
2. 所有的数据都是信息。（　　）
3. 集成电路根据它所包含的晶体管数目可以分为小规模、中规模、大规模、超大规模、极大规模集成电路，现在 PC 机中使用的微处理器属于大规模集成电路。（　　）
4. 所有的十进制数都可以精确转换为二进制。（　　）

三、简答题

1. 简述计算机发展的历史与现状。
2. 计算机有哪些主要特点和作用？

3. 根据所学的知识谈谈未来计算机的发展趋势。
4. 未来医药卫生人才应该具备怎样的知识体系结构?
5. 信息在计算机中是怎样表示的?
6. 集成电路可以分为哪些类型?
7. 查阅相关资料,谈谈集成电路未来在医药领域有哪些新的应用前景。
8. 谈谈个人对医药卫生信息化的认识。

【微信扫码】
习题解答 & 相关资源

第2章　计算机组成原理

【微信扫码】
本章导学 & 拓展阅读

2.1　计算机的组成与分类

一个完整的计算机系统是由硬件系统和软件系统两大部分组成的。计算机硬件是组成计算机的各种物理设备的总称；计算机软件是人与硬件的接口，它始终指挥和控制着硬件的工作过程。

2.1.1　计算机的硬件系统和软件系统

1. 计算机的硬件系统

硬件，就是用手能摸得着的物理装置。从逻辑功能上看，计算机硬件系统由运算器、控制器、存储器、输入设备与输出设备五大基本部件组成。图2-1为计算机硬件系统逻辑组成的示意图。

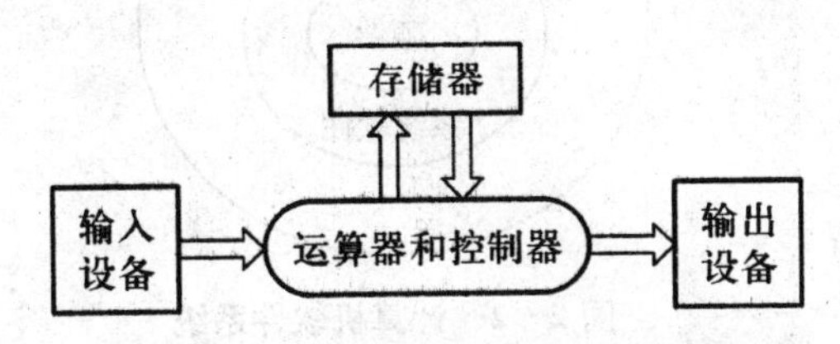

图2-1　计算机硬件系统逻辑框图

(1) 运算器。运算器是计算机中进行算术运算和逻辑运算的部件，通常由算术逻辑运算部件(ALU)、累加器及通用寄存器组成。

(2) 控制器。控制器用以控制和协调计算机各部件自动、连续地执行各条指令，是整个中央处理单元(Central Processing Unit, CPU)的指挥控制中心，通常由指令寄存器(Instruction Register, IR)、程序计数器(Program Counter, PC)和操作控制器(Operation Controller, OC)组成。

运算器和控制器是计算机中的核心部件，这两部分合称中央处理单元(CPU)。

(3) 存储器。存储器的主要功能是用来保存各类程序和数据信息。存储器分为主存储器和辅助存储器，主存储器主要采用半导体集成电路制成，又可分为随机存储器(Random Access Memory, RAM)、只读存储器(Read Only Memory, ROM)和高速缓冲存储器(Cache)。辅助存储器大多采用磁性材料和光学材料制成，如磁盘、磁带、光盘以及移动存储器(U盘、移动硬盘)等。

根据存储器和CPU的关系，又可以分为内存储器和外存储器两种类型。内存储器的存取速度快而容量相对较小，它与CPU直接相连，用来存放已经启动运行的程序和正在处理的数据；外存储器的存取速度较慢而容量相对很大，它们与CPU不直接连接，用于永久性地存放计算机中几乎所有的信息。寄存器、高速缓冲存储器以及主存储器都属于内存；而软盘、硬盘、光盘以及磁带库、光盘库都属于外存。

(4) 输入设备。输入设备用于从外界将数据、命令输入到计算机的内存，供计算机处理。常用的输入设备有键盘、鼠标、光笔、扫描仪、视频摄像机等。

(5) 输出设备。输出设备用以将计算机处理后的结果信息转换成外界能够识别和使用的数字、文字、图形、声音、电压等信息形式。常用的输出设备有显示器、打印机、绘图仪、音响设备等。有些设备既可以作为输入设备，又可以作为输出设备，如软盘驱动器、硬盘等。

CPU 和主存储器组成了计算机的主要部分，即主机。输入、输出设备和外存储器通常称为计算机的外围设备，简称外设。

2. 计算机软件系统

软件是指程序运行所需的数据以及与程序相关的文档资料的集合。计算机的软件系统可分为系统软件和应用软件，图2-2为计算机软件系统。

(1) 系统软件。系统软件是指控制和协调计算机及外部设备、支持应用软件开发和运行的系统，是无需用户干预的各种程序的集合，主要功能是调度、监控和维护计算机系统，负责管理计算机系统中各种独立的硬件，使得它们可以协调工作。

(2) 应用软件。应用软件是用于解决各种实际问题以及实现特定功能的程序。

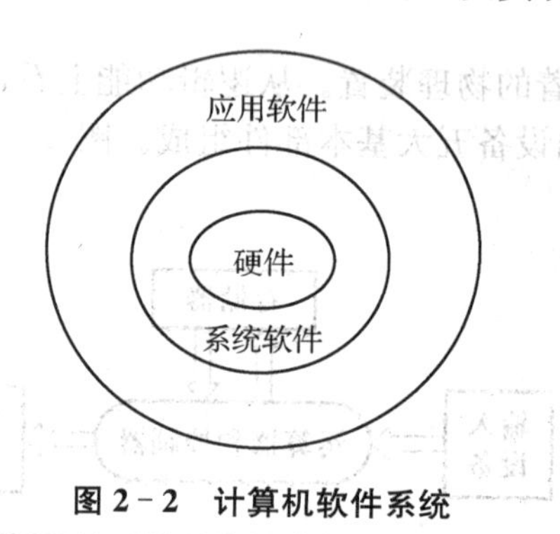

图2-2　计算机软件系统

2.1.2　计算机的分类

计算机的分类有多种方法。一般按运算速度将计算机分为巨型机、大型机、小型机和微型计算机。

1. 巨型机

巨型机(Supercomputer)有极高的速度、极大的容量，用于国防尖端技术、空间技术、大范围长期性天气预报、石油勘探等方面。目前这类机器的运算速度可达每秒千万亿次。这类计算机在技术上朝两个方向发展：一是开发高性能器件，特别是缩短时钟周期，提高单机性能；二是采用多处理器结构，构成超并行计算机。通常由100台以上的处理器组成超并行巨型计算机系统，它们同时解算一个课题，来达到高速运算的目的。图2-3为我国的"天河一号"巨型计算机。

图2-3　"天河一号"巨型计算机

2. 大型机

大型机(Mainframe)具有极强的综合处理能力和极大的性能覆盖面。在一台大型机中可以使用几十台微机或微机芯片,用以完成特定的操作,可同时支持上万个用户,支持几十个大型数据库。大型机主要应用在政府部门、银行、大公司、大企业等。图 2－4 为 IBM 大型计算机。

图 2－4　IBM 大型计算机

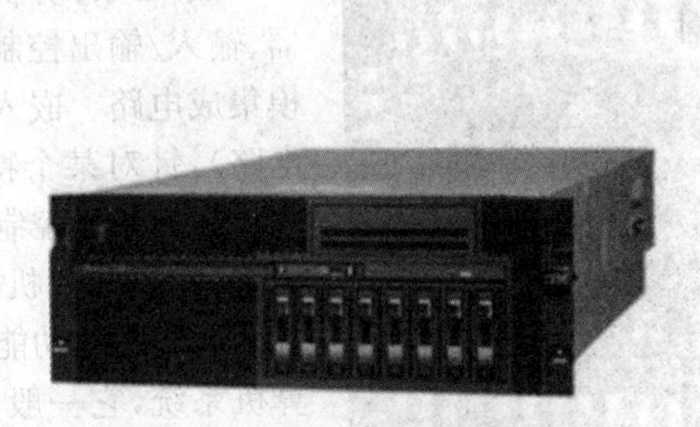

图 2－5　小型机(IBM Power 740)

3. 小型机

小型机(Minicomputer)的机器规模小、结构简单,便于及时采用先进工艺技术,软件开发成本低,易于操作维护,已被广泛应用于工业自动控制、大型分析仪器、测量设备、企业管理、大学和科研机构等,也可以作为大型与巨型计算机系统的辅助计算机。图 2－5 为 IBM Power 740 小型机。

4. 微型机

微型机(Personal Computer)包括台式机和笔记本电脑,也称 PC 机。在近 10 年内发展速度迅猛,平均每 2～3 个月就有新产品出现,1～2 年产品就更新换代一次。平均每两年芯片的集成度可提高一倍,性能提高一倍,价格降低一半。微型机已经广泛应用于办公自动化、医生工作站、护士工作站等多个领域,且日益成为人们生活中常用的设备。图 2－6 为微型机计算机。

图 2－6　微型计算机

2.1.3 微处理器和嵌入式计算机

从20世纪70年代到20世纪80年代计算机发展史上最重大的事件之一，是出现了微处理器和个人计算机。微处理器通常指使用单片大规模集成电路制成的、具有运算和控制功能的部件，是各种类型计算机的核心组成部分。目前无论是巨型机还是个人计算机、服务器还是工作站，它们的中央处理器几乎都由微处理器组成，区别仅在于所使用微处理器性能的高低和数量的多少不同而已。由于集成电路技术进步很快，微处理器自问世以来，一直处于不断地发展与变化之中。近30年来微处理器的发展非常迅速，微处理器中包含的晶体管越来越多，功能越来越强大，微处理器中Cache的容量越来越大，微处理器的性能价格比也越来越高。

图2-7 单片机集成电路

嵌入式计算机是指把运算器和控制器集成在一起，并把存储器、输入/输出控制与接口电路等也都集成在同一块芯片上的大规模集成电路。嵌入式计算机也称为单片机(图2-7为单片机集成电路)，针对某个特定应用而开发的计算机系统，如网络、通信、音频、视频，工业控制等。从学术的角度看，嵌入式系统强调以应用为中心，以计算机技术为基础，并且软硬件可裁减，适用于特定的应用系统并对功能、可靠性、成本、体积、功耗有严格要求的专用计算机系统，它一般由嵌入式微处理器、外围硬件设备、嵌入式操作系统以及用户的应用程序等四个部分组成。

嵌入式系统的核心是嵌入式微处理器。嵌入式微处理器一般具备四个特点：

(1) 对实时和多任务操作有很强的支持能力，能完成多任务并且有较短的中断响应时间，从而使内部代码和实时操作系统的执行时间减少到最低限度。

(2) 具有功能很强的存储区保护功能，这是由于嵌入式系统的软件结构已模块化，而为了避免在软件模块之间出现错误的交叉作用，需要设计强大的存储区保护功能，同时也有利于软件诊断。

(3) 可扩展的处理器结构，能迅速地扩展出满足应用的高性能的嵌入式微处理器。

(4) 嵌入式微处理器的功耗必须很低，尤其是用于便携式的无线及移动的计算和通信设备中靠电池供电的嵌入式系统更是如此，功耗只能为mW级甚至μW级。

嵌入式操作系统是一种支持嵌入式系统应用的操作系统软件，它是嵌入式系统(包括硬、软件系统)极为重要的组成部分，通常包括与硬件相关的底层驱动软件、系统内核、设备驱动接口、通信协议、图形界面、标准化浏览器等。嵌入式操作系统具有通用操作系统的基本特点，如能够有效管理越来越复杂的系统资源；能够把硬件虚拟化，使得开发人员从繁忙的驱动程序移植和维护中解脱出来；能够提供库函数、驱动程序、工具集以及应用程序。与通用操作系统相比，嵌入式操作系统在系统实时高效性、硬件的相关依赖性、软件固态化以及应用的专用性等方面具有较为突出的特点。

嵌入式系统应用的领域极为宽广。例如，日常生活用品：手机、电视机顶盒、数码相机、电视机、汽车、遥控电风扇、电子显示屏等都离不开它；医疗仪器的应用：心脏起搏器、放射设备及分析监护设备等需要嵌入式系统的支持；各种化验设备：肌动电流描记器、离散光度化学分析、分光光度计等都需要使用高性能的、专用化的数字信号处理嵌入式系统来提高其精度和速度。引入嵌入式系统后，现有的各种监护仪的功能与性能都将得到大幅度的提高。

嵌入式系统对未来的影响体现在以下几个方面：

(1) 嵌入式系统促使计算机的形态和性能更加小型化、多功能、低功耗。

(2) 嵌入式系统使计算机由以往的冯·诺依曼结构发展成为多处理器并行计算，大大提高了运行效率及稳定性。

(3) 嵌入式系统已成为计算机技术的一个主要分支。

(4) 嵌入式系统的发展已成为当今计算机技术发展的一个重要标志。

(5) 改变传统小型机与微型机的概念，使嵌入式系统不再成为计算机硬件控制技术的代名词。某些嵌入系统的性能已经能够超越微型机的性能。

嵌入式计算机是内嵌在其他设备中的计算机。例如，安装在数码相机、MP3播放机、计算机外围设备、汽车和手机等产品中，它们执行着特定的任务，如控制办公室的温度和湿度，监测病人的心率和血压，控制微波炉的温度和工作时间，播放MP3音乐等。现在嵌入式计算机非常普遍，但由于用户并不直接与计算机技术接触，它们的存在往往不被大家所知晓。另外，嵌入式计算机还有满足实时信息处理、最小化存储容量、最小化功耗、适应恶劣工作环境等特点。

2.2 CPU

2.2.1 指令与指令系统

作为计算机科学奠基人之一的冯·诺依曼，提出的程序存储和程序控制的思想，直到今天还是计算机的基本工作原理。该思想的主要内容是：预先将一个问题的解决方案(程序)连同它所处理的数据存储在存储器中，工作时，处理器从存储器中取出程序中的一条指令，并按照指令的要求完成数据操作，即存储在存储器中的程序自动地控制着整个计算机的全部操作，完成信息处理的任务。

指令也称为机器指令，要计算机执行某种基本操作的命令。一条指令规定了机器所能够完成的一个基本操作，是用户使用计算机与计算机本身运行的最小功能单位。指令也是机器所能够领会的一组特定的二进制代码串。指令系统是CPU所能够提供的所有的指令的集合，指令系统的设计是计算机系统设计的一个核心问题。

1. 指令

一条指令就是机器语言的一个语句，它是一组有意义的二进制代码，指令的基本格式为：操作码字段和地址码字段。其中，操作码指明了指令的操作性质及功能，地址码则给出了操作数或操作数的地址。

操作码	操作数地址

指令执行过程分为取指令、分析指令以及执行指令等几个步骤：

(1) 取出指令和分析指令。首先根据计算机所指出的现行指令地址，从内存中取出该条指令的指令码，并送到控制器的指令寄存器中，然后对所取来的指令进行分析，即根据指令中的操作码进行译码，确定计算机应进行什么操作。译码信号被送往操作控制部件，和时序电位、测试条件配合，产生执行本条指令相应的控制电位序列。

(2) 执行指令。根据指令分析结果，由操作控制部件发出完成操作所需要的一系列控制电位，指挥计算机有关部件完成这一操作，同时为取下一条指令做好准备。

由此可见，控制器的工作就是取指令、分析指令、执行指令的过程。周而复始地重复这一过程,就构成了执行指令序列(程序)的自动控制过程。

2. 指令系统

指令系统是计算机所能执行的全部指令的集合,它描述了计算机内全部的控制信息和“逻辑判断”能力。不同计算机的指令系统包含的指令种类和数目也不同,但一般均包含算术运算型、逻辑运算型、数据传送型、判定和控制型、输入和输出型等指令。指令系统是表征一台计算机性能的重要因素,它的格式与功能不仅直接影响到机器的硬件结构,而且也直接影响到系统软件,影响到机器的适用范围。

回顾计算机的发展历史,指令系统的发展经历了从简单到复杂的演变过程。早在20世纪50年代至20世纪60年代,计算机大多数由分立元器件的晶体管或电子管组成,体积庞大,价格也昂贵,因此计算机的硬件结构比较简单,所支持的指令系统也只有十几至几十条最基本的指令,而且寻址方式简单。到20世纪60年代中期,随着集成电路的出现,计算机的功耗、体积、价格等不断下降,硬件功能不断增强,指令系统也越来越丰富。到20世纪70年代,高级语言已成为大、中、小型机的主要程序设计语言,计算机应用日益普及。由于软件的发展超过了软件设计理论的发展,复杂的软件系统设计一直没有很好的理论指导,导致软件质量无法保证,从而出现了所谓的“软件危机”。人们认为:缩小机器指令系统与高级语言的语义差距,可为高级语言提供更多的支持,是缓解软件危机有效和可行的办法。计算机设计者们利用当时已经成熟的微程序技术和飞速发展的VLSI技术,增设各种各样复杂的、面向高级语言的指令,使指令系统越来越庞大。这是几十年来人们在设计计算机时,保证和提高指令系统有效性方面传统的想法和做法,按这种传统方法设计的计算机系统称为复杂指令集计算机(Complex Instruction Set Computer,CISC)。精简指令集计算机(Reduced Instruction Set Computer,RISC)是一种计算机体系结构的设计思想,是近代计算机体系结构发展史中的一个里程碑,直到现在RISC还没有一个确切的定义。20世纪90年代初,IEEE的Michael Slater对RISC的定义做了如下描述:RISC处理器所设计的指令系统,应能使流水线处理高效率执行,并使优化编译器能生成优化代码。

2.2.2 CPU的结构与原理

计算机中能够执行各种指令、进行数据处理的部件称为中央处理器。中央处理器(Central Processing Unit, CPU)是电子计算机的主要设备之一,其功能主要是解释计算机指令以及处理计算机软件中的数据,CPU是PC不可缺少的组成部分,它担负着运行系统软件和应用软件的任务。CPU是计算机中的核心配件,是一台计算机的运算核心和控制核心。计算机中所有操作都由CPU负责读取指令、对指令进行译码并执行。一台计算机至少包含1个CPU,也可以包含2个、4个、8个甚至更多个CPU。CPU包括运算逻辑部件、寄存器部件和控制部件。如图2-8所示为CPU的结构。

CPU从存储器或高速缓冲存储器中取出指令,放入指令寄存器,并对指令进行译码。它把指令分解成一系列的微操作,然后发出各种控制命令,执行微操作系列,从而完成一条指令的执行。

运算逻辑部件可以执行定点或浮点的算术运算操作、移位操作以及逻辑操作,也可执行地址的运算和转换。

寄存器部件包括通用寄存器、专用寄存器和控制寄存器。通用寄存器是中央处理器的重要组成部分,大多数指令都要访问到通用寄存器,为了暂存结果,CPU中包含几十个甚至上百

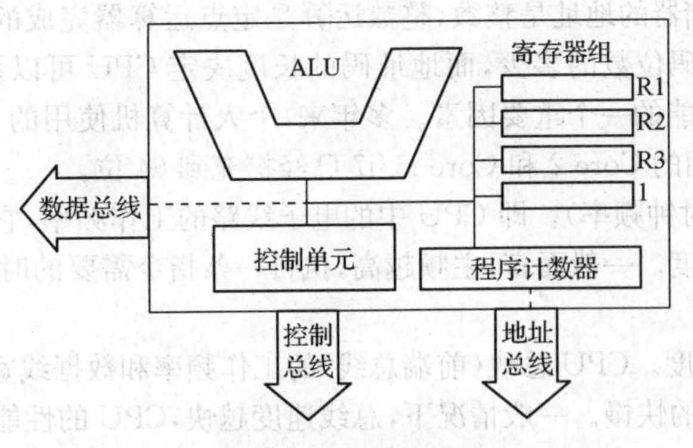

图 2 - 8　CPU 的结构

个寄存器，用来临时存放数据。通用寄存器的宽度决定计算机内部的数据通路宽度，其端口数目往往会影响内部操作的并行性。专用寄存器是为了执行一些特殊操作所需要的寄存器。控制寄存器通常用来指示机器执行的状态，或者保持某些指针，包括处理状态寄存器、地址转换目录的基地址寄存器、特殊状态寄存器、条件码寄存器、处理异常事故寄存器以及检错寄存器等。有的时候，中央处理器中还有一些缓存，用来暂时存放一些数据指令，缓存越大，说明 CPU 的运算速度越快，目前市场上的中、高端中央处理器都配置 2 MB 左右的二级缓存。

控制部件主要负责对指令进行译码，并且发出为完成每条指令所要执行的各个操作的控制信号，指挥和控制各个部件协调一致地工作。其结构有两种：一种是以微存储为核心的微程序控制方式；另一种是以逻辑硬布线结构为主的控制方式。微存储中保持微码，每一个微码对应于一个最基本的微操作，又称微指令；各条指令是由不同序列的微码组成，这种微码序列构成微程序。中央处理器在对指令进行译码以后，即发出一定时序的控制信号，按给定序列的顺序以微周期为节拍执行由这些微码确定的若干个微操作，即可完成某条指令的执行。简单指令是由 3～5 个微操作组成，复杂指令则要由几十个微操作甚至几百个微操作组成。逻辑硬布线控制器则完全是由随机逻辑组成，指令译码后，控制器通过不同的逻辑门的组合，发出不同序列的控制时序信号，直接去执行一条指令中的各个操作。如图 2 - 9 所示为 CPU 执行指令的过程示意图。

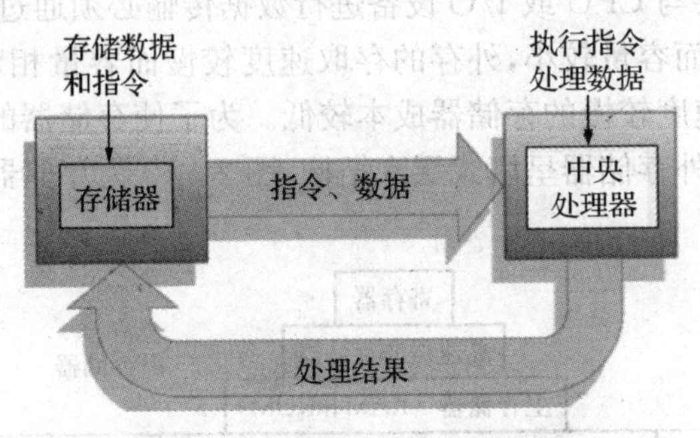

图 2 - 9　CPU 执行程序的过程

2.2.3　CPU 的性能指标

计算机的性能在很大程度上是由 CPU 决定的。CPU 的性能主要表现在程序执行速度的快慢上，而程序执行的速度与 CPU 相关的因素有很多。这些相关因素有：

(1) 字长(位数)。字长指的是 CPU 中整数寄存器和定点运算器的宽度(即二进制整数运算的位数)。由于存储器的地址是整数,整数运算是定点运算器完成的,因而定点运算器的宽度就大致决定了地址码位数的多少,而地址码的长度决定CPU可以访问的存储器的最大空间,这是影响CPU性能的一个重要因素。多年来,个人计算机使用的CPU大多是32位处理器,近些年来开始使用的Core 2和Core i5/i7已经扩充到64位。

(2)主频(CPU时钟频率)。即CPU中的电子线路的工作频率,它决定着CPU芯片内部数据传输与操作的速度。一般而言,主频越高,执行一条指令需要的时间就越短,CPU的处理速度就越快。

(3)CPU总线速度。CPU总线(前端总线)的工作频率和数据线宽度决定着CPU与内存之间传输数据的速度的快慢。一般情况下,总线速度越快,CPU的性能将发挥得越充分。

(4)高速缓存(Cache)的容量与结构。程序运行过程中高速缓存有利于减少CPU访问内存的次数。通常高速缓存容量越大,级数越高,其效用就越显著。

(5)指令系统。指令的类型和数目、指令的功能都会影响程序的执行速度。

(6)逻辑结构。CPU包含的定点运算器和浮点运算器数目、是否具有数字信号处理功能、有无指令预测和数据预测功能、流水线结构和级数等都对指令的执行速度有影响,甚至对一些特定应用有极大的影响。

2.3 存储系统

2.3.1 内存储器

存储器(Memory)是计算机系统中的记忆设备,用来存放程序和数据。计算机中的全部信息,包括输入的原始数据、计算机程序、中间运行结果和最终运行结果都保存在存储器中。它根据控制器指定的位置存入和取出信息。

存储器按用途可分为主存储器(内存)和辅助存储器(外存)。内存指主板上的存储部件,用来存放当前正在执行的数据和程序,但仅用于暂时存放程序和数据,关闭电源或断电后,数据就会丢失。外存通常是磁性介质或光盘等,能长期保存信息。CPU可以直接访问内存,不能直接访问外存,外存要与CPU或I/O设备进行数据传输必须通过内存进行。

内存的存取速度快而容量较小,外存的存取速度较慢而容量相对很大。通常存取速度较快的存储器成本较高,速度较慢的存储器成本较低。为了使存储器的性能价格比得到优化,计算机中各种内存储器和外存储器呈塔式层次结构,图2-10为存储器的层次结构。

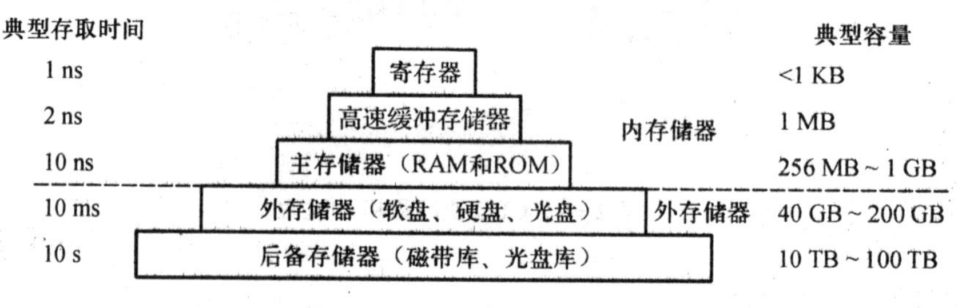

图2-10 存储器的层次结构

一般常用的微型计算机的存储器有磁芯存储器和半导体存储器,目前微型机的内存都采用半导体存储器。半导体存储器从使用功能上分,有随机存储器(Random Access Memory, RAM),又称读写存储器;只读存储器(Read Only Memory, ROM)。

RAM目前多采用MOS型半导体集成电路芯片制成，根据其保存数据的原理又分为DRAM和SRAM两种。

(1) DRAM(动态随机存取存储器)芯片的电路简单、集成度高、功耗小、成本较低、适合用于内存储器的主体部分，但是它的速度较慢，一般要比CPU慢得多，因此出现了许多不同的DRAM结构，以改善其性能。

(2) SRAM(静态随机存取存储器)与DRAM相比，它的电路较复杂、集成度低、功耗较大、制造成本高、价格贵，但工作速度很快，适合用作高速缓冲存储器。

无论是DRAM还是SRAM，当关机或断电时，其中的信息都将随之丢失，这是RAM与ROM的一个重要区别。

RAM有以下特点：可以读取，也可以写入；读取时并不损坏原来存储的内容，只有写入时才修改原来存储的内容；断电后，存储内容立即消失，即具有易失性。

ROM是只读存储器，顾名思义，它的特点是只能读取原有的内容，不能由用户再写入新内容。原来存储的内容是采用掩膜技术由厂家一次性写入的，并永久保存下来。它一般用来存放专用的固定的程序和数据，不会因断电而丢失。按照ROM的内容是否能在线改写，ROM可分为以下两类：

(1) 不可在线改写的ROM。如掩膜ROM、PROM和EPROM，前两种不能改写，后一种必须通过专用设备改写其中的内容。

(2) Flash ROM(闪存)。是一种非易失性存储器，但又能像RAM一样能方便地写入信息。它的工作原理是：在低电压下，它所存储的信息可读不可写，这时类似于ROM；而在高电压下，所存储的信息可以更改和删除，这时类似于RAM。因此，Flash ROM在PC机中可以在线写入，信息一旦写入则相对固定。

闪存卡(Flash Card)是利用闪存(Flash Memory)技术达到存储电子信息的存储器，一般应用在数码相机、掌上电脑、MP3等小型数码产品中作为存储介质，所以样子小巧，犹如一张卡片，所以称之为闪存卡。根据不同的生产厂商和不同的应用，闪存卡大概有SmartMedia(SM卡)、Compact Flash(CF卡)、MultiMedia Card(MMC卡)、Secure Digital(SD卡)、Memory Stick(记忆棒)、XD-picture Card(XD卡)和微硬盘(Microdrive)这些闪存卡虽然外观、规格不同，但是技术原理都是相同的，如图2-11所示为运用闪存卡的电子产品。

图2-11 运用闪存卡的电子产品

2.3.2 主存储器

在计算机中,一般用半导体存储器 DRAM 作为主存储器,存放当前正在执行的程序和数据。主存储器简称主存,是计算机硬件的一个重要部件,其作用是存放指令和数据,并能由中央处理器(CPU)直接随机存取。主存储器是按地址存放信息的,存取速度一般与地址无关。32 位的结构最大能表达 4GB 的存储器地址。这对多数应用已经足够,但对于某些特大运算量的应用和特大型数据库已显得不够,从而对 64 位结构提出需求。

主存储器的性能指标主要是存储容量、存取时间和存储周期。

存放一个机器字的存储单元,通常称为字存储单元,相应的单元地址叫字地址,而存放一个字节的单元,称为字节存储单元,相应的地址称为字节地址。如果计算机中可编址的最小单位是字存储单元,则该计算机称为按字编址的计算机。如果计算机中可编址的最小单位是字节,则该计算机称为按字节编址的计算机。一个机器字可以包含数个字节,所以一个存储单元也可以包含数个能够单独编址的字节地址。例如,PDP-11 系列计算机的一个 16 位二进制的字存储单元可存放两个字节,可以按字地址寻址,也可以按字节地址寻址。当用字节地址寻址时,16 位的存储单元占两个字节地址。在一个存储器中容纳的存储单元总数通常称为该存储器的存储容量。存储容量用字数或字节数(B)来表示,如 64 KB、512 KB、10 MB。外存中为了表示更大的存储容量,采用 MB、GB、TB 等单位。其中,$1KB=2^{10}B$,$1MB=2^{20}B$,$1GB=2^{30}B$,$1TB=2^{40}B$。B 表示字节,一个字节定义为 8 个二进制位,所以计算机中一个字的字长通常为 8 的倍数。存储容量这一概念反映了存储空间的大小。

存储时间,又称存储器访问时间,是指从启动一次存储器操作到完成该操作所经历的时间。具体来讲,从一次“读”操作命令发出到该操作完成,将数据“读”入数据缓冲寄存器为止所经历的时间,即为存储器访问时间。

存储周期,是指连续启动两次独立的存储器操作(如连续两次“读”操作)所需间隔的最小时间,通常存储周期略大于存储时间,其时间单位为“ns”。

主存储器在物理结构上由若干内存条组成,内存条是把若干片 DRAM 芯片焊接在一小条印制电路板上做成的部件。内存条必须插入主板中相应的内存插槽中才能使用,如图 2-12 所示。DDR 和 DDR2 均采用双列直插式内存条(DIMM 内存条),其触点分布在内存条的两面,故称为双列直插式。

图 2-12 内存条

2.3.3　存储系统

计算机系统用两个或两个以上速度、容量和价格各不相同的存储器用硬件、软件或软件与硬件相结合的方法连接起来成为一个系统，这就是存储系统。存储系统对应用程序员透明，并且从应用程序员的角度看，它是一个存储器，这个存储器的速度接近速度最快的那个存储器，存储容量与容量最大的那个存储器相等或接近，单位容量的价格接近最便宜的那个存储器。

当前流行的计算机系统中，广泛采用由三种运行原理不同、性能差异很大的存储介质，来分别构建高速缓冲存储器、主存储器和虚拟存储器，再将它们组成通过计算机硬软件统一管理与调度的三级结构的存储器系统，如图 2－13 所示。

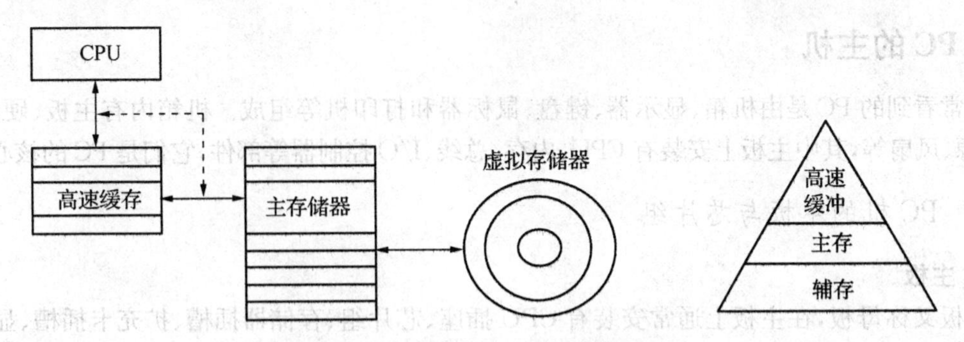

图 2－13　现代计算机三级结构存储系统

(1) 高速缓冲(Cache)

Cache 是一种高速缓冲器，为解决 CPU 与主存之间速度不匹配而采用的一项重要技术。把程序中的活跃部分存入一个比主存速度高十几倍，乃至几十倍的快速存储器中，使得 CPU 访问内存操作的大多数是在这个快速存储器中进行，就会使访问内存的速度大大加快。这个快速存储器插入 CPU 和主存之间，它以主存为依托直接面向 CPU，起到了减少存取时间和缓冲的作用。Cache 存储器介于 CPU 和主存之间，它的工作速度数倍于主存，全部功能均由硬件实现。由于转换速度快，软件人员丝毫未感到 Cache 的存在，这种特性称为 Cache 的透明性。Cache 通常由 SRAM 组成。

高速缓冲存储器是一种特殊的存储器子系统，它复制了频繁使用的数据以利于快速访问。高速缓冲存储器存储了频繁访问的 RAM 位置的内容及这些数据项的存储地址，当处理器引用存储器中的某地址时，高速缓冲存储器便检查是否存有该地址，如果存有该地址，则将数据返回处理器，如果没有保存该地址，则进行常规的存储器访问。

(2) 虚拟存储器

虽然计算机的内存容量不断扩大，但限于成本和安装空间有限等原因，其容量总有一定的限制。主存储器容量限制了 PC 机内可运行的程序大小，如果需要运行的程序(包括系统程序和应用程序)比主存容量大，那么该程序将无法在机内运行。虚拟存储技术首先是为了克服内存空间不足而提出的，借助于磁盘等辅助存储器来扩大主存容量，供 CPU 使用。有了虚拟存储器，用户无需考虑所编程序在主存中是否放得下或放在什么位置等问题。从用户的角度来看，该系统所具有的内存容量比实际的内存容量大得多。

在虚拟存储器中，主存储器称为“主存”，而虚存空间是一个比实际存储空间大得多的存储空间，其大小取决于所能够提供的虚拟地址的长度。存储管理工作是操作系统的一项非常重要的任务。现在操作系统一般都采用虚拟存储技术进行存储管理。

虚拟存储技术的基本思想:用户在一个逻辑空间很大的虚拟存储器中编程和运行程序,程序及其数据被划分成了一个个“页面”,每页为固定大小。在启动一个任务面向内存装入程序及数据时,仅仅是将当前要执行的一部分程序和数据页面装入内存,其余的页面放在硬盘所提供的虚拟内存中,然后开始执行程序。在程序执行过程中,如果需要执行的指令或者访问的数据不在物理内存中,则称为缺页,此时由CPU通知操作系统中的存储管理程序,将所缺的页面从位于外存的虚拟内存调入实际的物理内存,然后再继续执行程序。其中,为了腾出空间来存放将要装入的程序,存储管理程序也应将物理内存中暂时不使用的页面调出保存到外存的虚拟内存中,页面的调入和调出完全由存储管理程序完成。

2.4　PC的主机

通常看到的PC是由机箱、显示器、键盘、鼠标器和打印机等组成。机箱内有主板、硬盘、光驱、电源、风扇等,其中主板上安装有CPU、内存、总线、I/O控制器等部件,它们是PC的核心。

2.4.1　PC机的主板与芯片组

1. 主板

主板又称母板,在主板上通常安装有CPU插座、芯片组、存储器插槽、扩充卡插槽、显卡插槽、BIOS、CMOS存储器、辅助芯片和若干用于连接外围设备的I/O接口,图2-14为PC主板示意图。

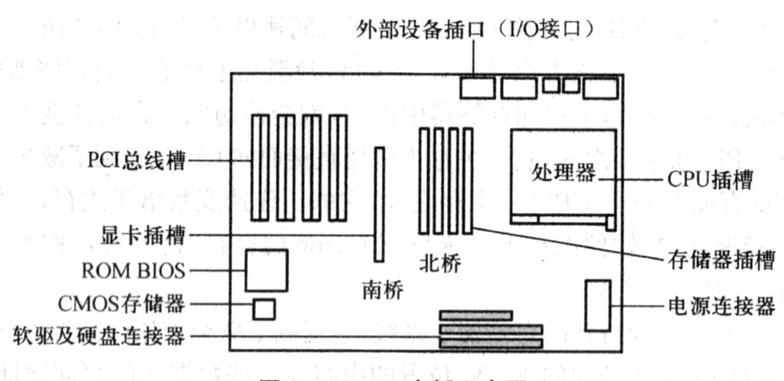

图2-14　PC主板示意图

CPU芯片和内存条分别通过CPU插座和存储器的插槽与主板结合为一体,而PC常用的外围设备则通过在主板上安装或集成的扩充卡(如声卡、显卡、网卡等)或I/O接口与主板连接,扩充卡借助卡上的印刷插口安装在主板的PCI总线插槽中。随着集成电路和计算机设计技术的不断发展,越来越多的扩充卡的功能被部分或全部集成到主板上。但为了便于不同PC主板的互换,主板的物理尺寸已经日趋标准,现在常用的为ATX和BTX规格的主板。

主板上还有两组特别重要的集成电路:一组是闪存(Flash Memory),其中存放的是基本输入/输出系统(BIOS),它是PC软件中最基础的部分,没有它,机器就没法启动;另一组是存放与计算机系统相关的参数(配置信息)的CMOS存储器。CMOS存储器使用独立的电源供电,即使计算机关机后,它也不会因断电丢失所存储的信息,但如果出现电源断电、短路的情况,CMOS将遗失当前日期和时间、已经安装的光驱和硬盘的个数及类型等信息。

2. 芯片组

芯片组是主板上连接各组成部件之间的信息传输桥梁。对于主板而言，芯片组几乎决定了这块主板的功能，进而影响到整个计算机系统性能的发挥。芯片组是主板的灵魂，芯片组性能的优劣，决定了主板性能的好坏与级别的高低。这是因为目前 CPU 的型号与种类繁多、功能特点不一，如果芯片组不能与 CPU 良好地协同工作，将严重影响计算机的整体性能，甚至不能正常工作。

主板芯片组几乎决定着主板的全部功能，其中 CPU 的类型、主板的系统总线频率和内存类型、容量和性能以及显卡插槽规格是由芯片组中的北桥芯片决定的；而扩展槽的种类与数量、扩展接口的类型和数量(如 USB 2.0/1.1，IEEE 1394，串口，并口，笔记本电脑的 VGA 输出接口)等，是由芯片组的南桥决定的。还有些芯片组由于纳入了 3D 加速显示(集成显示芯片)、AC97 声音解码等功能，还决定着计算机系统的显示性能和音频播放性能等。

芯片组按用途可分为服务器/工作站、台式机、笔记本等类型；按芯片数量可分为单芯片芯片组，标准的南、北桥芯片组和多芯片芯片组(主要用于高档服务器/工作站)；按整合程度的高低，还可分为整合型芯片组和非整合型芯片组等。

芯片组技术近年来突飞猛进，从 ISA、PCI、AGP 到 PCI-Express，从 ATA 到 SATA、Ultra DMA 技术、双通道内存技术、高速前端总线等，每一次新技术的进步都带来计算机性能的提高。例如，PCI-Express 总线技术取代 PCI 和 AGP 总线，极大地提高了设备带宽，从而带来一场计算机技术的革命。另一方面，芯片组技术也在向着高整合性方向发展。例如，AMD Athlon 64 CPU 内部已经整合了内存控制器，这大大降低了芯片组厂家设计产品的难度，而且现在的芯片组产品已经整合了音频、网络、SATA、RAID 等功能，大大降低了用户的成本。

2.4.2　CMOS 与 BIOS

基本输入/输出系统(Basic Input Output System，BIOS)是一组固化到主板上一个 ROM 芯片上的程序，它保存着计算机最重要的基本输入/输出程序、系统设置信息、开机后自检程序和系统自启动程序。其主要功能是为计算机提供最底层、最直接的硬件设置和控制。

BIOS 中主要存放下列内容：

(1) 自诊断程序。通过读取 CMOS RAM 中的内容识别硬件配置，并对其进行自检和初始化。

(2) 互补金属氧化物半导体内存(Complementary Metal Oxide Semiconductor，CMOS)设置程序。计算机引导过程中，用特殊热键启动，进行相应设置后，存入 CMOS RAM 中。

(3) 系统自检装载程序。在自检成功后将磁盘相对 0 道 0 扇区上的引导程序装入内存，让其运行以装入 DOS 系统。

(4) 主要 I/O 设备的驱动程序和中断服务。由于 BIOS 直接和系统硬件资源打交道，因此总是针对某一类型的硬件系统，而各种硬件系统又各有不同，所以存在各种不同种类的 BIOS，随着硬件技术的发展，同一种 BIOS 也先后出现了不同的版本，新版本的 BIOS 功能更强。

4. CMOS 与 BIOS 的区别

CMOS 是一种只需极少电量就能存放数据的芯片。由于能耗极低，CMOS 内存可以由集成到主板上的一个小电池供电，这种电池在计算机通电时还能自动充电。因为 CMOS 芯片可以持续获得电量，所以即使在关机后，它也能保存有关计算机系统配置的重要数据。

由于 CMOS 与 BIOS 都跟计算机系统设置密切相关，所以才有 CMOS 设置和 BIOS 设置的说法。CMOS是计算机主机板上一块特殊的RAM芯片,是系统参数存放的地方(如系统的日期和时间,系统口令,系统中安装的软盘、硬盘、光盘驱动器的数目、类型及参数,显示卡的类型,Cache的使用状况,启动系统时访问外存储器的顺序),而BIOS中系统设置程序是完成参数设置的手段。因此,准确的说法应是通过BIOS设置程序对CMOS参数进行设置。事实上,BIOS程序是储存在主板上一块EEPROM Flash芯片中的,CMOS存储器是用来存储BIOS设定后要保存的数据,包括一些系统的硬件配置和用户对某些参数的设定,比如传统BIOS的系统密码和设备启动顺序等。

2.4.3 微机总线

微机中总线一般有内部总线、系统总线和外部总线。内部总线是微机内部各外围芯片与处理器之间的总线,用于芯片一级的互连;而系统总线是微机中各插件板与系统板之间的总线,用于插件板一级的互连;外部总线则是微机和外部设备之间的总线,微机作为一种设备,通过该总线和其他设备进行信息与数据交换,它用于设备一级的互连。

系统总线又称内总线(Internal Bus)或板级总线(Board-Level)或计算机总线(Microcomputer Bus)。因为该总线是用来连接微机各功能部件而构成一个完整微机系统的,所以称之为系统总线。系统总线是微机系统中最重要的总线,人们平常所说的微机总线就是指系统总线。根据系统总线上所传输的内容又可以分为数据总线、地址总线以及控制总线。

下面介绍几种常用的系统总线。

(1) 工业标准体系结构(Industry Standard Architecture,ISA),采用单总线结构,数据总线宽度为16位,地址总线宽度为24位,时钟频率为8 MHz。

(2) 扩展的工业标准体系结构(Extension Industry Standard Architecture,EISA),提供了32位数据总线和32位地址总线,其地址空间高达4 GB,向下兼容ISA。EISA总线可支持7个DMA通道,15条中断控制线。

(3) 高速局部总线(Video Electronic Standards Association,VESA),是由美国视频电子标准协会提出的一种基于多总线结构思想的互连结构,使用高速局部总线在CPU和高速外设之间提供了一条高速通路,与ISA、EISA总线构成了层次结构,满足各种外设的需求。

(4) 外围元件互连结构(Peripheral Component Interconnect,PCI),由Intel公司首先用于奔腾计算机。PCI总线控制器在I/O和外设之间插入了一个复杂的管理层,以协调数据传输。PCI提供了缓冲器,在高速时钟频率下仍能保持高性能,其处理突发数据传输的能力优于VESA总线。PCI总线数据总线宽度可扩展为64位。可同时支持多组外围设备。

(5) Compact PCI,Compact PCI的意思是“坚实的PCI”,是当今第一个采用无源总线底板结构的PCI系统,是PCI总线的电气和软件标准加欧式卡的工业组装标准,是当今最新的一种工业计算机标准。以上所列举的几种系统总线一般都用于商用PC机中,而Compact PCI是在原来PCI总线基础上改造而来,它利用PCI的优点,提供满足工业环境应用要求的高性能核心系统。

(6) PCI-E(PCI Express)总线,PCI Express采用的也是业内流行的点对点串行连接,比起PCI以及更早期的计算机总线的共享并行架构,每个设备都有自己的专用连接,不需要向整个总线请求带宽,而且可以把数据传输率提高到一个很高的频率,达到PCI所不能提供的高带宽。

2.5　外设

2.5.1　常用输入设备

输入设备是外围设备的一部分，是计算机系统与人或其他机器之间进行信息交换的装置，其功能是把数据、命令、字符、图形、图像、声音或电流、电压等信息，变成计算机可以接收和识别的二进制数字代码，供计算机进行运算处理。输入设备包含键盘、鼠标、光笔、触屏、跟踪球、控制杆、数字化仪、扫描仪、语音输入、手写汉字识别以及纸带输入机、卡片输入机、光学字符阅读机(OCK)等。

1. 键盘

键盘(Keyboard)是最重要且必不可少的计算机输入设备，它广泛应用于微型计算机和各种终端设备上。计算机操作者通过键盘向计算机输入各种指令、数据，指挥计算机的工作。计算机的运行情况输出到显示器，操作者可以很方便地利用键盘和显示器与计算机"对话"，对程序进行修改、编辑，控制和观察计算机的运行。

键盘按照应用可以分为台式机键盘、笔记本电脑键盘、工控机键盘、速录机键盘、双控键盘、超薄键盘等六大类。

一般 PC 键盘的分类可以根据按键数、按键工作原理、键盘外形分类。

按照键盘的工作原理和按键方式的不同，可以划分为四种。

(1) 机械键盘(Mechanical)：采用类似金属接触式开关，工作原理是使触点导通或断开，具有工艺简单、噪声大、易维护的特点。

(2) 塑料薄膜式键盘(Membrane)：键盘内部共分 4 层，实现了无机械磨损。其特点是低价格、低噪音和低成本，已占领市场绝大部分份额。

(3) 导电橡胶式键盘(Conductive Rubber)：的触点结构是通过导电橡胶相连。键盘内部有一层凸起带电的导电橡胶，每个按键都对应一个凸起，按下时把下面的触点接通。这种类型的键盘是市场由机械键盘向薄膜键盘的过渡产品。

(4) 无接点静电电容键盘(Capacitives)：使用类似电容式开关的原理，通过按键时改变电极间的距离引起电容容量改变从而驱动编码器。其特点是无磨损且密封性较好。

键盘的按键数曾出现过 83 键、93 键、96 键、101 键、102 键、104 键、107 键等。104 键的键盘是在 101 键键盘的基础上为 Windows 9X 平台增加了 3 个快捷键(有两个是重复的)，所以也被称为 Windows 9X 键盘，但在实际应用中习惯使用 Windows 键盘的用户并不多。在某些需要大量输入单一数字的系统中还有一种小型数字录入键盘，基本上就是将标准键盘的小键盘独立出来，以达到缩小体积、降低成本的目的。

早期台式 PC 机键盘的接口有 AT 接口和 PS/2 接口，现在则多采用 USB 接口。

2. 鼠标

鼠标(Mouse)又称为鼠标器，其全称为显示系统纵横位置指示器，是目前计算机上最常用的输入设备之一，是控制显示屏上光标移动位置的一种指点式设备。在软件的支持下，通过鼠标上的按键向计算机发出命令，或完成某些特定的操作。

可按不同标准对鼠标进行如下分类：

① 按工作原理的不同可分为机械鼠标和光电鼠标，图 2 - 15(a)是光电鼠标原理图，图 2 - 15(b)是机械鼠标原理图。

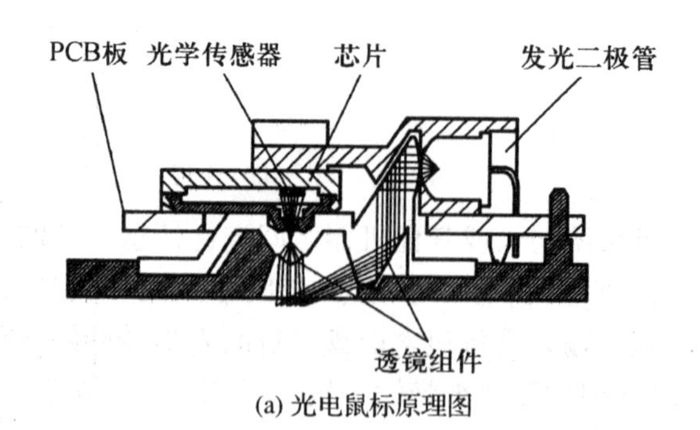

(a) 光电鼠标原理图

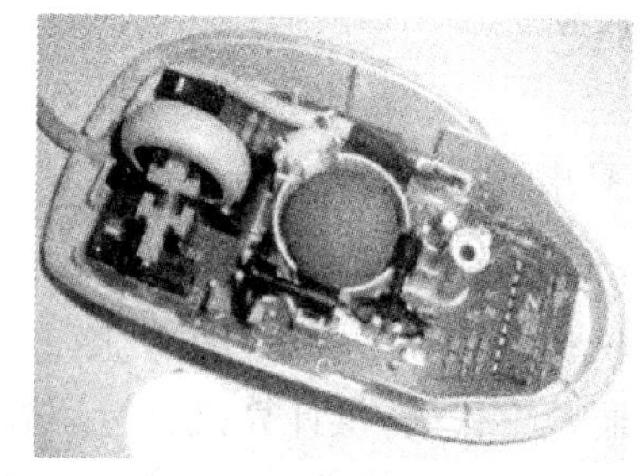
(b) 机械鼠标原理图

图 2-15 鼠标原理图

② 按接口类型可分为串行鼠标、PS/2 鼠标、总线鼠标、USB 鼠标(多为光电鼠标)4 种。串行鼠标通过串行口与计算机相连,有 9 针接口和 25 针接口两种;PS/2 鼠标通过一个 6 针微型 DIN 接口与计算机相连,它与键盘的接口非常相似,使用时注意区分;总线鼠标的接口在总线接口卡上;USB 鼠标通过一个 USB 接口,直接插在计算机的 USB 接口上。

③ 按外形分为两键鼠标、三键鼠标、滚轴鼠标和感应鼠标。两键鼠标和三键鼠标的左、右按键功能完全一致,一般情况下用不着三键鼠标的中间按键,但在使用某些特殊软件(如 AutoCAD 等)时,这个键也会起一些作用;滚轴鼠标和感应鼠标在笔记本电脑上用得很普遍,往不同方向转动鼠标中间的小圆球,或在感应板上移动手指,光标就会向相应方向移动,当光标到达预定位置时,按一下鼠标或感应板,就可执行相应功能。

另外,还有无线鼠标和 3D 振动鼠标这里不再赘述。

3. 笔输入设备

随着网络的不断普及,PC 也随之进入了千家万户,但使用键盘输入汉字仍会使许多用户头疼,给一些年纪大的用户造成障碍。此外,个人数字助理(PDA)、手持计算机(HPC)和手机等移动信息设备等受体积的限制,也需要一种能够同时替代键盘和鼠标的工具,笔输入设备也就应运而生,如图 2-16 所示。它由硬件和软件两部分组成,硬件部分包括"笔"与供书写和定位的手写板,手写板又有电磁式和电阻式两种。用户用笔以平常书写的习惯,把要输入的汉字等写在书写板上,由软件自动进行识别,然后保存。

图 2-16 笔输入设备

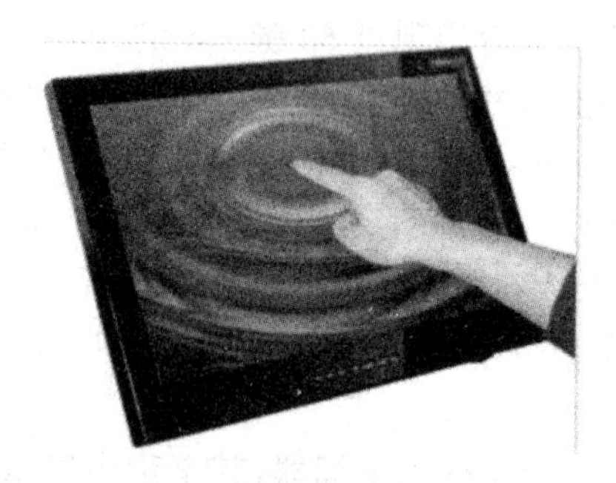
图 2-17 触摸屏

触摸屏是透明的,可以安装在任何一台显示屏的外面(表面)。使用时,显示屏上根据实际应用的需要,显示出用户所需控制的项目或查询内容(或标题)供用户选择,用户只要用手指(或其他物品)点一下所选择的项目(或标题)即可由触摸屏将信息送到计算机中。实际上触摸屏是一种定位设备,用户通过与触摸屏的直接接触向计算机输入接触点的坐标,其后计算机根据相对的内容进行工作。触摸屏系统一般包括触摸屏控制器(卡)和触摸屏检测装置两部分。图 2-17 为触摸屏的一种。

4. 扫描仪(Scanner)

扫描仪是利用光电技术和数字处理技术,以扫描方式将图形或图像信息转换为数字信号的装置。具体来说,扫描仪是一种计算机外设,通过捕获图像并将之转换成计算机可以显示、编辑、存储和输出的数字化输入设备。照片、文本页面、图纸、美术图画、照相底片、菲林软片,甚至纺织品、标牌面板、印制板样品等三维对象都可作为扫描对象,提取和将原始的线条、图形、文字、照片、平面实物转换成可以编辑及加入文件中的装置。扫描仪属于计算机辅助设计(CAD)中的输入系统,通过计算机软件和计算机输出设备(激光打印机、激光绘图机)接口,组成打印前计算机处理系统,适用于办公自动化(OA),广泛应用在标牌面板、印制板、印刷行业等。

扫描仪可分为三大类型:滚筒式扫描仪、平面扫描仪以及近几年才有的笔式扫描仪、便携式扫描仪、馈纸式扫描仪、胶片扫描仪、底片扫描仪、名片扫描仪等。

笔式扫描仪出现在 2000 年左右,扫描宽度大约与 4 号汉字相同,使用时,贴在纸上一行一行的扫描,主要用于文字识别,但随着科技的发展,可以扫描 A4 幅度大小的纸张,最高可达 400 DPI。最初只能扫描黑白页面,现在不但可以扫描彩色,还可以扫描照片、名片等。

便携式扫描仪其强调的是小巧、便携,而其最大的特点是 A4 的扫描幅度,其扫描功能与传统的台式扫描仪并无差别,既能脱机扫描,又便于携带,可随时随处地进行扫描工作,应用于移动办公与现场执法等要求快速扫描的场合。它与笔式扫描仪最大的区别是:笔式扫描仪类中有些扫描仪是逐行扫描的,不可扫描图片只能扫描文字,并且其扫描对象在传统台式扫描仪的基础上,更便于商务办公与现场执法时进行身份证、票据、护照、合同文档的扫描。

滚筒式扫描仪一般使用光电倍增管(Photo Multiplier Tube,PMT),因此它的密度范围较大,而且能够分辨出图像更细微的层次变化,而平面扫描仪使用的则是光电耦合器件(Charged-Coupled Device,CCD),故其扫描的密度范围较小。CCD 是一长条状有感光元器件,在扫描过程中用来将图像反射过来的光波转化为数字信号,平面扫描仪使用的 CCD 大都是具有日光灯线性陈列的彩色图像感光器,如图 2-18 所示为滚筒扫描仪。平面扫描仪,如图 2-19 所示。扫描仪的工作原理是:平面扫描仪获取图像的方式是先将光线照射在扫描的材料上,光线反射回来后由 CCD 光敏元件接收并实现光电转换。

图 2-18 滚筒扫描仪

图 2-19 平面扫描仪

当扫描不透明的材料,如照片、打印文本以及标牌、面板、印制板实物时,由于材料上黑的区域反射较少的光线,亮的区域反射较多的光线,而CCD器件可以检测图像上不同光线反射回来的不同强度的光,通过CCD器件将反射光光波转换成数字信息,用“1”和“0”的组合表示,最后由控制扫描仪操作的扫描仪软件读入这些数据,并重组为计算机图像文件。

当扫描透明材料,如制版菲林软片、照相底片时,扫描工作原理相同,有所不同的是此时不是利用光线的反射,而是让光线透过材料,再由CCD器件接收,扫描透明材料需要特别的光源补偿——透射适配器(TMA)装置来完成这一功能。

滚筒式扫描仪与平台式扫描仪的主要区别是滚筒式扫描仪采用PMT(光电倍增管)光电传感技术,而不是CCD,能够捕获到正片和原稿的最细微的色彩。一台4000 dpi分辨率的滚筒式扫描仪,按常规的150线印刷要求,可以把一张4×5的正片放大13倍。现在的滚筒式扫描仪可以毫无问题的与苹果机或PC机相连接,扫描得到的数字图像可用Photoshop等软件作需要的修改和色彩调整,而平板扫描仪则是由CCD器件来完成扫描工作的。其工作原理不同,决定了两种扫描仪性能上的差异,最高密度范围不同:滚筒扫描仪的最高密度可达4.0,而一般中低档平板扫描仪只有3.0左右。因而滚筒扫描仪在暗调的地方可以扫出更多细节,并提高了图像的对比度。图像清晰度不同:滚筒扫描仪有四个光电增管,三个用于分色(红、绿和蓝色),另一个用于虚光蒙版。它可以使不清楚的物体变为更清晰,可提高图像的清晰度,而CCD则没有这主面的功能。图像细腻程度不同:用光电倍增管扫描的图像输出印刷后,其细节清楚,网点细腻,网纹较小,而平板扫描仪扫描的照片质量在图像的精细度方面相对来说要差些。

扫描仪的主要性能指标有:

① 分辨率是扫描仪最主要的技术指标。它表示扫描仪对图像细节上的表现能力,即决定了扫描仪所记录图像的细致度,其单位为PPI(Pixels Per Inch),通常用每英寸长度上扫描图像所含有像素点的个数来表示,目前大多数扫描的分辨率在300 PPI~2 400 PPI之间。PPI数值越大,扫描的分辨率越高,扫描图像的品质越高,但这是有限度的。当分辨率大于某一特定值时,只会使图像文件增大而不易处理,并不能对图像质量产生显著的改善。对于丝网印刷应用而言,扫描到6 000 PPI就已经足够了。

② 灰度级表示图像的亮度层次范围。级数越多扫描仪图像亮度范围越大、层次越丰富,目前多数扫描仪的灰度为256级。

③ 色彩数表示彩色扫描仪所能产生颜色的范围。通常用表示每个像素点颜色的数据位数即比特位(bit)表示。例如,真彩色图像指的是每个像素点由三个8比特位的彩色通道所组成,即24位二进制数表示,红、绿、蓝通道结合可以产生$2^{24}=16.67$ M种颜色的组合,色彩数越多扫描图像越鲜艳真实。

④ 扫描速度。有多种表示方法,因为扫描速度与分辨率、内存容量、磁盘存取速度以及显示时间、图像大小有关,通常用指定的分辨率和图像尺寸下的扫描时间来表示。

⑤ 扫描幅面。表示扫描图稿尺寸的大小,常见的幅面有A4、A3、A0等。

⑥ 与主机的接口。指与计算机之间的连接方式,现常用USB接口。

5. 数码相机

数码相机(Digital Camera,DC),是一种利用电子传感器把光学影像转换成电子数据的照相机。它是除扫描仪以外的另一种重要的图像输入设备,与普通照相机在胶卷上靠溴化银的化学变化来记录图像的原理不同,数码相机的传感器则是一种光感应式的电荷耦合组件

(CCD)或互补金属氧化物半导体(CMOS),可以直接将照片以数字信息记录下来,具有数字化存取模式、与计算机交互处理和实时拍摄等特点。

数码相机是集光学、机械、电子为一体的产品,它集成了影像信息的转换、存储和传输等部件。光线通过镜头或者镜头组进入相机,通过成像元件(CCD 或者 CMOS,该成像元件的特点是光线通过时,能根据光线的不同转化为电子信号)转化为数字信号,数字信号通过影像运算芯片储存在存储设备,通常是使用闪存,软磁盘与可重复擦写光盘已很少用于数码相机设备中,然后通过 USB 等传输到计算机中,进行处理或显示,或通过打印机打印,也可以与电视等视频设备连接进行观看。

数码相机按用途可分为:单反相机、卡片相机、长焦相机和家用相机等。

2.5.2　常用输出设备

输出设备的功能是把计算机处理的结果,变成最终人们可以识别的数字、文字、图形、图像或声音等信息,打印或显示出来,以供人们分析与使用。常用的输出设备主要有显示器、打印机、绘图仪、语音输出设备以及卡片穿孔机、纸带穿孔机等。

1. 显示器与显示卡

(1) 显示器

显示器是由监视器(Monitor)和显示适配器(Display Adapter)及有关电路和软件组成,用以显示数据、图形、图像的计算机输出设备。显示器的类型和性能由组成它的监视器、显示适配器和相关软件共同决定。

监视器通常使用分辨率较高的显像管作为显示部件。显像管又称为阴极射线管(CRT)。电子枪发射被调制的电子束,经聚焦、偏转后打到荧光屏上显示出发光的图像。彩色显像管有产生红、绿、蓝三种基色的荧光屏和激励荧光屏的三个电子束。只要三基色荧光粉产生的光的分量不同,就可以形成自然界的各种彩色。

组成屏上图像的点称为像素(Pixel),屏上最小可视像素的大小由点距确定,点距越小,显示越清晰。目前,PC 使用的监视器可支持的点距范围是:0.22 mm～0.39 mm。

除了 CRT 监视器外,液晶显示器(Liquid Crystal Display,LCD)已成为当今显示器发展的主流,是一种平面超薄的显示设备。

其主要性能参数有:

① 显示屏的尺寸。计算机显示器屏幕大小是以显示屏的对角线长度来度量,目前常用的显示器有 15 英寸、17 英寸、19 英寸、22 英寸等。传统显示屏的宽度与高度之比一般为 4∶3,宽频液晶显示器的宽高比为 16∶9 或 16∶10。

② 分辨率。分辨率是衡量显示器的一个重要指标,是指整屏最多可显示像素的多少,是指像素点与点之间的距离,像素数越多,其分辨率就越高。因此,分辨率通常是以像素数来计量的。如 640×480,其像素数为 307 200,其中,640 为水平像素数,480 为垂直像素数。显示器常用的分辨率有 1 024×768、1 280×1 024、1 600×1 200、1 920×1 280 等。

③ 刷新速度。显示器的刷新率指每秒钟出现新图像的数量,单位为 Hz(赫兹)。刷新率越高,图像的质量就越好,闪烁越不明显,人的感觉就越舒适。一般认为 70 Hz～72 Hz 的刷新率即可保证图像的稳定。

④ 可显示颜色数目。一个像素可显示出多少种颜色,是由表示这个像素的二进制位数决定。彩色显示器的彩色是由三个基色 R、G、B 合成而得到的,因此是 R、G、B 三个基色的二进

制位位数之和决定了可显示颜色的数目。例如,R、G、B分别用8位二进制位表示,则它就有$2^{24}\approx$1 680万种不同的颜色。

⑤ 功耗。显示器作为计算机耗电最大的外设之一,其功率消耗问题越来越受到人们的关注。美国环保局(EPA)发起了"能源之星"计划,该计划规定:在计算机非使用状态,即待机状态下,耗电低于30 W的计算机和外围设备均可获得EPA的能源之星标志,这就是人们常说的"绿色产品"。因此,在购买显示器时,要看该显示器是否有EPA标志。

(2) 显卡

显卡全称显示接口卡(Video Card,Graphics Card),又称为显示适配器(Video Adapter)。显卡的用途是将计算机系统所需要的显示信息进行转换驱动,并向显示器提供行扫描信号,控制显示器的正确显示,是连接显示器和个人电脑主板的重要部件。

显示卡是由像素处理器、显示处理器、半导体读写存储器(简称显存)只读存储器和接口电路组装成的一块电路扩展板。显示卡可直接插在计算机主板扩展槽中,也可与主板集成在一起。目前,市场上主流的显卡产品有SVGA和AVGA两种。

2. 打印设备

打印设备是计算机产生复件输出的设备,是将计算机的运算结果或中间结果以人所能识别的数字、字母、符号和图形等依照规定的格式印在相关介质上的设备。

现主要介绍常用的针式打印机、彩色喷墨打印机和激光打印机。

(1) 针式打印机

针式打印机在打印机发展历史的很长一段时间上曾占着重要的地位。针式打印机之所以在很长的一段时间内流行不衰,与它极低的打印成本、易用性以及单据打印的特殊用途是分不开的。当然打印质量低、噪声大也是它无法适应高质量、高速度的商用打印需要的原因,所以现在只有在银行、超市等用于票单打印的地方还可以看见它的踪迹。如图2-20所示为针式打印机。

图2-20 针式打印机

(2) 彩色喷墨打印机

彩色喷墨打印机,如图2-21所示,因其有着良好的打印效果与较低价位的优点占据了广大中、低端市场。此外,喷墨打印机还具有更灵活的纸张处理能力;在打印介质的选择上,喷墨打印机也具有一定的优势:既可以打印信封、信纸等普通介质,还可以打印各种胶片、照片纸、光盘封面、卷纸、T恤转印纸等特殊介质。

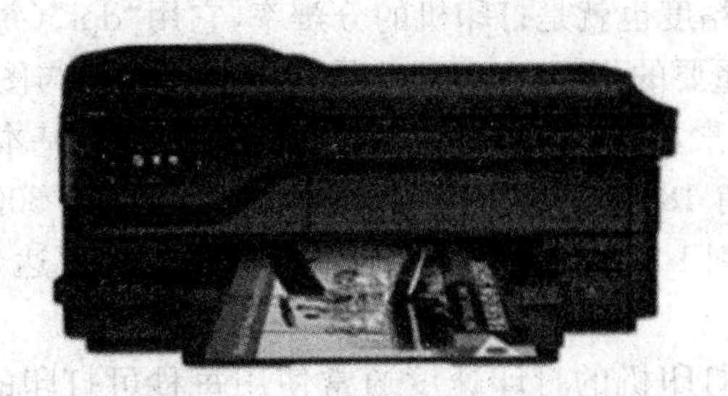

图 2 - 21　彩色喷墨打印机

(3) 激光打印机

激光打印机，如图 2 - 22 所示。它是高科技发展的新产物，已逐渐代替喷墨打印机，分为黑白和彩色两种，为人们提供了更高质量、快速、低成本的打印方式。

图 2 - 22　激光打印机

激光打印机的基本原理是：利用光栅图像处理器产生要打印页面的位图，然后将其转换为电信号等一系列的脉冲送往激光发射器。在这一系列脉冲的控制下，激光被有规律地放出。与此同时，反射光束被接收的感光鼓所感光，激光发射时就产生一个点，激光不发射时就是空白，这样就在接收器上印出一行点来。然后，接收器转动一小段固定的距离继续重复上述操作；当纸张经过感光鼓时，鼓上的着色剂就会转移到纸上，印成了页面的位图。最后，当纸张经过一对加热辊后，着色剂被加热熔化，固定在纸上，就完成打印的全过程，这整个过程准确而且高效。

虽然激光打印机的价格要比喷墨打印机昂贵得多，但从单页的打印成本上讲，激光打印机则要便宜很多。而彩色激光打印机的价位很高，大部分都在万元上下，应用范围较窄，很难被普通用户接受。

除了以上三种最为常见的打印机外，还有热转印打印机和大幅面打印机等几种应用于专业方面的打印机机型。热转印打印机是利用透明染料进行打印的，它的优势在于专业高质量的图像打印方面，可以打印出近于照片的连续色调的图片，一般用于印前及专业图形输出 。大幅面打印机的打印原理与喷墨打印机基本相同，但打印幅宽一般都能达到 24 英寸(61 cm)以上。它的主要应用场合一直集中在工程与建筑领域，但随着其墨水耐久性的提高和图形解析度的增加，大幅面打印机也开始被越来越多的应用于广告制作、大幅摄影、艺术写真和室内装潢等装饰宣传的领域中，已成为打印机家族中重要的一员。

常用打印机具有如下主要性能指标：

① 打印精度。打印精度也就是打印机的分辨率,它用"dpi"(每英寸可打印的点数)表示,是衡量图像清晰程度最重要的指标。300 dpi 是人眼分辨文本与图形边缘是否有锯齿的临界点,再考虑到其他一些因素,因此 360 dpi 以上的打印效果才能基本满足分辨率的要求。针式打印机的分辨率一般只有 180 dpi,激光打印机的分辨率最低是 300 dpi,有的产品为 400 dpi、600 dpi、800 dpi,甚至达到 1 200 dpi。喷墨打印机分辨率一般可达 300 dpi~360 dpi,高的能达到 1 000 dpi 以上。

② 打印速度。针式打印机的打印速度通常使用每秒可打印的字符个数或行数来度量。激光打印机和喷墨打印机是一种页式打印机,它们的速度单位是每分钟打印多少页纸(ppm)。家庭用的低速打印机速度大约为 4 ppm,办公用的高速激光打印机速度可达到 10 ppm 以上。

③ 色彩表现能力。是指打印机可打印的不同颜色的总数。对于喷墨打印机来说,最初只使用三色墨盒,色彩效果不佳,后来改用青、黄、洋红、黑四色墨盒,虽然有很大改善,但与专业要求相比还是有些差距,于是又加上了淡青和淡洋红两种颜色,以改善浅色区域的效果,从而使喷墨打印机的输出有着更细致入微的色彩表现能力。

④ 其他。包括打印成本、噪声、可打印幅面大小、功耗及节能指标、与主机的接口类型等。

2.5.3 外存储器

计算机的外部存储器可以用来长期存放程序和数据,又被称为辅助存储器(简称辅存),是内部存储器的扩充。外部存储器上的信息主要由操作系统进行管理,外部存储器一般只和内部存储器进行信息的交换。外部存储器的容量较内存大得多,价格便宜,但读取速度较慢。

目前,微型机的外存储器主要有磁盘和光盘。磁盘主要以硬盘(Hard Disk 或 Fixed Disk)为主,软盘(Floppy Disk 或 Diskette)已退出了历史舞台。

1. 硬盘

(1) 硬盘结构

磁盘是计算机最主要的外存设备,是以铝合金、塑料、玻璃材料为基体,双面都涂有一层很薄的磁性材料。通过电子方法可以控制磁盘表面的磁化,以达到记录信息("0"和"1")的目的。

硬盘是由磁道 (Tracks)、扇区(Sectors)、柱面(Cylinders)和磁头(Heads)组成的。拿一个盘片为例,上面被分成若干个同心圆磁道,每个磁道被分成若干个扇区,每扇区通常是 512 B。硬盘的磁道数一般介于 300~3 000 之间,每磁道的扇区数通常是 63 个,而早期的硬盘只有 17 个。硬盘由很多个磁片叠在一起,柱面是指多个磁片上具有相同编号的磁道,它的数目和磁道是相同的。

(2) 硬盘的主要技术参数

① 容量。硬盘常以兆字节(MB,100 万字节)和千兆字节(GB,10 亿字节)为单位,作为 PC 最大的数据储存器,硬盘容量自然是越大越好,而在容量上所受的限制,一方面来自厂家制作更大硬盘的能力;另一方面则来自计算机用户自身的实际工作需要和经济承受能力。

② 数据传输率。硬盘的数据传输率是衡量硬盘速度的一个重要参数。它是指计算机从硬盘中准确找到相应数据并传输到内存的速率,以每秒可传输多少兆字节来衡量(MBps),常见的为 10 MBps~40 MBps。数据传输率通常会受到总线速度、硬盘接口等因素的影响,影响最大的是硬盘磁头的读写速度。

③ 平均寻道时间。平均寻道时间是指计算机在发出一个寻址命令到相应目标数据被找到所需的时间,人们常以它来描述硬盘读取数据的能力。平均寻道时间越小,硬盘的运行速率

相应也就越快。

④ 硬盘高速缓存。与计算机的其他部件相似，硬盘也通过将数据暂存在一个比其速度快得多的缓冲区来提高速度，这个缓冲区就是硬盘的高速缓存(Cache)。硬盘上的高速缓存可大幅度提高硬盘存取速度，这是由于目前硬盘上的所有读写动作几乎都是机械式的，真正完成一个读取动作大约需要 10 ms 以上，而在高速缓存中的读取动作是电子式的，同样完成一个读取动作只需要大约 50 ns。由此可见，高速缓存对大幅度提高硬盘的速度有着非常重要的意义。

⑤ 硬盘主轴转速。较高的转速可缩短硬盘的平均寻道时间和实际读写时间，从而提高硬盘的运行速度。一般硬盘的主轴转速为 3 600 rpm～7 200 rpm(转/每分钟)。对于 IDE 接口的硬盘来说，其转速至少应选 5 400 rpm 的。转速为 7 200 rpm 的硬盘虽然价格稍高，但性价比很高。

⑥ 单碟容量。硬盘中的存储碟片一般有 1 片～5 片。每张碟片的磁储存密度越高，则达到相同存储容量所用的碟片就越少，其系统可靠性也就越好。同时，高密度碟片可使硬盘在读取相同数据量时，磁头的寻道动作和移动距离减少，从而使平均寻道时间减少，加快硬盘数据传输速度。

⑦ 柱面数(Cylinders)。柱面是指硬盘多个盘片上相同磁道的组合。

⑧ 磁头数(Heads)。硬盘的磁头数与盘面数相同。

⑨ 登录区(Landing Zone)。登录区是指数据区外最靠近主轴的盘片区域。硬盘的盘片不转或转速较低时磁头与表面是接触的。当转速达到额定值时，磁头以一定的"飞行"高度浮于盘片表面上。登录区的线速度较低，盘片启动与停转时磁头与盘片之间的摩擦不太剧烈，加之该区内不记录用户数据，即使盘片表面被擦伤了也不影响正常使用，故被选作磁头的登录区。

⑩ 扇区数(Sectors)。硬盘上的一个物理记录块要用三个参数来定位：柱面号、扇区号、磁头号。硬盘容量＝柱面数×磁头数×扇区数×512 字节。

⑪ 耐用性。耐用性通常是用平均无故障时间、元件设计使用周期和保用期来衡量。一般硬盘的平均无故障时间大都在 20 万～50 万小时。

(3) 移动硬盘

移动硬盘(Mobile Hard Disk)是以硬盘为存储介质，与计算机进行大容量数据交换的存储产品。移动硬盘有容量大、传输速度高、使用方便、可靠性高等四个特点。目前，主流 2.5 英寸品牌移动硬盘的读取速度为 15 Mbps～25 Mbps，写入速度为 8 Mbps～15 Mbps，与主机连接采用 USB、IEEE-1394 等传输速度较快的接口，可以较高的速度与系统进行数据传输。市场中的移动硬盘能提供 250 GB、320 GB，最高可达 4 TB 的容量，能够满足大数据量携带用户的需求。

2. U 盘和存储卡

U 盘(俗称优盘)，全称为"USB(通用串行总线)接口的闪存盘"，英文为"USB Flash Disk"，是一种小型的硬盘，主要用于存储照片、资料、影像等。U 盘的出现，实现了便携式移动存储，大大提高了人们的办公效率，与移动硬盘相比，存储量较小。市面上 U 盘一般有 1 GB、2 GB、4 GB、8 GB 等。

存储卡是另一种形式的存储器，常被用于手机及数码相机等设备存储扩充。市面上常见的有 CF 卡(Compact Flash Card)(图 2－23(a))、SM 卡(Smart Media Card)(图 2－23(b))、SD 卡(Secure Digital Memory Card)(图 2－23(c))、记忆棒(Memory Stick)、微型硬盘(Microdrive)(图 2－23(d))和 MMC 卡(MultiMedia Card)(图 2－23(e))。

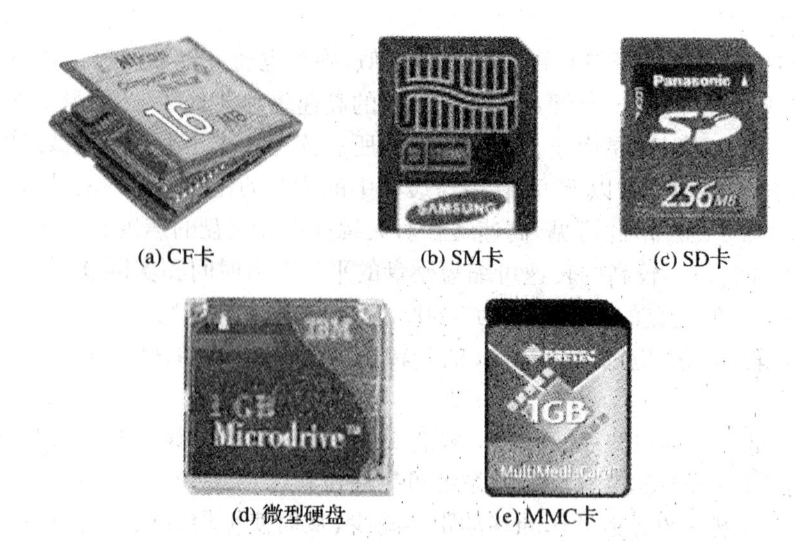

(a) CF卡　(b) SM卡　(c) SD卡

(d) 微型硬盘　(e) MMC卡

图 2-23　存储卡

3. 固态盘

固态硬盘(Solid State Drives,SSD),简称固盘。固态硬盘的存储介质分为两种:一种是采用闪存(Flash 芯片)作为存储介质;另外一种是采用 DRAM 作为存储介质。

基于闪存的固态硬盘(Sideflash Disk、Serial ATA Flash Disk),采用 Flash 芯片作为存储介质,这也是通常所说的 SSD。它的外观可以被制作成多种形式,例如笔记本硬盘、微硬盘、存储卡、U 盘等样式。SSD 固态硬盘最大的优点就是可以移动,而且数据保护不受电源控制,能适应于各种环境,适合于个人用户使用。一般擦写次数普遍为 3 000 次左右,以常用的 64 G 为例,在 SSD 的平衡写入机理下,可擦写的总数据量为 64 G×3 000 = 192 000 G。

基于 DRAM 的固态硬盘,采用 DRAM 作为存储介质,应用范围较窄。它仿效传统硬盘的设计,可被绝大部分操作系统的文件系统工具进行卷设置和管理,并提供工业标准的 PCI 和 FC 接口,用于连接主机或者服务器。按其应用方式可分为 SSD 硬盘和 SSD 硬盘阵列两种。它是一种高性能的存储器,而且使用寿命长,但美中不足的是需要独立电源来保护数据安全。DRAM 固态硬盘属于比较非主流的设备。

4. 光盘存储器

光盘存储器是一种采用光存储技术存储信息的存储器,采用聚焦激光束在盘式介质上非接触地记录高密度信息,以介质材料的光学性质(如反射率、偏振方向)的变化来表示所存储信息的“1”或“0”。由于光盘存储器具有容量大、价格低、携带方便及交换性好等特点,已成为计算机中一种重要的辅助存储器,也是现代多媒体计算机不可或缺的存储设备。

按光盘可擦写性可分为只读型光盘和可擦写型光盘。

只读型光盘所存储的信息是由光盘制造厂家预先用模板一次性将信息写入,以后只能读出数据而不能再写入任何数据。可擦写型光盘是由制造厂家提供空盘片,用户可以使用刻录光驱将自己的数据刻写到光盘上,它包括 CD-R、CD-RW、相变光盘及磁光盘等。

(1) CD-ROM

标准 CD-ROM 盘片基质是由树脂制成,数据信息以一系列微凹坑的样式刻录在光盘表面上。CD-ROM 是通过安装在光盘驱动器内的激光头来读取盘片上的信息的。

(2) CD-R

CD-R(Compact Disk Recordable)是一种一次写、多次读的可刻录光盘系统，它由CD-R盘片和刻录光驱组成。与CD-ROM不同的是，在CD-R光盘表面除了含有聚碳酸脂层、反射层和丙烯酸树脂保护层外，另外还在聚碳酸脂层和反射层之间加上了一个有机染料记录层。

(3) CD-RW

CD-RW(Compact Disk Rewritable)光存储系统是一种多次写、多次读的可重复擦写的光存储系统。对CD-RW盘片的读写操作是通过CD-RW刻录机完成的。

(4) DVD

数字视频光盘(Digital Video Disk，DVD)。又被称为数字通用盘(Digital Versatile Disk)，是一种容量更大、运行速度更快的采用了MPEG2压缩标准的光盘。DVD盘片分为单面单层、单面双层、双面单层和双面双层4种物理结构。单面单层的容量为4.7 GB，单面双层的容量为8.5 GB，双面单层的容量为9.4 GB，双面双层的容量为17 GB。

(5) 蓝光光盘

蓝光光盘(Blu-ray Disc，BD)是DVD之后的下一代光盘格式之一，是由SONY及松下电器等企业组成的"蓝光光盘联盟"(Blu-ray Disc Association；BDA)策划的次世代光盘规格，并以SONY为首于2006年开始全面推广相关产品。蓝光光盘用以存储高品质的影音以及高容量的数据存储。蓝光光盘的命名是由于其采用波长405 nm(纳米)的蓝色激光光束来进行读写操作(DVD采用650 nm波长的红光读写器，CD则是采用780纳米波长)。一个单层的蓝光光盘的容量为25 GB或是27 GB，足够录制一个长达4小时的高清晰影片。

2.5.4　外设接口

计算机的外部设备都是独立的物理设备，这些由于计算机的外围设备种类繁多，几乎都采用了机电传动设备。CPU与外部设备、存储器的连接和数据交换都需要通过接口设备来实现，前者被称为I/O接口，而后者则被称为存储器接口。存储器通常在CPU的同步控制下工作，接口电路比较简单，而I/O设备品种繁多，其相应的接口电路也各不相同，因此，习惯上说到的接口是指I/O接口。

CPU通过接口对外设进行控制的方式有以下几种。

(1) 程序查询方式。在这种方式下，CPU通过I/O指令询问指定外设当前的状态，如果外设准备就绪，则进行数据的输入或输出，否则CPU等待，循环查询。

这种方式的优点是结构简单，只需少量的硬件电路即可，其缺点是由于CPU的速度远远高于外设速度，因此CPU通常处于等待状态，工作效率很低。

(2) 中断处理方式。在这种方式下，CPU不再被动等待，而是可以执行其他程序，一旦外设为数据交换准备就绪，就可以向CPU提出服务请求，CPU如果响应该请求，便暂时停止当前程序的执行，转去执行与该请求对应的服务程序，完成后，再继续执行原来被中断的程序。

中断处理方式的优点是显而易见的，它不但为CPU省去查询外设状态和等待外设就绪所花费的时间，提高了CPU的工作效率，还满足外设的实时要求，但是却需要为每个I/O设备分配一个中断请求号和相应的中断服务程序，此外，还需要一个中断控制器(I/O接口芯片)管理I/O设备提出的中断请求。例如，设置中断屏蔽、中断请求优先级等。

中断处理方式的缺点是每传送一个字符都要中断，启动中断控制器，还要保留和恢复现场以便能继续原程序的执行，工作量很大，如果需要大量数据交换，系统的性能较低。

(3) DMA传送方式。DMA最明显的一个特点是它不是用软件而是采用一个专门的控制器来控制内存与外设之间的数据交流,无需CPU介入,大大提高CPU的工作效率。

在进行DMA数据传送之前,DMA控制器会向CPU申请总线控制权,CPU如果允许,则将控制权交出。因此,在数据交换时,总线控制权由DMA控制器掌握,在传输结束后,DMA控制器将总线控制权交还给CPU。

常用的I/O设备接口有多种类型,有串口、并口,高速、低速等。表2-1是PC常用I/O接口一览表及其性能对比。

表2-1 PC常用I/O接口一览表

名　称	数据传输方式	数据传输速率	可连接的设备数目	通常连接设备
串口	串行,双向	50 bps～19 200 bps	1	鼠标器、Modem
并口(增强式)	并行,双向	1.5 MBps	1	打印机、扫描仪
USB(1.0) USB(1.1)	串行,双向	1.5 MBps(慢速) 1.5 MBps(全速)	最多127	键盘、鼠标器、数码相机、移动硬盘等
USB(2.0)	串行,双向	60 MBps(高速)	最多127	外接硬盘、数字视频设备、扫描仪等
USB(3.0)	串行,双向	640 MBps(超高速)	—	外接硬盘、数字视频设备、扫描仪等
IEEE-1394a IEEE-1394b	串行,双向	12.5 MBps、25 MBps、 50 MBps 100 MBps	最多63	数字视频设备
IDE	并行,双向	66 MBps 100 MBps 133 MBps	1～4	硬盘、光驱、软驱
SATA1.0 SATA2.0	串行,双向	150 MBps 300 MBps	1	硬盘、光驱
显示器输出接口	并行,单向	200 MBps～ 500 MBps	1	显示器
PS/2接口	串行,双向	低速	1	键盘或鼠标器
红外接口(IrDA)	串行,双向	115 000 bps或 4 Mbps	1	键盘、鼠标器、打印机等

① RS-232C接口。RS-232C标准是美国电子工业协会(Electronic Industries Association,EIA)与Bell等公司一起开发的于1969年公布的通信协议,它适合数据传输速率在0 bps～20 000 bps范围内的通信。其中,字母“RS”表示Recommanded Standard(推荐标准),“232”是识别代号,“C”是标准的版本号。

RS-232C标准最初是为远程通信连接数据终端设备(Data Terminal Equipment,DTE)与数据通信设备(Data Communication Equipment,DCE)而制定的,但目前更广泛地应用于计算机与终端或与外设之间的近距离连接。这个标准对串行通信接口的有关问题,如信号功能、电气特性和机械特性都做了较明确的规定。由于通信接口与设备制造厂商都生产与RS-232C兼容的通信设备,因此,它已成为计算机串行通信接口中广泛采用的一种标准。

② 并行接口。并行接口最普遍的应用是用于连接打印机。通常并行接口一次传送一个

字节，所以传输速率比串行接口快得多。

③ 通用串行总线(Universal Serial Bus，USB)接口。USB是一种全新的外部设备接口。从1998年开始，PC主板开始支持USB接口。近几年随着越来越多的USB接口外部设备的出现，USB接口已成为PC主板的标准配置。从发展趋势上看，USB将取代PC的大部分标准和非标准。

USB 1.0的数据传输速率为1.5 MBps(慢速)，用以连接低速设备(如键盘和鼠标)，USB 1.1的速率为1.5 MBps(全速)，可连接中速设备。与USB 1.1保持兼容的USB 2.0的数据传输速率480 MBps(即60 MBps，高速)，USB 3.0的数据传输速率则可达640 MBps(即5 Gbps，超速)，可用来连接高速设备。

USB是一个通过简单4线连接的12 Mbps(1.5 MBps)接口。总线采用分层星状拓扑结构，支持多达127台设备，全部建立在扩展集线器上。集线器可以置留在PC中或任一个USB外设中，也可以是一个独立的集线器盒。注意，尽管标准允许多达127台设备相连，但它们必须共享12 Mbps(1.5 MBps)的带宽，这意味着每增加一台设备总线速率就会降低一些。

对于定点设备和键盘这些低速外设，USB也有一个较慢的1.5 Mbps子通道。子通道通常用于键盘和鼠标器之类的较慢接口设备。

USB的优点是：所有相连的设备都由USB总线供电，并且当超过可用电源水平时会发出一个警告。这一优点对便携式系统非常重要，因为被分配来运行外设的电池电源可能是有限的。USB规范的另一优点是自我识别外设，这大大简化了安装。因为完全不用为每一个外设设置唯一的ID或标识符，都由USB自动处理。另外，USB设备可以进行热插拔，这就是说每次连接或断开一个外设时，不必关机或重新启动计算机。

对系统来说，USB接口带来的最大好处是只需要PC的一个中断，这意味着可以连接多达127个设备而不需要像分别接口那样使用离散的中断，节省中断资源。

④ IEEE-1394接口。IEEE-1394(又称iLink或Fire Wire)是一个相对新的总线技术，是为适应当今的音频和视频多媒体设备对大量数据传输需求而发展起来的。它的数据传输速率特别快，最高可达400 Mbps，更快的速度还在开发中。IEEE-1394目前在PC中使用得还较少。

IEEE-1394规范是由IEEE标准委员会于1995年年底发布的。IEEE-1394标准现在存在着3种不同的信号速率：100 Mbps、200 Mbps和400 Mbps(即12.5 MBps、25 MBps、50 MBps)。每秒千兆位(Gbps)的版本还在制定中，大部分PC适配器卡支持200 Mbps的速率，现有设备一般只能工作到100 Mbps，最多可支持63个设备，通过菊花链方式连接到单个IEEE-1394适配卡上。IEEE-1394用的电线包含6条导线，其中，4条用做数据传输，2条用做电源线。与主板的连接可以通过专用的IEEE-1394接口或者PCI适配器卡。

IEEE-1394使用一条简单的6芯电缆、2个差分的时钟和数据线对，加上2条电源线。与USB相似，IEEE-1394也是完全的即插即用，具有热插拔能力。与复杂得多的并行SCSI总线不同，IEEE-1394不需要复杂的连接，连接在总线上的设备可以取得1.5 A的电能。IEEE-1394提供与SCSI相同或更高的性能，而费用却低得多，而且连接也很简单。

2.6 常见医学信息采集与处理设备

可利用各种传感器将人体的各种物理量，如生物电位、心音、体温、血压、血流、肌电、脑电、神经传导速度等,变为电信号,再经放大、滤波、干扰抑制或多路转换等信号检测与预处理电路将模拟量的电压或电流送给模数转换器(A/D),变成适合于微处理器使用的数字量供系统处理。微处理器处理后的数据同样也需要使用数模转换器(D/A)及其相应的接口将其变成模拟量送出。图2-24为模拟量输入/输出通道示意图。

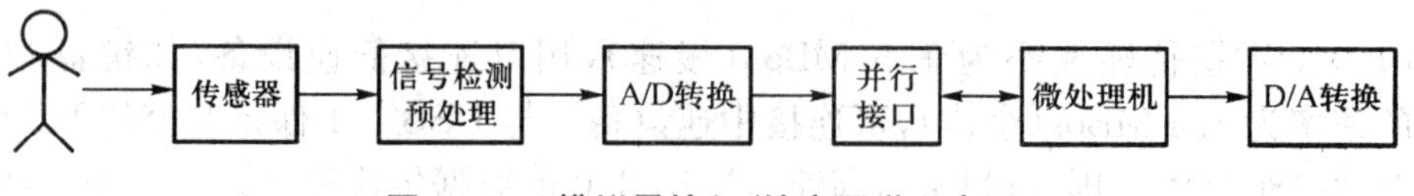

图2-24 模拟量输入/输出通道示意图

2.6.1 B超

B超又叫B超透视仪,是利用超声传导技术和超声图像诊断技术的一种仪器,主要运用在医疗领域,如图2-25所示。

人耳的听觉范围有限度,只能对频率为16 Hz~20 000 Hz的声音有感觉,频率在20 000 Hz以上的声音就无法听到,这种声音称为超声。和普通的声音一样,超声能向一定的方向传播,而且可以穿透物体,如果碰到障碍,就会产生回声,不相同的障碍物就会产生不同的回声,通过仪器将这种回声收集并显示在屏幕上,可以用来了解物体的内部结构。利用这种原理,人们将超声波用于诊断和治疗人体疾病。

在医学临床上应用超声诊断仪的许多类型,如A型、B型、M型、扇形和多普勒型超声等。B型是其中一种,而且是临床上应用最广泛和简便的一种,通过B超可以获得的人体内脏各器官的各种切面图形。目前,已成为现代临床医学中不可缺少的诊断方法。

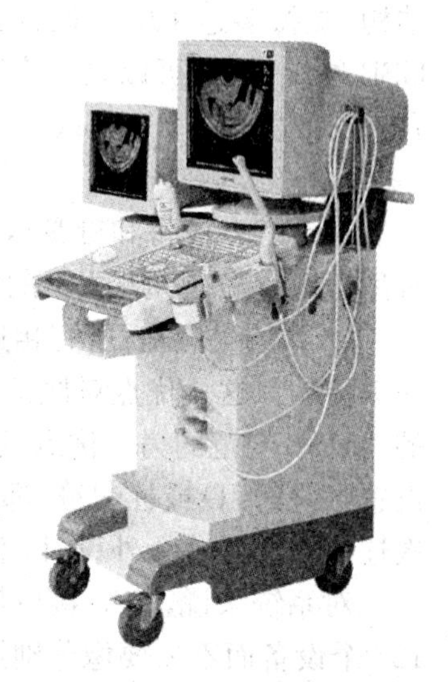

图2-25 B超仪器图

2.6.2 心电图仪(机)

心电图仪(机)能将心脏活动时心肌激动产生的生物电信号(心电信号)自动记录下来,如图2-26所示,它是临床诊断和科研常用的医疗电子仪器。一般按照记录器输出导数将心电图仪分为:单导、三导、六导和十二导心电图仪等。心电图仪一般由输入部分、放大部分、控制电路、显示部分、记录部分、电源部分等组成。

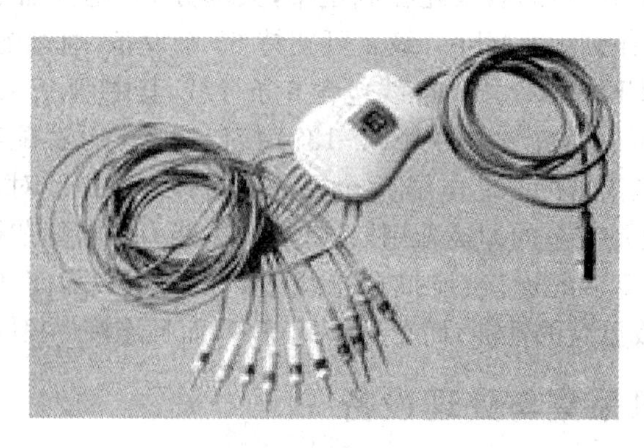

图2-26 十二导心电图仪

1. 心电图仪的重要参数

(1) 输入电阻。即前级放大器的输入电阻。

(2) 共模抑制比(CMRR)。共模抑制比是指心电图仪的差模信号(心电信号)放大倍数(Ad)与共模信号(干扰和噪声)放大倍数(Ac)之比,表示抗干扰能力的大小。一般要求大于80 dB,国际上要求大于100 dB。

(3) 抗极化电压。尽管心电图仪使用的电极已经采用了特殊材料,但是由于温度的变化以及电场和磁场的影响,电极仍产生极化电压,一般为200 mV~300 mV,这就要求心电图仪要有一个耐极化电压的放大器和记录装置,一般要求大于300 mV,而国际上要求大于500 mV。

(4) 灵敏度。灵敏度是指输入1 mV标准电压时,记录波形的幅度。通常用mm/mV表示,它反映了整机放大器放大倍数的大小。心电图仪的标准灵敏度为10 mm/mV。规定标准灵敏度的目的是为了便于对各种心电图进行比较。

(5) 内部噪声。是指心电图仪内部元器件工作时,由于电子热运动产生的噪声。噪声大小可以用折合到输入端的作用大小来计算,一般要求低于输入端加入几微伏至几十微伏以下信号的作用。国际上规定小于等于10 μV。

(6) 时间常数。时间常数是输出幅度自100%下降至37%左右所需的时间。一般要求大于3.2 s。

(7) 频率响应。心电图仪输入相同幅值、不同频率的信号时,其输出信号幅度随频率变化的关系称为频率响应特性。心电图仪的频率响应特性主要取决于放大器和记录器的频率响应特性。频率响应越宽越好,一般心电图仪的放大器比较容易满足要求,而记录器是决定频率响应的主要因素。一般要求在0.05 Hz~150 Hz(−3 dB)。

(8) 绝缘性。绝缘性常用电源对机壳的电阻来表示,有时也用机壳的漏电流表示。一般要求电源对机壳的绝缘电阻不小于20 MΩ,或漏电流应小于100 μA。

(9) 安全性。心电图仪是与人体直接连接的电子设备,必须十分注意其对人体的安全性。从安全方面考虑,心电图仪可分属三型:B型、BF型和CF型。

2. 心电图仪分类

按不同的标准,心电图仪有不同的分类方法。

(1) 按机器功能分类

按照机器的功能心电图仪可分为:图形描记普通式心电图仪(模拟式心电图仪)、图形描记与分析诊断功能心电图仪(数字式智能化心电图仪)。

(2) 按记录器的不同分类

记录器是心电图仪的描记元件。按记录器的不同可分为动图式记录器心电图仪、位置反馈记录器心电图仪、点阵热敏式记录器心电图仪。

(3) 按供电方式分类

按供电方式可分为:直流式、交流式和交、直两用式心电图仪。其中以交、直两用式心电图仪居多。直流供电式心电图仪多采用充电电池进行供电。交流供电式心电图仪是采用交流—直流转换电路,先将交流变为直流,再经高稳定的稳压电路稳定后,供给心电图仪工作的供电方式。

(4) 按一次可记录的信号导数分类

按一次可记录的信号导数分,心电图仪分为单导及多导式(如三导、六导、十二导)。单导心电图仪的心电信号放大通道只有一路,各导联的心电波形要逐个描记,即它不能反映同一时刻各导心电的变化。多导心电图仪的放大通道有多路,可反映某一时刻多个导联的心电信号的变化情况。

2.6.3 脑电图和脑磁图

从20世纪20年代发现人类大脑生物电活动以来,世界各国学者对脑电进行了大量的研究。随着现代科学技术的发展,脑电图已经广泛地应用于生物医学、军事医学、航天医学、生理学、心理学等领域。脑电图是研究正常人与患者认知测验常用的电生理记录技术,早期的工作发现脑电图记录有助于诊断癫痫和脑肿瘤。现在脑电图已经成为一项常规的临床检查。

脑磁图(Magneto Electricity Graphology, MEG)是用超导量子干涉磁强计检测人脑外部的微弱磁场的一种技术。脑磁图属于功能标测而非形态学成像方法,可标测脑功能活动时生物磁场的变化。

2.6.4 计算机断层扫描(CT)

CT机是计算机X线断层摄影机,它是由X光机发展而来的。CT机扫描部分主要由X线管和不同数目的探测器组成,用来收集信息。X线束对所选择的层面进行扫描,其强度因和不同密度的组织相互作用而产生相应的吸收和衰减。

在CT扫描过程中,利用高能光子(例如球管、加速器打靶、同位素源等方法)和CT探测器阵列对穿透物体后的光子进行测量,形成投影线,利用计算机处理投影数据求解出待测工件或器官的线性衰减系数分布,即CT图像重建。

2.6.5 磁共振(MR)

磁共振成像(MRI)是利用收集磁共振现象所产生的信号而重建图像的成像技术,因此也称自旋体层成像、核磁共振CT。MRI可以使CT显示不出来的病变显影,是医学影像领域中的又一重大发展。它是20世纪80年代初开始应用于临床的影像诊断新技术,与CT相比,它具有无放射线损害,无骨性伪影,能多方面、多参数成像,有高度的软组织分辨能力,不需使用对比剂即可显示血管结构等独特的优点。

2.6.6 单光子发射计算机断层显像和正电子发射断层扫描

单光子发射断层显像设备(SPECT)可反映组织器官的代谢水平、血流状况,对肿瘤病变敏感,适合用于对神经系统功能的研究,但图像的分辨率很差(约10 mm),难以得到精确的解剖结构和立体定位,也不易分辨组织器官的边界。

正电子发射断层扫描(Positron Emission Tomography, PET),是目前唯一的用解剖形态方式进行功能、代谢和受体显像的设备,如图2-27所示是应用正电子技术和人体分子学的信息,对人体的正常代谢和病理改变进行数据图像显示以及独特的定量分析,是目前用以诊断和指导治疗肿瘤、心脏病和神经系统疾病的常用手段。

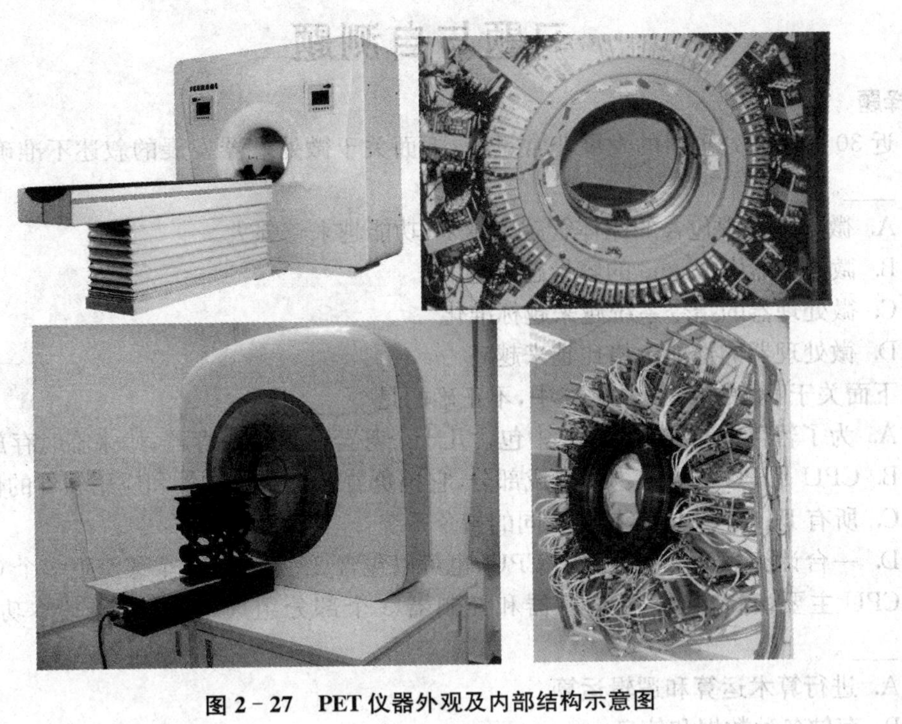

图 2－27　PET 仪器外观及内部结构示意图

本章小结

计算机系统一般由计算机硬件系统和计算机软件系统组成。本章主要介绍计算机的硬件系统，首先根据冯·诺依曼的存储程序及程序控制原理，将计算机组成分为五大部件，即运算器、控制器、存储器、输入设备和输出设备，并深入介绍了微处理器及嵌入式计算机的相关概念及典型应用等；对 CPU 的结构、原理及性能指标，指令及指令系统以及存储系统作了详细的介绍，并对 PC 的主板与芯片组作介绍；然后介绍常用的输入/输出设备，如键盘、鼠标、显示器等的原理及性能指标等，并对常用的两种外存储器硬盘和光盘及其相关知识进行叙述；最后给出了几种常见的医疗信息采集和处理设备，如 B 超、脑电图、脑磁图、CT、磁共振和正电子发射断层扫描仪等，简单介绍了其基本原理与应用。

习题与自测题

一、选择题

1. 近 30 年来微处理器的发展非常迅速,下面关于微处理器发展的叙述不准确的是________。
   A. 微处理器中包含的晶体管越来越多,功能越来越强大
   B. 微处理器中 Cache 的容量越来越大
   C. 微处理器的指令系统越来越标准化
   D. 微处理器的性能价格比越来越高
2. 下面关于 PC 的 CPU 的叙述中,不正确的是________。
   A. 为了暂存中间结果,CPU 中包含几十个甚至上百个寄存器,用来临时存放数据
   B. CPU 是 PC 不可缺少的组成部分,它担负着运行系统软件和应用软件的任务
   C. 所有 PC 的 CPU 都具有相同的指令系统
   D. 一台计算机至少包含 1 个 CPU,也可以包含 2 个、4 个、8 个甚至更多个 CPU
3. CPU 主要由寄存器组、运算器和控制器 3 个部分组成,控制器的基本功能是________。
   A. 进行算术运算和逻辑运算
   B. 存储各种数据和信息
   C. 保持各种控制状态
   D. 指挥和控制各个部件协调一致地工作
4. 下面列出的 4 种半导体存储器中,属于非易失性存储器的是________。
   A. SRAM　　B. DRAM　　C. Cache　　D. Flash ROM
5. CPU 使用的 Cache 是用 SRAM 组成的一种高速缓冲存储器。下列有关该 cache 的叙述中正确的是________。
   A. 从功能上看,Cache 实质上是 CPU 寄存器的扩展
   B. Cache 的存取速度接近于主存的存取速度
   C. Cache 的主要功能是提高主存与辅存之间的数据交换的速度
   D. Cache 中的数据是主存很小一部分内容的映射
6. 关于 PC 主板上的 CMOS 芯片,下列说法中正确的是________。
   A. CMOS 芯片用于存储计算机系统的配置参数,它是只读存储器
   B. CMOS 芯片用于存储加电自检程序
   C. CMOS 芯片用于存储 BIOS,是易失性的
   D. CMOS 芯片需要一个电池给它供电,否则其中数据会因主机断电而丢失
7. 关于 I/O 接口,下列________的说法是最确切的。
   A. I/O 接口即 I/O 控制器,它负责对 I/O 设备进行控制
   B. I/O 接口用来将 I/O 设备与主机相互连接
   C. I/O 接口即主板上的扩充槽,它用来连接 I/O 设备与主存
   D. I/O 接口即 I/O 总线,用来连接 I/O 设备与 CPU
8. 为了提高机器的性能,PC 的系统总线在不断地发展。下列英文缩写中与 PC 总线无关的是________。

A. PCI　B. ISA　C. EISA　D. RISC

9. 下列有关 USB 接口的叙述错误的是________。
A. USB 接口是一种串行接口,USB 对应的中文为"通用串行总线"
B. USB 3.0 的数据传输速度比 USB 2.0 快很多
C. 利用"USB 集线器",一个 USB 接口最多只能连接 63 个设备
D. USB 既可以连接硬盘、闪存等快速设备,也可以连接鼠标、打印机等慢速设备

10. 光盘存储器具有记录密度较高、存储容量较大、信息保存长久等优点。下列有关光盘存储器的叙述错误的是________。
A. CD-RW 光盘刻录机可以刻录 CD-R 和 CD-RW 盘片
B. DVD 的英文全名是 Digital Video Disc,即数字视频光盘,它仅能存储视频信息
C. DVD 光盘的容量一般为数千兆字节
D. 目前 DVD 光盘存储器所采用的激光大多为红色激光

11. 下列设备中可作为输入设备使用的是________。
① 触摸屏　② 传感器　③ 数码相机　④ 麦克风　⑤ 音响　⑥ 绘图仪　⑦ 显示器
A. ①②③④　B. ①②⑤⑦　C. ③④⑤⑥　D. ④⑤⑥⑦

12. 数码相机是除扫描仪之外的另一种重要的图像输入设备,它能直接将图像信息以数字形式输入计算机进行处理。目前,数码相机中将光信号转换为电信号使用的器件主要是________。
A. Memory Stick　B. DSP　C. CCD　D. D/A

13. 显示器是 PC 不可缺少的一种输出设备,它通过显卡与 PC 相连。在下面有关 PC 显卡的叙述中,不正确的是________。
A. 显示器是由监视器和显示适配器及有关的电路和软件组成。
B. 分辨率是衡量显示器的一个重要的指标,像素数越多,分辨率就越高。
C. 显卡的用途是将计算机系统所需要的显示信息进行转换驱动,并向显示器提供行扫描信号,控制显示器的正确显示,是连接显示器和个人电脑主板的重要部件。
D. 目前显卡用于显示存储器与系统内存之间传输数据的接口都是 AEGP 接口。

14. 关于键盘上的 Caps Lock 键,下列说法正确的是________。
A. Caps Lock 键与 Alt+Del 键组合可以实现计算机热启动
B. 当 Caps Lock 指示灯亮着的时候,按主键盘的数字键,可输入其上部的特殊字符
C. 当 Caps Lock 指示灯亮着的时候,按字母键,可输入大写字母
D. Caps Lock 键的功能可由用户自己定义

15. 下列选项中,不属于显示器组成部分的是________。
A. 显示控制器(显卡)　B. CRT 或 LCD 显示器
C. CCD 芯片　D. VGA 接口

16. 从目前技术来看,下列打印机中打印的速度最快的是________。
A. 点阵打印机　B. 激光打印机
C. 热敏打印机　D. 喷墨打印机

17. 下面不属于硬盘存储器主要技术指标的是________。
A. 数据传输速率　B. 盘片厚度
C. 缓冲存储器大小　D. 平均存取时间

18. CD光盘片根据其制造材料和信息读写特性的不同，可以分为CD-ROM、CD-R和CD-RW。CD-R光盘指的是________。
    A. 只读光盘　　B. 随机存取光盘
    C. 只写一次式光盘　　D. 可擦写型光盘

二、填空题

1. 人们按照计算机速度计算机区分为四种，即：________、________、________、________。
2. 从逻辑功能上看，计算机由________、________、________、________与________五大基本部件组成。
3. 一个完整的计算机系统，是由________和________两大部分组成的。
4. CPU的性能指标由________、________、________、________、________等来决定的。
5. 常用的输入设备有________、________、________，常用的输出设备有________、________、________。
6. 扫描仪是基于________原理设计的，它使用的核心器件大多是________。
7. 为了防止他人使用自己的PC，可以通过BIOS中的________设置程序对系统设置一个开机密码。

三、判断题

1. 计算机运行程序时，CPU所执行的指令和处理的数据都直接从外存中取出，处理结果也直接存入外存。（　　）
2. RAM代表随机存取存储器，ROM代表只读存储器，关机后前者所存储的信息会丢失，后者则不会。（　　）
3. 集成电路均使用半导体硅材料制造。（　　）
4. PC主板型号与CPU型号是一一对应的，不同的主板对应不同的CPU。（　　）
5. 扫描仪的主要性能指标包括分辨率、色彩深度和扫描幅面等。（　　）
6. CPU所能执行的全部指令称为该CPU的指令系统，不同厂家生产CPU的指令系统相互兼容。（　　）
7. PC中几乎所有部件和设备都以主板为基础进行安装和互相连接，主板的稳定性影响着整个计算机系统的稳定性。（　　）

四、简答题

1. 计算机硬件系统由哪几部分组成？各部分的功能是什么？
2. 按照运算速度可以将计算机分为哪几种类型？
3. 嵌入式计算机是什么？
4. 程序存储控制的思想是什么？
5. 什么是指令？什么是指令系统？指令的执行过程是什么？
6. CPU由哪些部件组成？
7. CPU有哪些性能指标？
8. 存储系统是什么？现代计算机三级存储结构是什么？
9. BIOS和CMOS有什么区别和联系？
10. I/O总线和I/O接口分别指什么？

【微信扫码】
习题解答 & 相关资源

第3章　计算机软件系统

计算机系统由计算机硬件系统和计算机软件系统构成。第2章讲解了计算机硬件的组成，本章继续介绍计算机软件的相关知识。如图3－1所示。

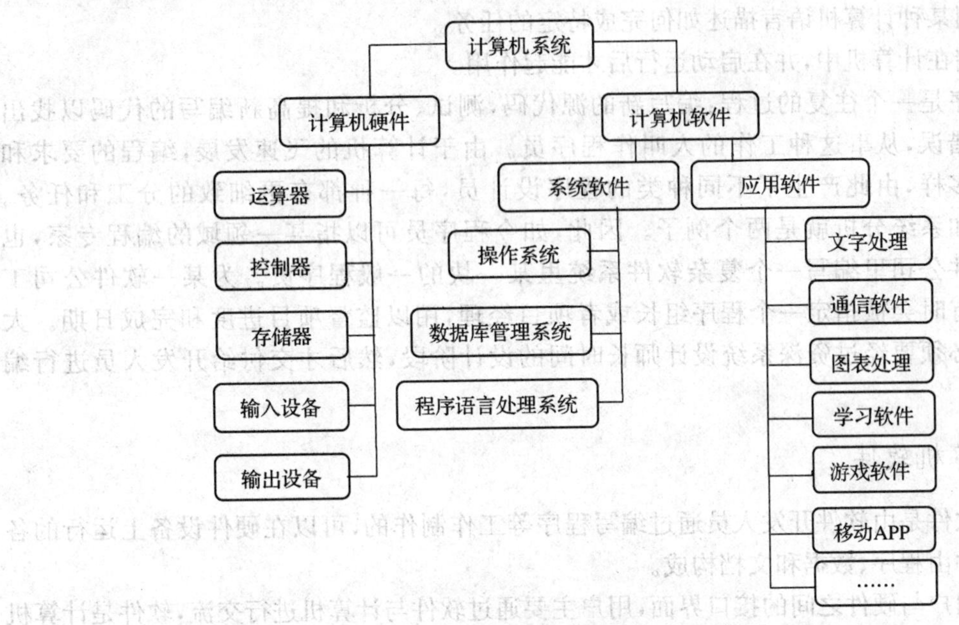

图3－1　计算机软硬件系统示意图

计算机的各种功能是在硬件系统和软件系统的基础上实现的，两者相辅相成，缺一不可。硬件是组成计算机的各种物理设备的总成，是存储、处理数据的基础，主要任务是软件提供的平台环境；软件是用户与硬件的接口，用户通过操作软件来间接控制硬件以发挥计算机的强大功能。

没有软件的计算机称为裸机，即使硬件性能再好也不能发挥作用。计算机系统是由硬件和软件组成的，两者缺一不可。

3.1　计算机软件系统概述

3.1.1　程序

按照冯·诺依曼"存储程序控制"的思想，程序是为解决一个信息处理任务而预先编制的工作执行方案，是由一串CPU能够执行的基本指令组成的序列，每一条指令规定了计算机应进行什么操作（如加、减、乘、判断等）及操作需要的有关数据。例如，从存储器读取一个数送到运算器就是一条指令，从存储器读取一个数并和运算器中原有的数相加也是一条指令。

程序是一系列按照特定顺序组织的计算机数据和指令的集合，由源程序和数据构成。

源程序是指未经编译的，按照一定的程序设计语言规范书写的，人们可读的文本文件，通常由高级语言编写。源程序可以以书籍、磁带、U盘、硬盘或者其他载体的形式出现，可以用常用的格式存储，经过编译转换为二进制执行码形成可执行文件后就可在计算机中运行，这就是用户常用的应用程序。

数据是被程序处理的信息。程序处理的对象和处理得到的结果，分别称为输入数据和输出数据，统称为数据。程序必须处理合理的、正确的输入数据，才能得到有意义的结果。程序和数据具有相对性，一个程序可能是另一个程序处理的数据，也就是说一个程序输出数据可以是另一个程序的输入数据。

程序具有如下特点：

(1) 完成某一确定信息处理任务。

(2) 使用某种计算机语言描述如何完成特定的任务。

(3) 存储在计算机中，并在启动运行后才能起作用。

编写程序是一个往复的过程：编写新的源代码，测试、分析和提高新编写的代码以找出语法和语义错误，从事这种工作的人叫作程序员。由于计算机的飞速发展，编程的要求和种类也日趋多样，由此产生了不同种类的程序设计员，每一种都有更细致的分工和任务。软件工程师和系统分析就是两个例子。因此，如今程序员可以指某一领域的编程专家，也可以泛指软件公司里编写一个复杂软件系统里某一块的一般程序员。为某一软件公司工作的程序员有时会被指定一个程序组长或者项目经理，用以监督项目进度和完成日期。大型软件通常必须要经过资深系统设计师长时间的设计阶段，然后才交付给开发人员进行编写程序。

3.1.2 计算机软件

计算机软件是由软件开发人员通过编写程序等工作制作的，可以在硬件设备上运行的各种程序。软件由程序、数据和文档构成。

软件是用户与硬件之间的接口界面，用户主要通过软件与计算机进行交流，软件是计算机系统设计的重要依据。为了方便用户，也为了使计算机系统具有较高的总体效用，在设计计算机系统时，必须考虑软件与硬件的结合以及用户和软件的要求。也就是说，软件含有：

① 运行时，能够提供所要求功能和性能的指令或计算机程序集合。

② 程序能够满意地处理信息的数据结构。

③ 描述程序功能需求以及程序如何操作和使用所要求的文档。

软件的含义比程序更宏观、更物化。一般情况下，软件往往指的是设计成熟、功能完善、能够满足用户的功能上、性能上的要求、具有使用价值的计算机程序。人们常常把程序、程序运行需要的数据和软件文档，统称为软件。其中，程序是软件的主体，是计算机能够识别并运行的指令集；数据是程序运行过程中需要处理的对象和参数；文档是程序开发、维护和操作过程中的相关资料，如需求规格说明、设计规格说明书、系统帮助、使用指南等。现在的软件基本上都有完整的、规范的文档。

3.1.3 计算机软件的特点

在计算机系统中，软件和硬件是两种不同的产品，硬件是有形的物理实体，一般看得见、摸得着。而软件是人类的思维逻辑产品，与传统意义上的硬件制造不同，软件是无形的，它的正确与否、是好是坏，一直要到程序在机器上运行才能知道。因此，它具有与硬件不同的特性。

1. 不可见性

软件是原理、规则、方法的体现，人们无法直接触摸、观察和测量软件，程序和数据以二进制编码的形式表示存储在计算机中，人们能够看见软件的物理载体，但是软件的价值不能依靠物理载体的成本来衡量。

2. 适应性

一个成功的软件不仅能够满足特定的应用需求，而且还能适应一类应用问题的需要。例如，微软的文字处理软件处理软件 WORD，能够建立论文、简历等文档，还能协助用户完成备忘录、网页、邮件等工作，而且发布了多个语言版本，不仅处理英文、汉字等还可以进行韩文、日文、德文等多国文字的文档撰写。

3. 依附性

软件的开发和运行常受到计算机硬件的限制，对计算机硬件有着不同程度的依赖性。软件不可以独立运行，必须架构在特定的计算机硬件、计算机网络上。大部分应用型软件，如文字处理软件，还要安装在其他软件也就是支撑软件的环境中。没有一定的硬件环境、软件平台，软件就有可能无法正常运行，甚至根本不能运行。比如，Android 的游戏安装包，就必须安装在 Android 手机环境中，而在苹果手机上根本安装不了。

4. 无磨损性

软件的使用没有硬件那样的机械磨损和老化问题。由于软件是逻辑的而不是物理的，所以软件不会磨损和老化，一个久经考验的优质软件可以长期使用下去。很多计算机用户在选择新机型时，提出的一个重要的条件：原有的应用程序必须能在新机型的支撑环境下运行，即兼容性问题。

5. 易复制性

软件是被开发的或被设计的，它没有明显的制造过程，一旦开发成功，只需复制即可。软件是以二进制表示，以光、电、磁等形式进行存储和传输，因而软件可以很方便地、毫无失真地进行复制。因为软件的易复制性，导致市场上的软件盗版行为比比皆是。软件开发商除了依法保护软件外，还经常采用加密狗、设置安装序列号等行为防止软件盗版行为。

6. 复杂性

软件的开发和维护工作是十分复杂的过程，随着信息技术的发展软件的复杂性表现在规模越来越大，即总共的指令数或源程序行数越来越多，难度越来越大，程序的结构越来越庞大，智能度越来越高。

7. 不断演化性

软件在投入使用后，由于功能需求、运行环境和操作方法等方面都处于不断的变化中，一种软件在有更好的同类软件开发出来之后，它就面临着被市场淘汰的命运。为了延长软件的生存周期，软件在投入使用后，软件人员要不断地进行修改、完善、扩充新的功能、使用新的环境，使得软件版本不断升级。在软件的整个生存期中，一直处于维护状态，软件内部的逻辑关系复杂，软件在维护过程中还可能产生新的错误，常见的软件升级和打补丁，都是后期对软件错误的修改以及功能的升级。

8. 脆弱性

软件产品比较脆弱，在安装使用过程中会给计算机软件系统带了一定的安全性威胁。这是因为应用软件、系统软件或者通信协议、处理规程本身都存在着一定的设计上的缺陷或者安全漏洞，软件产品也不是“刚性”的产品，在复制、信息传递、文件共享等过程中，很容易被修改和破坏，表现得很脆弱。

3.1.4 计算机软件的分类

根据计算机软件的用途,可以将其分为两大类,即系统软件和应用软件。

1. 系统软件

系统软件是指控制和协调计算机及外部设备,支持应用软件开发和运行的系统,是无需用户干预的各种程序的集合,主要功能是调度、监控和维护计算机系统;负责管理计算机系统中各种独立的硬件,使得它们可以协调工作。各类操作系统、编译器、数据库管理、存储器格式化、文件系统管理、用户身份验证、驱动管理、网络连接等方面的工具,都是系统类软件。系统软件的任务:一是更好地发挥计算机的效率;二是方便用户使用计算机。

系统软件是负责管理计算机系统中各种独立的硬件,使得它们可以协调工作。系统软件使得计算机使用者和其他软件将计算机当作一个整体而不需要顾及到底层每一个硬件是如何工作的。一般来讲,系统软件具体包括以下四类:

(1) 操作系统。

(2) 语言程序,如汇编程序、编译程序、解释程序。

(3) 数据库管理系统。

(4) 各种服务性程序,如诊断程序、排错程序等。

2. 应用软件

应用软件(Application Software)是和系统软件相对应的,是为满足用户不同领域、不同问题的应用需求而提供的那部分软件。它可以拓宽计算机系统的应用领域,放大硬件的功能。开发者可以使用的各种程序设计语言,根据用户的需求设计、编码实现应用程序的集合,分为应用软件包和用户程序。应用软件包是利用计算机解决某类问题而设计的程序的集合,供多用户使用。

应用软件往往都是针对用户的需要,它可以是一个特定的程序,比如一个图像浏览器;也可以是一组功能联系紧密、可以互相协作的程序的集合,比如微软的 Office 软件套件;也可以是一个由众多独立程序组成的庞大的软件系统,比如联机事务处理、数据分析系统、决策支持信息系统等,主要有办公自动化系统、电子商务交易平台、教务管理系统、人事档案系统、工资管理系统、财务系统、股票交易分析平台、挂号系统、电子病历、健康管理系统、火车购票系统、航空票务系统、研究生入学考试报名系统、超市管理系统、图书管理系统等等。可以这么说,随着信息技术的发现,软件应用系统无处不在,计算机的作用之所以如此强大,最根本的原因是计算机能够运行各种各样的程序,从而发挥强大的作用。

按照软件的适用性、专业性、普遍性来分,应用软件分为通用应用软件、专业应用软件。专业应用软件又称为行业应用软件。

通用应用软件、专业应用软件都是相对的,随着时代的发展,它们之间可以相互转换。不得不说,所有得到广泛使用的软件,一般都具有如下的特点:

(1) 能替代现实世界中已有的其他同类工具软件,使用起来方便、简单、有效。

(2) 能完成已有工具软件很难甚至是完全完成不了的功能,扩展了人们的信息处理能力和效率。

如果按照软件权益的处置来分类,应用软件可分为商品软件、共享软件(shareware)和自由软件(freeware)。

① 商品软件。通常除了受版权保护,还要受到软件许可证保护的软件,用户需要付费才

能得到使用权。

② 共享软件。是一种“买前免费试用”的具有版权的软件，通常允许用户试用一段时间，也允许用户进行复制和不可修改性散发，但是过了试用期还想继续使用，就得交一定的注册费，称为注册用户或者合法用户。其实这是一种为了节约市场营销费用的有效软件推广与促销手段，通过试用获取潜在的用户，主要目的就是为了销售软件。

③ 自由软件。理查德·斯塔尔曼(Richard Stallman)于 1984 年创建了自由软件基金会，启动开发“类 UNIX 系统”的自由软件工程 GUN，拟定了公共软件许可证，倡导自由软件的非版权原则。自由软件的基本原则：用户可以共享自由软件，允许拷贝，允许修改源代码，允许销售和自由传播；但是软件源代码的任何修改都必须公开、共享，还必须允许此后的用户进一步自由拷贝、传播、修改。

3.2　操作系统

3.2.1　操作系统概述

操作系统(Operation System，简称 OS)是计算机裸机与应用程序及用户之间的桥梁(如图 3-2 所示)，管理计算机系统的全部硬件资源包括软件资源及数据资源、控制程序运行、改善人机界面、为其他应用软件提供支持等，使计算机系统所有资源最大限度地发挥作用，为用户提供方便的、有效的服务界面。

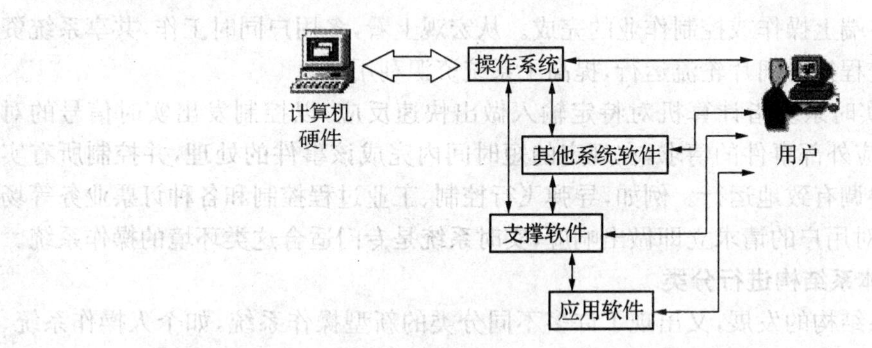

图 3-2　操作系统的地位

操作系统通常是最靠近硬件的一层系统软件，它把硬件裸机改造成为功能完善的一台虚拟机，使得计算机系统的使用和管理更加方便，计算机资源的利用效率更高，上层的应用程序可以获得比硬件提供的功能更多的支持。

操作系统是一个大型的软件系统，是一个庞大的管理控制程序，大致包括 5 个方面的管理功能：进程与处理机管理、作业管理、存储管理、设备管理、文件管理。

从程序员的角度看，操作系统可以将硬件细节与程序员隔离开来，即硬件对于程序员来说是透明的，是一种简单的、高度抽象的设备驱动层。如果没有操作系统，程序员在开发软件的时候就必须陷入复杂的硬件实现细节，将大量的精力花费在这些重复的工作上，使得程序员无法集中精力放在程序设计工作中。

从用户的角度看，操作系统用来管理复杂系统的各个部分，负责在相互竞争的程序之间有序地控制对 CPU、内存及其他 I/O 接口设备的分配。比如说，假设在一台计算机上运行的 4 个程序，试图同时在同一台打印机上输出计算结果。如果头几行是程序 1 的输出，下几行是程序2的输出,然后又是程序3、程序4的输出,那么最终结果将是一团糟。在操作系统管理下,可以将每个程序要打印的输出送到磁盘上的缓冲区,在一个程序打印结束后,将暂存在磁盘上的文件送到打印机输出,这样就可以避免这种混乱。从这个角度来看,操作系统是系统的资源管理者,用户通过操作系统来管理整个计算机资源。

3.2.2 操作系统的分类

操作系统可按照不同方式进行分类。

1. 按操作系统管理的原理进行分类

① 批处理系统。批处理操作系统将作业组织成批并一次将该作业的所有描述信息和作业内容通过输入设备提交给操作系统,并暂时存入外存,等待运行。当系统需要调入新的作业时,根据当时的运行情况和用户要求,按某种调试原则,从外存中挑选一个或几个作业装入内存运行。

批处理系统可以分为简单批处理系统和多道批处理系统。简单批处理系统是指在主存储器中只存放一批程序或一个程序。多道批处理系统是指在主存中同时存放若干道用户作业,允许这些作业交替地在系统中运行,当CPU运行某个程序发生条件等待时,可以转向执行另外的程序,使另一个作业在系统中运行。

② 分时系统。分时系统是在多道批处理系统的基础上发展起来的。在分时系统中,用户通过计算机交互会话来联机控制作业运行,一个分时系统可以带几十甚至上百个终端,每个用户都可以在自己的终端上操作或控制作业的完成。从宏观上看,多用户同时工作,共享系统资源;从微观上看,各进程按时间片轮流运行,提高了系统资源利用率。

③ 实时系统。实时系统指计算机对特定输入做出快速反应,以控制发出实时信号的对象,即计算机及时响应外部事件的请求,在规定的短时间内完成该事件的处理,并控制所有实时设备和实时任务协调有致地运行。例如,导弹飞行控制、工业过程控制和各种订票业务等场合,要求计算机系统对用户的请求立即做出响应,实时系统是专门适合这类环境的操作系统。

2. 按计算机的体系结构进行分类

随着计算机体系结构的发展,又出现了许多不同分类的新型操作系统,如个人操作系统、网络操作系统、分布式操作系统和嵌入式操作系统。

① 个人操作系统,是一种单用户的操作系统,主要供个人使用,功能强、价格便宜,在几乎任何地方都可安装使用。它能满足一般人操作、学习、游戏等方面的需求。个人操作系统的主要特点是:计算机在某一时间内为单个用户服务;采用图形界面人机交互的工作方式,界面友好、使用方便,用户即使不具备专门知识,也能熟练地操纵系统。

② 网络操作系统,是使网络上各计算机能方便而有效地共享网络资源,为网络用户提供各种服务的软件和有关规程(如协议)的集合。网络操作系统提供网络操作所需的最基本的核心功能,如网络文件系统、内存管理及进程任务调度等。网络服务程序运行在网络操作系统软件之上,各计算机通过通信软件使网络硬件与其他计算机建立通信。通信软件还提供所支持的通信协议,以便通过网络发送请求或响应信息。

③ 分布式操作系统,随着程序设计环境、人机接口和软件工程等方面的不断发展,出现了由高速局域网互联的若干计算机组成的分布式计算机系统,需要配置相应的操作系统,即分布式操作系统。分布式计算机系统与计算机网络相似,它通过通信网络将独立功能的数据处理系统或计算机系统互联起来,可实现信息交换、资源共享和协作完成任务等,可以获得极高的

运算能力及广泛的数据共享。

④ 嵌入式操作系统，是嵌入式系统的软件组成部分。目前嵌入式系统已经渗透到人们生活中的每个角落，如MP3、智能手机、数控家电、微型工业控制计算机等。嵌入式系统的构架可以分成4个部分：处理器、存储器、输入/输出(I/O)和软件(多数嵌入式设备的应用软件和操作系统都是紧密结合的)。

3. 按用户数量进行分类

按用户数目的多少，可分为单用户和多用户操作系统。单用户操作系统一次只能支持一个用户进程的运行，MS-DOS是一个典型的单用户操作系统。多用户操作可以支持多个用户同时登录，允许运行多个用户的进程，比如Windows系列的操作系统，它本身就是个多用户操作系统，不管是在本地还是远程都允许多个用户同时处在登录状态。它向用户提供联机交互式的工作环境。

3.2.3 操作系统的作用

在系统软件中，操作系统是负责直接控制和管理硬件的系统软件，也是一系列系统软件的集合。主要有三方面的重要作用。

1. 管理和分配计算机中的软硬件资源

计算机资源可分为两大类：硬件资源和软件资源。硬件资源指组成计算机的硬件设备，软件资源主要指存储于计算机中的各种数据和程序。当多个软件同时运行时，系统的硬件资源和软件资源都由操作系统根据用户需求按一定的策略分配和调度。从硬件和软件资源管理的角度，操作系统的主要功能有进程与处理机管理、存储管理、设备管理、文件管理、作业管理。

2. 提供友好的人机界面

人机界面又称用户界面、用户接口或人机接口，通过键盘、鼠标、显示器、操纵杆、摄像头等及其软件应用程序实现用户与计算机间的交互。操作系统向用户提供了一种图形用户界面(Graphical User Interface，GUI，又称图形用户接口)，与早期计算机使用的命令行界面相比，图形界面对于用户来说在视觉上更易于接受。然而这界面若要通过在显示屏的特定位置，以“各种美观而不单调的视觉消息”提示用户“状态的改变”，势必比以往的简单消息呈现需要更多的计算能力。

3. 提供高效的应用程序开发和运行平台

人们常把没有安装任何软件的计算机称为裸机，在裸机上开发和运行应用程序，难度大、效率低、难以实现。安装了操作系统后，实际上呈现给应用程序和用户面前的是一台“操作系统虚拟机”(如图3-3所示)。操作系统屏蔽了几乎所有的物理设备的技术细节，以规范的、高效的系统调用、库函数方式向应用程序提供服务和支持，从而为应用程序开发、应用软件的运行提交了一个高效率的平台。

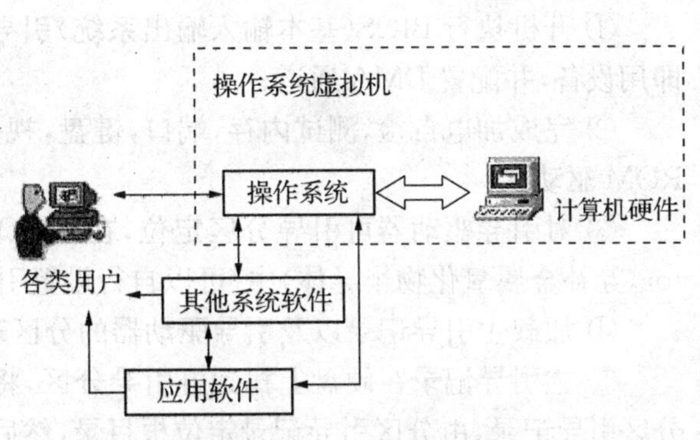

图3-3　操作系统与计算机软件、硬件间的关系

有了操作系统，计算机才能成为一个高效、可靠、通用的信息处理系统。除了上述三个主要作用外，操作系统还具有帮助功能、处理软硬件异常、系统安全等功能。

3.2.4 操作系统的管理功能

操作系统承担着计算机软件、计算机硬件系统资源的调度和分配功能,以避免冲突,使得暴增的应用程序能够正常有序地运行。从硬件和软件资源管理的角度来看,操作系统的主要管理功能包括进程与处理机管理、存储管理、设备管理、文件管理、作业管理。

① 操作系统的进程与处理器管理功能根据一定的策略将处理器交替地分配给系统内等待运行的程序。

② 操作系统的存储管理功能是管理内存资源,主要实现内存的分配与回收、存储保护以及内存扩充。

③ 操作系统的设备管理功能负责分配和回收外部设备以及控制外部设备按用户程序的要求进行操作。

④ 操作系统的文件管理功能向用户提供创建文件、撤销文件、读写文件、打开和关闭文件等管理。

⑤ 操作系统的作业管理功能主要有用户任务调度、界面管理、人机交互、图形界面、语音控制和虚拟现实等。

3.2.5 操作系统的启动

计算机的存储器分为大容量存储器(通常为硬盘)和主存储器(即内存),操作系统(如Windows、UNIX、Linux、Mac OS)安装在大容量存储器上,而主存储器又分为两部分:能够永久保存数据的ROM(Read Only Memory)和易失性存储器RAM(Random-Access Memory,随机存取存储器,即在关机后数据全部丢失)。在ROM部分中,有两个程序:引导(boot strapping,boot)和基本输入输出系统(Basic Input Output System,BIOS)。

在计算机开机时,boot被自动执行,指引CPU把操作系统从大容量存储器中传送到主存储器的易失区。一旦操作系统放到主存储器中,boot要求CPU执行一条转移指令,转到这个存储区域,操作系统接管并且开始控制整个机器的活动。在操作系统变成可用之前,boot执行BIOS,完成基本的输入输出活动。

操作系统的启动过程简述如下:

① 开机执行BIOS(基本输入输出系统)引导程序进行系统自检,标识和配置所有的即插即用设备,并配置DMA通道;

② 完成加电自检,测试内存,端口,键盘,视频适配器,磁盘驱动器等基本设备,以及CD-ROM驱动器;

③ 对引导驱动器可引导分区定位,在CMOS(Complementary Metal Oxide Semiconductor,互补金属氧化物半导体)中,可以自行设置引导顺序,一般顺序是:软驱→磁盘→光驱;

④ 加载主引导记录以及引导驱动器的分区表,执行主引导记录MBR;

⑤ 主引导记录在硬盘上找到可引导分区,将其分区引导记录装入内存,并将控制权交给分区引导记录,由分区引导记录定位根目录,然后装入操作系统。

上述是计算机在加电后的启动过程,也叫冷启动。对应冷启动,还有一种启动为热启动,那么对于热启动,其过程又是怎样的呢?其实热启动与加电冷启动的主要区别就是省去在自检过程中对存储器的检测。

3.2.6 常用的操作系统

1. DOS 操作系统

磁盘操作系统(Disk Operation System,DOS),是一种单用户单任务的计算机操作系统,通常存放在磁盘上,主要功能是针对磁盘存储的文件进行管理。DOS 采用字符界面,必须通过键盘输入各种命令来操作计算机。也就是说计算机是一个一个字母在黑色的电脑屏幕上打上命令,再回车把命令输送给电脑,就连画图也是这么做的。后来人们编程通过画图做出菜单,通过菜单给计算机发命令就简单多了。

2. Windows 操作系统

Microsoft Windows,是美国微软公司研发的一套操作系统,它问世于 1985 年,起初仅仅是 Microsoftt-DOS 模拟环境、MS-DOS 之下的桌面环境,后续版本逐渐发展成为个人电脑和服务器用户设计的操作系统,并最终获得世界个人电脑操作系统软件的垄断地位。由于微软不断地更新升级系统版本,使得 Windows 操作系统不但易用,而且慢慢地成为人们最喜爱的操作系统。系统可以在几种不同类型的平台上运行,如个人电脑、服务器和嵌入式系统等,其中在个人电脑的领域应用最为普遍。

Windows 采用图形化模式 GUI,比起 DOS 需要键入指令使用的方式更为人性化。随着电脑硬件和软件的不断升级,微软的 Windows 也在不断升级,从架构的 16 位、32 位再到 64 位,甚至 128 位,微软一直在致力于 Windows 操作系统的开发和完善,系统版本不断持续更新升级。

Windows 是目前世界上用户最多且兼容性最强的彩色界面操作系统,支持键鼠功能。其默认的平台是由任务栏和桌面图标组成的:任务栏由显示正在运行的程序、"开始"菜单、时间、快速启动栏、输入法以及右下角托盘图标组成;而桌面图标是进入程序的途径,默认系统图标有"我的电脑""我的文档""回收站"等,另外还会显示出系统自带的"IE 浏览器"图标。

3. Unix 操作系统

Unix 操作系统于 1969 年在贝尔实验室诞生,是一个强大的多用户、多任务的操作系统,支持多种处理器架构;是一个交互式分时操作系统;Unix 系统可以在微型机、工作站、大型机及巨型机上安装运行;由于 Unix 系统稳定可靠,因此在金融、保险等行业得到广泛应用。Unix 操作系统具有以下特性:

(1) Unix 系统是一个多用户,多任务的分时操作系统。

(2) Unix 的系统结构可分为三部分:操作系统内核(Unix 系统核心管理和控制中心,在系统启动或常驻内存)、系统调用(供程序开发者开发应用程序时调用系统组件,包括进程管理,文件管理,设备状态等)、应用程序(包括各种开发工具、编译器、网络通信处理程序等,所有应用程序都在 Shell 的管理和控制下为用户服务)。

(3) Unix 系统大部分是由 C 语言编写的,这使得系统易读、易修改、易移植。

(4) Unix 提供了丰富的、精心挑选的系统调用,整个系统的实现十分紧凑,简洁。

(5) Unix 提供了功能强大的可编程的 Shell 语言(外壳语言)作为用户界面,具有简洁、高效的特点。

(6) Unix 系统采用树状目录结构,具有良好的安全性,保密性和可维护性。

(7) Unix 系统采用进程对换(Swapping)的内存管理机制和请求调页的存储方式,实现了虚拟内存管理,大大提高了内存的使用效率。

(8) Unix 系统提供多种通信机制,如管道通信、软中断通信、消息通信、共享存储器通信,信号灯通信。

4. Linux 操作系统

Linux 操作系统是一套免费使用和自由传播的类 Unix 操作系统,是一个基于 POSIX 和 Unix 的多用户、多任务、支持多线程和多 CPU 的操作系统。它能运行主要的 Unix 工具软件、应用程序和网络协议,支持 32 位和 64 位硬件。Linux 继承了 Unix 以网络为核心的设计思想,是一个性能稳定的多用户网络操作系统。

Linux 操作系统诞生于 1991 年 10 月 5 日,存在着许多不同的 Linux 版本,但它们都使用了 Linux 内核。Linux 操作系统可安装在各种计算机硬件设备中,比如手机、平板电脑、路由器、视频游戏控制台、台式计算机、大型机和超级计算机。

Linux 操作系统具有完全免费、兼容性强、多用户、多任务、界面友好、支持多种平台等优点。

5. 手机操作系统

手机也像电脑一样,也有自己的操作系统,没有操作系统的智能手机就是一块"废铁"。智能手机操作系统是一种运算能力及功能比传统功能手机更强的操作系统。因为可以像个人电脑一样安装第三方软件,这样智能手机就能不断焕发新生的、丰富的功能。智能手机能够显示与个人电脑所显示出来一致的正常网页,它具有独立的操作系统以及良好的用户界面,拥有很强的应用扩展性、能方便随意地安装和删除应用程序。

目前,在智能手机市场上,中国市场仍以个人信息管理型手机为主,随着更多厂商的加入,整体市场的竞争已经开始呈现出分散化的态势。从市场容量、竞争状态和应用状况上来看,整个市场仍处于启动阶段。目前应用在手机上的操作系统主要有 Android(安卓)、IOS(苹果)、Windows Phone(微软)、Symbian(塞班)、BlackBerry OS(黑莓)等。目前市场上比较主流的智能手机操作系统有 Google、Android 和苹果的 IOS 等。

Android 是 Google 公司开发的基于 Linux 平台的开源手机操作系统,是谷歌企业战略的重要组成部分。Google 公司通过与运营商、设备制造商、开发商和其他有关各方结成深层次的合作伙伴关系,希望借助建立标准化、开放式的移动电话软件平台,在移动产业内形成一个开放式的生态系统。

IOS 是由苹果公司开发的移动操作系统。苹果公司最早于 2007 年 1 月 9 日的 Macworld 大会上公布这个系统,最初是设计给 iPhone 使用的,后来陆续套用到 iPod touch、iPad 以及 Apple TV 等产品上。IOS 与苹果的 Mac OS X 操作系统一样,属于类 Unix 的商业操作系统。原本这个系统名为 iPhone OS,因为 iPad、iPhone、iPod touch 都使用 iPhone OS,所以 2010 年 WWDC 大会上宣布改名为 IOS。

3.3 程序设计语言及其处理系统

3.3.1 程序设计语言概述

人们使用自然语言进行日常沟通,要与计算机进行通信就必须采用程序设计语言。在计算机刚刚问世的时候,程序员必须手动控制计算机,后来人们想到利用程序设计语言来编写程序以及软件来控制计算机。

程序设计语言就是一种人能方便地使用且计算机也能理解的语言。程序员使用程序语言来编制程序，精确地表达需要计算机完成的任务，计算机就能按照程序的规定去完成任务。

程序设计语言填补了人与计算机交流的鸿沟(如图 3-4 所示)。程序设计语言已经经历了 60 年左右的发展，其技术和方法日臻成熟。

图 3-4　程序设计语言在人——机之间的地位

程序设计语言的基础是一组记号和一组规则。根据规则由记号构成的记号串的总体就是语言。在程序设计语言中，这些记号串就是程序。程序设计语言有三个方面的因素：语法、语义和语用。

(1) 语法表示程序的结构或形式。

表示构成语言的各个记号之间的组合规律，但不涉及这些记号的特定含义，也不涉及使用者。

(2) 语义表示程序的含义。

表示按照各种方法所表示的各个记号的特定含义，但不涉及使用者。

(3) 语用表示程序与使用者的关系。

有许多用于特殊用途的语言，只在特殊情况下使用。例如，PHP 专门用来显示网页；Perl 更适合文本处理；C 语言被广泛用于操作系统和编译器(所谓的系统编程)的开发。

高级程序设计语言(也称高级语言)的出现使得计算机程序设计语言不再过度地依赖某种特定的机器或环境。这是因为高级语言在不同的平台上会被编译成不同的机器语言，而不是直接被机器执行。最早出现的编程语言之一 Fortran 的一个主要目标，就是实现平台独立。

程序设计语言具有心理、工程及技术等特性。

① 心理特性：歧义性、简洁性、局部性、顺序性、传统性。

② 工程特性:可移植性,开发工具的可利用性,软件的可重用性、可维护性。

③ 技术特性:支持结构化构造的语言有利于减少程序环路的复杂性,使程序易测试、易维护。

3.3.2　程序设计语言的分类

自20世纪60年代以来,世界上公布的程序设计语言已有上千种之多,但是只有很小一部分得到了广泛的应用。

1. 从发展历程来看,程序设计语言可以分为四代

(1) 第一代语言——机器语言

计算机的硬件特性使得其只能存储和执行由"0"和"1"表示的二进制信息,将一定位数的0和1组成各种排列组合,通过线路变成电信号,让计算机执行各种不同的操作。这些按照一定规则编写的二进制代码能被计算机直接识别和执行,称为机器语言,它是能被硬件直接识别和执行的计算机语言。

机器语言是由二进制0、1代码指令构成,不同的CPU具有不同的指令系统。机器语言程序难编写、难修改、难维护,需要用户直接对存储空间进行分配,编程效率极低。目前,这种语言已经渐渐被淘汰。

(2) 第二代语言——汇编语言

汇编语言指令是机器指令的符号化,与机器指令存在着直接的对应关系,所以汇编语言同样存在着难学难用、容易出错、维护困难等缺点。但是汇编语言也有优点:可直接访问系统接口,汇编程序翻译成的机器语言程序的效率高。

汇编语言亦称为符号语言,机器不能直接识别使用汇编语言编写的程序,而是要由一种程序将汇编语言翻译成机器语言,这种起翻译作用的程序叫汇编程序,汇编程序是系统软件中的语言处理系统软件。汇编程序把汇编语言翻译成机器语言的过程称为汇编。

从软件工程角度来看,只有在高级语言不能满足设计要求,或不具备支持某种特定功能的技术性能时,汇编语言才被使用。

(3) 第三代语言——高级语言

高级语言是面向用户的、基本上独立于计算机种类和结构的语言。其最大的优点是:形式上接近于算术语言和自然语言,概念上接近于人们通常使用的概念。高级语言的一个命令可以代替几条、几十条甚至几百条汇编语言的指令。因此,高级语言易学易用,通用性强,应用广泛。

(4) 第四代语言——非过程化语言,简称4GL

4GL是非过程化语言,编码时只需说明"做什么",不需描述算法细节。

数据库查询和应用程序生成器是4GL的两个典型应用。用户可以用数据库查询语言(SQL)对数据库中的信息进行复杂的操作。用户只需将要查找的内容在什么地方、根据什么条件进行查找等信息告诉SQL,SQL将自动完成查找过程。应用程序生成器则是根据用户的需求"自动生成"满足需求的高级语言程序。

真正的第四代程序设计语言应该说还没有出现。目前,所谓的第四代语言大多是指基于某种语言环境上具有4GL特征的软件工具产品。

2. 从语言的执行方式划分:解释语言和编译语言

(1) 解释语言:执行方式类似于我们日常生活中的"同声翻译",应用程序源代码一边由相应语言的解释器"翻译"成目标代码(机器语言),一边执行,效率比较低,而且不能生成可独立执行的可执行文件，应用程序不能脱离其解释器，但这种方式比较灵活，可以动态地调整、修改应用程序。例如，Basic 脚本语言也是一种解释性的语言，还有 Vbscript、Javascript、Perl、Python 等。

(2) 编译语言：编译是指在应用源程序执行之前，就将程序源代码"翻译"成目标代码，以二进制的机器码表示，因此其目标程序可以脱离其语言环境独立执行，使用比较方便、效率较高(如图 3-5 所示)。但应用程序一旦需要修改，必须先修改源代码，再重新编译生成新的目标文件(*.OBJ)才能执行，只有目标文件而没有源代码，修改很不方便。现在大多数的编程语言都是编译型的，例如 C、C++、Delphi 等。

(3) Java 很特殊，Java 程序也需要编译，但是没有直接编译成为机器语言，而是编译成为伪码，然后用解释方执行字节码。

由如 C、Java、Fortran、BASIC 等高级语言编写的程序称为源程序，符合一定的语法，必须先由一个叫作编译器或者是解释器的软件将其翻译成特定的机器语言程序之后，才能在计算机上运行。

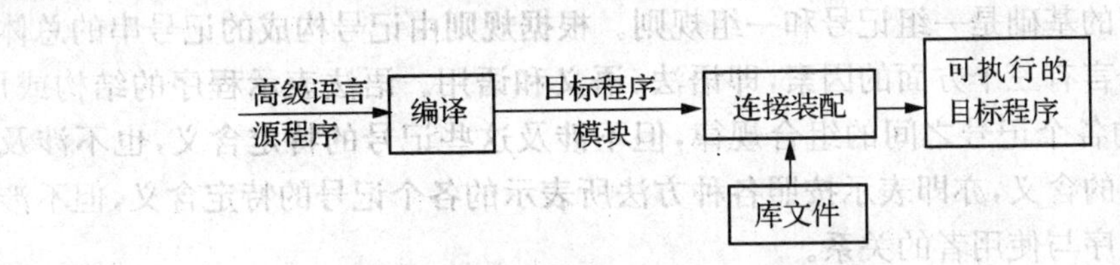

图 3-5 源程序编译、连接过程

编译(Compiler)主要有初始阶段、源程序的分析、目标过程综合三个过程构成(如图 3-6 所示)。

① 初始阶段：建立数据结构，为分析和综合做准备。

② 源程序的分析：词法分析、语法分析和语义分析。

② 目标程序的综合：存储分配、代码优化、代码生成。

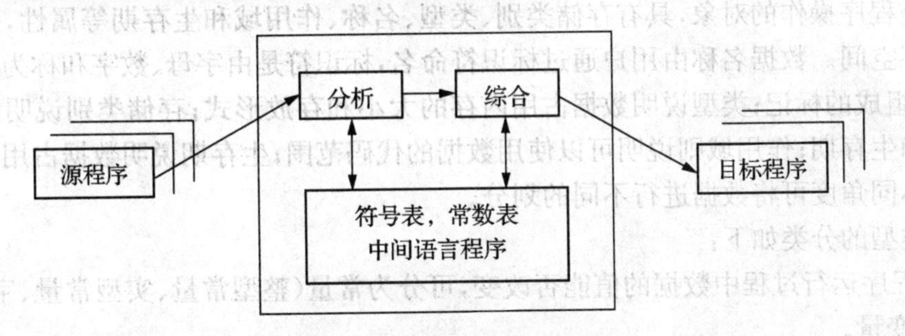

图 3-6 源程序的编译过程

解释器读取事件激发的相应代码，并逐条将其转换为机器代码，然后执行；编译器读取程序的全部代码，将其转换为机器代码，并保存在 exe 类型的可执行文件中，以便以后脱离开发环境运行。

3. 从客观系统的描述分类：程序设计语言分为面向过程语言和面向对象语言

面向过程和面向对象，这是两种思想。面向过程语言是以"数据结构+算法"程序设计范式构成的程序设计语言，主要有 C、Pascal 等语言是面向过程的编程语言，开发过程通常会大量定义函数和结构体。

面向对象语言(Object-Oriented Method)是以“对象+消息”程序设计范式构成的程序设计语言，是一种把面向对象的思想应用于软件开发过程中，指导开发活动的系统方法，简称OO (Object-Oriented)方法。就是基于对象概念，以对象为中心，以类和继承为构造机制来认识、理解、刻画客观世界和设计、构建相应的软件系统。比较流行的面向对象语言有Visual Basic、Java、C++等。

总的说来，结构化语言以业务的处理流程来思考，重在每个步骤功能问题；面向对象语言以对象的属性和行为来思考，重在抽象和对象间的协作问题。

数据库结构化查询语言(Structured Query Language)是为关系数据库管理系统开发的一种查询语言，随着信息技术的发展SQL语言得到了广泛的应用。SQL与其他高级语言的选择并不冲突，反而是紧密结合的。应用软件无论用到哪种高级编程语言来开发，如果软件中使用数据库来存储数据，那么SQL的运用是必不可少的。

3.3.3　程序设计语言的组成

程序设计语言的基础是一组记号和一组规则。根据规则由记号构成的记号串的总体就是语言。程序设计语言有三个方面的因素，即语法、语义和语用。语法表示程序的结构或形式，亦表示构成语言的各个记号之间的组合规律，但不涉及这些记号的特定含义，也不涉及使用者。语义表示程序的含义，亦即表示按照各种方法所表示的各个记号的特定含义，但不涉及使用者。语用表示程序与使用者的关系。

程序设计语言的种类千差万别，一般说来其基本成分包括数据成分、运算成分、控制成分、传输成分。

1. 数据成分

程序语言的数据成分指的是一种程序语言的数据类型。数据对象总是对应着应用系统中某些有意义的东西，数据表示指定了程序中值的组织形式。数据类型用于代表数据对象，同时还可用于检查表达始终对运算的应用是否正确。

数据是程序操作的对象，具有存储类别、类型、名称、作用域和生存期等属性，使用时要为他分配内存空间。数据名称由用户通过标识符命名，标识符是由字母、数字和称为下划线的特殊符号“_”组成的标记；类型说明数据占用内存的大小和存放形式；存储类别说明数据在内存中的位置和生存期；作用域则说明可以使用数据的代码范围；生存期说明数据占用内存的时间范围。从不同角度可将数据进行不同的划分。

数据类型的分类如下：

① 按程序运行过程中数据的值能否改变，可分为常量(整型常量、实型常量、字符常量、符号常量)和变量。

② 按数据的作用域范围可分为全局量和局部量。

③ 按数据组织形式的不同可分为基本类型(整型、实型、字符型、枚举型)、构造类型(数组、结构、公用)、指针类型和空类型。

2. 运算成分

用以描述程序中所包含的运算。大多数程序设计语言的基本运算可分为算术运算、关系运算、逻辑运算。为了确保运算结果的唯一性，运算符号规定优先级和结合性。

以C语言为例，主要的运算符有以下几类：

算术运算符：+　－　*　/

关系运算符：>　<　==　!=　>=　<=

逻辑运算符：!　&&　||

位运算符：<<　>>　~　|　^　&

赋值运算符：=及扩展赋值运算符

条件运算符：?　:

指针运算符：*和&

求字节数运算符：sizeof

强制类型转换运算符：(类型)

分量运算符：.　→

下标运算符：[ ]

其他如函数调用运算符：()

3. 控制成分

用以表达程序中的控制构造；控制成分指明语言允许表达的控制结构，程序员使用控制成分来构造程序中的控制逻辑。理论上已经表明，可计算问题的程序都可以用顺序、选择和循环这三种控制结构来描述（如图3-7所示）。

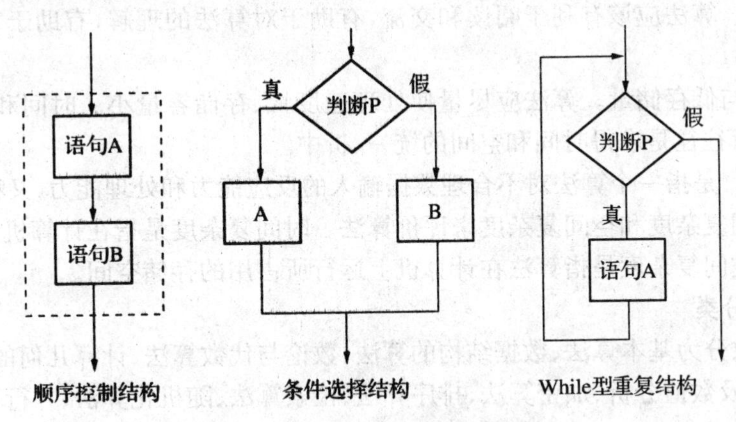

图3-7　程序的三种控制结构

4. 传输成分

用以表达程序中数据的传输。完成变量与变量之间、对象和对象之间数据传递。

3.3.4　算法

人们常说，程序=算法+数据结构，算法是计算机程序的灵魂，数据结构是灵魂的载体。算法和数据结构是程序设计的两个重要的概念。

算法是在有限步骤内求解某一问题所使用的一组定义明确的规则。通俗地说，就是计算机解题的过程。一般地，当算法在处理信息时，数据会从输入设备读取，写入输出设备，可保存起来以供以后使用。

下面举一个算法的例子，问题是从一串随机数列找到最大的数。如果将数列中的每一个数字看成是一颗豆子的大小，则可以将该算法形象地称为“捡豆子”。

首先将第一颗豆子（数列中的第一个数字）放入口袋中。从第二颗豆子开始检查，直到最后一颗豆子。如果正在检查的豆子比口袋中的还大，则将它捡起放入口袋中，同时丢掉原先的豆子。最后口袋中的豆子就是所有的豆子中最大的一颗。

以上是使用自然语言描述算法，还可以使用流程图、伪语言、类语言等来描述算法。

1. 算法的重要特征

① 有穷性。一个算法必须保证执行有限步骤之后结束，且每一步骤都在有穷时间内完成。

② 确切性。算法的每一步骤必须有确切的定义，不存在二义性，且算法只有一个入口和一个出口。

③ 可行性。原则上算法能够精确地运行，即在计算机的能力范围之内，且在有限的时间内能够完成。

④ 输出项。一个算法有一个或多个输出，以反映对输入数据加工后的结果，没有输出的算法是毫无意义的。

⑤ 输入项。一个算法有零个或多个输入，以刻画运算对象的初始情况。例如，在欧几里得算法中，有两个输入，即 m 和 n。

2. 算法的评价标准

① 正确性。算法应满足具体问题的需求。对合法范围内任何输入数据都能产生满足规格要求的结果，对边界数值、不常用的数据都能正确返回结果。

② 可读性。算法应该有利于阅读和交流，有助于对算法的理解，有助于对算法的调试和修改。

③ 高效率与低存储量。算法应尽量使处理速度快、存储容量小。时间和空间是矛盾的，实际问题的求解往往是求得时间和空间的统一、折中。

④ 容错性。是指一个算法对不合理数据输入的反应能力和处理能力，又称为健壮性。

常常以时间复杂度和空间复杂度来评价算法。时间复杂度是指在计算机上运行该算法所花费的时间。空间复杂度是指算法在计算机上运行所占用的存储空间。

3. 算法的分类

算法可大致分为基本算法、数据结构的算法、数论与代数算法、计算几何的算法、图论的算法、动态规划以及数值分析、加密算法、排序算法、检索算法、随机化算法、并行算法。算法可以分为三类：

① 有限的、确定性算法。这类算法在有限的一段时间内终止。它们可能要花很长时间来执行指定的任务，但仍将在一定的时间内终止。这类算法得出的结果常取决于输入值。

② 有限的、非确定算法。这类算法在有限的时间内终止，然而对于一个(或一些)给定的数值，算法的结果并不是唯一的或确定的。

③ 无限的算法。是指那些由于没有定义终止定义条件，或定义的条件无法由输入的数据满足而不终止运行的算法。通常，无限算法的产生是由于未能确定的定义终止条件。

3.3.5 数据结构

程序＝算法＋数据结构，算法是计算机程序的灵魂，数据结构是灵魂的载体。

数据结构是计算机存储、组织数据的方式。数据结构是指相互之间存在一种或多种特定关系的数据元素的集合。通常情况下，精心选择的数据结构可以带来更高的运行或者存储效率。数据结构往往同高效的检索算法和索引技术有关。

计算机解决一个具体问题时，首先要从具体问题中抽象出一个适当的数学模型，然后设计一个解此数学模型的算法，最后编写程序、进行测试、调整直至得到最终解答。

寻求数学模型的实质是分析问题,从中提取操作的对象,并找出这些操作对象之间含有的关系,然后用数学的语言加以描述。

计算机算法与数据结构密切相关,算法无不依附于具体的数据结构,数据结构直接关系到算法的选择和效率。运算是由计算机来完成的,这就要设计相应的插入、删除和修改的算法。也就是说,数据结构还需要给出每种结构类型所定义的各种运算的算法。

数据是对客观事物的符号表示,在计算机科学中是指所有能输入到计算机中并由计算机程序处理的符号的总称。

数据结构有数据的逻辑结构和数据的物理结构之分。

1. 数据的逻辑结构

数据的逻辑结构是指反映数据元素之间的逻辑关系的数据结构,其中的逻辑关系是指数据元素之间的前后件关系,而与它们在计算机中的存储位置无关。

(1) 数组(Array)。在程序设计中,为了处理方便,把具有相同类型的若干变量按有序的形式组织起来。这些按序排列的同类数据元素的集合称为数组。

(2) 栈(Stack)。是只能在某一端插入和删除的特殊线性表。它按照后进先出的原则存储数据,先进入的数据被压入栈底,最后的数据堆在栈顶,需要读数据的时候从栈顶开始弹出数据。

(3) 队列(Queue)。一种特殊的线性表,它只允许在表的前端进行删除操作,而在表的后端进行插入操作。进行插入操作的端称为队尾,进行删除操作的端称为队头。队列中没有元素时,称为空队列。

(4) 链表(Linked List)。是一种物理存储单元上非连续、非顺序的存储结构,数据元素的逻辑顺序是通过链表中的指针链接次序实现的。链表由一系列结点(链表中每一个元素称为结点)组成,结点可以在运行时动态生成。每个结点包括两个部分:一个是存储数据元素的数据域;另一个是存储下一个结点地址的指针域。

(5) 树(Tree)。是由$n(n>=1)$个有限节点组成一个具有层次关系的集合。把它叫作“树”是因为它看起来像一棵倒挂的树,也就是说它是根朝上,而叶朝下的。

(6) 图(Graph)。是由结点的有穷集合V和边的集合E组成的。其中,为了与树结构加以区别,在图结构中常常将结点称为顶点,边是顶点的有序偶对,若两个顶点之间存在一条边,就表示这两个顶点具有相邻关系。

2. 数据的物理结构

数据的物理结构是指数据的逻辑结构在计算机存储空间的存放形式。

数据的物理结构是数据结构在计算机中的表示(又称映像),它包括数据元素的机内表示和关系的机内表示。由于具体实现的方法有顺序、链接、索引、散列等多种,所以一种数据结构可表示成一种或多种存储结构。

3.3.6　常用的程序设计语言

程序设计语言的种类有很多。1956年出现的Fortran语言标志着高级语言的到来。下面介绍几种常用的程序设计语言。

1. 汇编语言

汇编语言是面向机器的程序设计语言。汇编语言比机器语言易于读写,易于调试和修改,同时也具有机器语言的执行速度快、占内存空间少等优点,但在编写复杂程序时具有明显的局限性,汇编语言依赖于具体的机型,不能通用,也不能在不同机型之间移植。

汇编语言至今仍然是从事系统软件开发的程序员必须了解的语言,在某些行业与领域,汇编语言是必不可少的。在熟练的程序员手里,使用汇编语言编写的程序,其运行效率与性能比用其他语言写的程序更加优秀,但是代价是需要更长的时间来优化。

2. BASIC 和 VB 语言

BASIC 是 Beginners' All-Purpose Symbolic Instruction Code 的缩写,其中文含义为"初学者通用符号指令代码",其特点是简单易学。

VB 是 Visual Basic 的简称,是微软公司推出的一种 Windows 应用程序开发工具。Visual 指的是采用可视化的开发图形用户界面(GUI)的方法,一般不需要编写大量代码去描述界面元素的外观和位置,而只要把需要的控件拖放到屏幕上的相应位置即可;Basic 指的是 BASIC 语言,因为 VB 是在原有的 BASIC 语言的基础上发展起来的,至今仍包含数百条语句、函数及关键词。专业人员可以用 VB 实现其他任何 Windows 编程语言的功能,而初学者只要掌握几个关键词就可以建立实用的应用程序。

3. C 语言和 C++语言

C 语言是 Combined Language(组合语言)的简称。它既具有高级语言的特点,又具有汇编语言的特点。它可以作为工作系统设计语言,编写系统应用程序,也可以作为应用程序设计语言,编写不依赖于计算机硬件的应用程序。因此,它的应用范围广泛,不仅仅是在软件开发上,而且很多科研项目都需要用到 C 语言。C 语言的具体应用,如单片机以及嵌入式系统的开发。

C++语言是一种优秀的面向对象程序设计语言,在 C 语言的基础上发展而来。C++以其独特的语言机制在计算机科学的各个领域中得到了广泛的应用。面向对象的设计思想是在原来结构化程序设计方法基础上的一个质的飞跃,C++完美地体现了面向对象的各种特性。

4. Java 语言

Java 语言是由 SUN 公司发布的一种面向对象的、用于网络环境的程序设计语言。其基本特征是:适用于网络分布环境,具有一定的平台独立性、安全性和稳定性。Java 语言受到各种应用领域的重视,取得快速的发展,在因特网上已推出了用 Java 语言编写的很多应用程序。

Java 编程语言的风格十分接近 C、C++语言。Java 是一个纯的面向对象的程序设计语言,它继承了 C++ 语言面向对象技术的核心,Java 舍弃了 C++语言中容易引起错误的指针(以引用取代)、运算符重载(operator overloading)、多重继承(以接口取代)等特性,增加了垃圾回收器功能用于回收不再被引用的对象所占据的内存空间,使得程序员无需再为内存管理而担忧。

5. 脚本语言

脚本语言是为了缩短传统的编写→编译→链接→运行(edit→compile→link→run)过程而创建的计算机编程语言。它的命名起源于一个脚本"screenplay",每次运行都会使对话框逐字重复。早期的脚本语言经常被称为批量处理语言或工作控制语言。

一个脚本通常是解释执行而非编译。脚本语言通常都有简单、易学、易用的特征,目的就是希望能让程序员快速完成程序的编写工作。而宏语言则可视为脚本语言的分支,两者也有实质上的相同之处,特点如下:

① 脚本语言(JavaScript,VBscript 等)介于 HTML 和 C、C++、Java、C# 等编程语言之间。HTML 通常用于格式化和链接文本。而编程语言通常用于向机器发出一系列复杂的指令。

② 脚本语言与编程语言也有很多相似地方,其函数与编程语言比较相像一些,其也涉及到变量,与编程语言之间最大的区别是编程语言的语法和规则更为严格和复杂一些.

③ 脚本语言一般都是以文本形式存在,类似于一种命令。与程序代码的关系,脚本也是一种语言,其同样由程序代码组成。

④ 相对于编译型计算机编程语言,用脚本语言开发的程序在执行时,由其所对应的解释器(或称虚拟机)解释执行。例如,Python、vbscript、javascript、installshield script、ActionScript 等等,脚本语言不需要编译,可以直接由解释器来负责解释。

3.3.7 程序设计语言的选择

程序设计语言特点不同,适用领域也不同,以下从不同角度介绍选择的方法。

1. 项目的应用领域

(1) 科学工程计算。需要大量的标准库函数,以便处理复杂的数值计算,可供选用的语言有 FORTRAN 语言、C 语言等。

(2) 数据处理与数据库应用。可选用 SQL 语言处理数据层,4GL 也就是第 4 代语言进行业务处理、人机界面等。

(3) 实时处理。实时处理软件一般对性能的要求很高,可选用的语言有汇编语言、Ada 语言、C 语言等。

(4) 系统软件。如果编写操作系统、编译系统等系统软件时,可选用汇编语言、C 语言、Pascal 语言和 Ada 语言。

(5) 人工智能。如果要完成知识库系统、专家系统、决策支持系统、推理工程、语言识别、模式识别等人工智能领域内的系统,应选择 Prolog、Lisp 语言。

2. 软件开发的方法

有时编程语言的选择依赖于开发的方法,如果要用快速原型模型来开发,要求能快速实现原型,因此宜采用 4 GL。如果是面向对象方法,宜采用面向对象的语言编程。

3. 软件执行的环境

良好的编程环境不但能有效提高软件生产率,同时能减少错误,有效提高软件质量。不同的软件环境,需要采用不同的程序设计语言进行应用软件的开发,只有这样,才能保证软件的兼容性、效率性,减少软件开发周期。

4. 算法和数据结构的复杂性

科学计算、实时处理和人工智能领域中的问题算法很复杂,而数据处理、数据库应用、系统软件领域的问题,数据结构比较复杂,因此选择语言时可考虑是否有完成复杂算法的能力,或者有构造复杂数据结构的能力。

5. 软件开发人员的知识

编写语言的选择与软件开发人员的知识水平及心理因素有关,开发人员应仔细地分析软件项目的类型,敢于学习新知识,掌握新技术。

3.4 常用的应用软件

应用软件是为完成某一特定任务或特殊目的而开发的软件。它可以是一个特定的程序,也可以是一组紧密协作的软件集合体,或由众多独立软件组成的庞大软件系统。应用软件是基于系统软件工作的,因此不面向最基础的硬件,只根据系统软件提供的各种资源进行运作。

应用软件包括专用软件和通用软件两大类。专用软件是指专门为某一个指定的任务设计或开发的软件,如专门求某个年级平均分数的软件等,通用软件是指可完成一系列相关任务的软件,如处理文本、制作网页的各种软件等。常用的应用软件见表3-1。

表3-1 常用的应用软件汇总表

类别	功能	常用的应用软件
文字处理软件	文本编辑、文字处理、网站编辑与排版等	Word、Adobe Acrobat、WPS、FrontPage 等
电子表格软件	表格定义、数值计算和统计、绘图等	Excel 等
图形图像软件	图像处理、几何图形绘制、动画制作等	AutoCAD、Photoshop、CorelDraw、3DS MAX、美图、会声会影、光影魔术手等
媒体播放软件	播放各种数字音频和视频文件	Media Player、Real Player、Winamp、Realplayer、Windows Media Player、暴风影音、千千静听等
媒体编辑器	编辑各种数字音频和视频文件	会声会影、声音处理软件 Cool2.1、视频解码器 ffdshow 等
网络通信软件	电子邮件、聊天、IP 电话等	MSN、QQ、飞信、微信、百度 hi、阿里旺旺等
演示软件	投影片制作、放映等	PowerPoint 等
输入法	文字的文本输入	紫光输入法、智能 ABC、五笔 QQ 拼音、搜狗等
信息检索软件	在数据库和因特网中查找需要的信息	Google,百度等
翻译软件	多语种转换和翻译	金山词霸 PowerWord、MagicWin(多语种中文系统)、Systran、有道英语等
游戏软件	游戏、教育和娱乐	棋类游戏、扑克游戏等
手机 APP	智能手机应用程序	苹果公司的 App store、微南中医 APP、中医养生钟、云中医等
其他	方便生活	百度地图、导航、压缩软件等

1. 办公软件

办公软件是指在办公应用中使用的各种软件,这类软件的用途主要包括文字处理、表格数据的制作、演示动画制作、简单数据库处理等。在这类软件中,最常用的办公软件套装就是微软公司的 Office 系列软件,除此以外,国内常见的办公软件还包括金山 WPS、永中 Office 等。

2. 网络软件

网络软件是指支持数据通信和各种网络活动的软件。随着因特网技术的普及和发展,产生了越来越多的网络软件,如各种网络通信软件、下载,上传软件、网页浏览软件等。

常用的网络通信软件主要包括腾讯 QQ、微信、阿里旺旺等;常用的下载和上传软件包括迅雷、LeapFTP、CuteFTP 等;常用的网页浏览软件包括微软的火狐狸、360 安全浏览器、IE 等。

3. 安全软件

安全软件是指辅助用户管理计算机安全的软件。广义的安全软件用途十分广泛,主要包括防止病毒传播、防护网络攻击、屏蔽网页木马和危害性脚本以及清理流氓软件等。

常用的安全软件有很多，如防止病毒传播的卡巴斯基个人安全套装、防护网络攻击的天网防火墙、屏蔽网页木马和危害性脚本的360安全卫士以及清理流氓软件的恶意软件清理助手等。

多数安全软件的功能并非是唯一的，如卡巴斯基个人安全套装既可以防止病毒传播，又可以防护网络攻击，而360安全卫士也可以清理一些流氓软件等。

4. 图形图像软件

图形图像软件是浏览、编辑、捕捉、制作、管理各种图形和图像文档的软件。它既包含为各种专业设计师开发的图像处理软件，如Photoshop等，也包含一些图像浏览和管理软件，如ACDsee等。

随着计算机技术的进步，图形图像处理技术的发展也是日新月异。以处理照片为例，早期的图像处理软件往往需要用户对软件操作熟练。而如今，随着数码相机"飞入寻常百姓家"，出现了越来越多的"傻瓜式"图像处理软件，例如大名鼎鼎的Adobe Photoshop Lightroom以及国产的"光影魔术手"、美图秀秀软件等。

5. 多媒体软件

多媒体软件是指播放各种视频、音频以及处理、分割、转换这些视频、音频的软件。多媒体的数据文件通常都是先通过压缩编码，然后进行传输和存储等操作。每种编码方式都需要由特定的软件进行解码才能够播放和处理。几乎每一种多媒体压缩编码方式都有其指定的播放、处理和分割转换软件，如专门针对微软的WMV流媒体格式的Windows Media Player等。

6. 桌面工具

桌面工具主要是指一些应用于桌面的小型软件，可以帮助用户实现一些简单而琐碎的功能，提高用户使用计算机的效率，或为用户带来一些简单而有趣的体验。例如，帮助用户定时清理桌面、计算四则运算、即时翻译单词和语句、提供日历和日程提醒、改变操作系统的界面外观等。

7. 手机APP

手机软件，就是安装在智能手机上的客户端软件，完善原始系统的不足与个性化。随着科技的发展，现在手机的功能也越来越多，越来越强大。

不像过去的那么简单死板，目前发展到了可以和电脑相媲美。手机软件与电脑一样，下载手机软件时还要考虑你购买这一款手机所安装的系统来决定要下载相对应的软件。

据统计国内医疗健康类APP达2000多款，"移动医疗"的出现，势必将改变人们传统就医、养生方式。比如中医问诊APP"云中医"，通过个人手机摄像头，能抓拍下问诊者的面部、舌苔等多个部位，再根据相关的问题问答方式进行"问诊"，就能给出基本诊断结果，并辅以起居养生、饮食调整、发病倾向等多方面健康管理意见。

3.5 计算机病毒

3.5.1 计算机病毒概述

计算机病毒(Computer Virus)在《中华人民共和国计算机信息系统安全保护条例》中被明确定义："编制者在计算机程序中插入的破坏计算机功能或者破坏数据，影响计算机使用并且能够自我复制的一组计算机指令或者程序代码"。

计算机病毒与医学上的"病毒"不同，计算机病毒不是天然存在的，是人为利用计算机软件和硬件所固有的脆弱性编制的一组指令集或程序代码。它能潜伏在计算机的存储介质(或程序)里,条件满足时即被激活,通过修改其他程序的方法将自己的精确拷贝或者可能演化的形式放入其他程序中,从而感染其他程序,对计算机资源进行破坏。

计算机病毒是一个程序,一段可执行码,就像生物病毒一样,具有自我繁殖、互相传染以及激活再生等生物病毒特征。计算机病毒有独特的复制能力,它们能够快速蔓延,又常常难以根除。它们能把自身附着在各种类型的文件上,当文件被复制或从一个用户传送到另一个用户时,它们就随同文件一起蔓延开来。

3.5.2 计算机病毒的主要特征

1. 破坏性

计算机中毒后,可能会导致正常的程序无法运行,把计算机内的文件删除或受到不同程度的损坏。破坏引导扇区及BIOS,硬件环境破坏。

2. 传染性

计算机病毒传染性是指计算机病毒通过修改别的程序将自身的复制品或其变体传染到其他无毒的对象上,这些对象可以是一个程序,也可以是系统中的某一个部件。

3. 潜伏性

计算机病毒潜伏性是指计算机病毒可以依附于其他媒体寄生的能力,侵入后的病毒潜伏到条件成熟才发作,会使计算机运作变慢。

4. 隐蔽性

计算机病毒具有很强的隐蔽性,通过病毒软件检查出来少数,隐蔽性计算机病毒时隐时现、变化无常,这类病毒处理起来非常困难。

5. 可触发性

编制计算机病毒的人,一般都为病毒程序设定一些触发条件。例如,系统时钟的某个时间或日期、系统运行了某些程序等。一旦条件满足,计算机病毒就会“发作”,使系统遭到破坏。

另外计算机病毒还有很多其他特性,比如繁殖性、寄生性等。

3.5.3 计算机病毒的典型征兆

计算机病毒的典型征兆主要有以下几点:

① 屏幕上出现不应有的特殊字符或图像、字符无规则变或脱落、静止、滚动、雪花、跳动、小球亮点、莫名其妙的信息提示等显示器上经常出现一些莫名其妙的信息或异常现象。

② 发出尖叫、蜂鸣音或非正常奏乐等。

③ 经常无故死机,随机地发生重新启动或无法正常启动、运行速度明显下降、内存空间变小、磁盘驱动器以及其他设备无缘无故地变成无效设备等现象。

④ 磁盘标号被自动改写、出现异常文件、出现固定的坏扇区、可用磁盘空间变小、文件无故变大、失踪或被改乱、可执行文件(exe)变得无法运行等。

⑤ 能正常运行的软件,运行时却提示内存不足。

⑥ 未使用软件,但自动出现读写操作。

⑦ 打印异常、打印速度明显降低、不能打印、不能打印汉字与图形等或打印时出现乱码。

⑧ 收到来历不明的电子邮件、自动链接到陌生的网站、自动发送电子邮件等。

⑨ 程序或数据无故消失,文件名不能辨认,丢失文件或者文件损坏等。

⑩ 磁盘卷发生变化，甚至次判卷丢失。

⑪ 文件无法正确读取，复制，或者打开、编辑、保存。

⑫ 操作系统无故频繁出现错误。

⑬ 系统异常重新启动等。

3.5.4　计算机病毒的预防

预防计算机病毒，需要有主动保护文档数据的习惯，在使用计算机过程中，注重数据文件的备份，以防意外发生。

为了保护计算机安全，需要下载安装杀毒软件或防火墙。在这里不得不提的是杀毒软件，知道杀毒软件怎么应用以及官方地址，有些网民通过搜索，链接到非法网站下载后感染病毒。

把有害端口关闭。Windows 下关闭 23、135、445、139、3389 等端口。

使用推荐的搜索引擎。若想打开陌生网页可以在搜索引擎中输入其首页地址，可以在一定程度上防止中病毒或木马。大型的搜索引擎有检测网站首页是否有挂马的功能。

黑客等往往都是用工具扫描系统的漏洞，从而进行攻击或放木马，打满补丁在很大程度上可以减少中毒。

尽管目前的杀毒软件和木马扫描软件越来越好，但是很多新型病毒在一定时间内杀毒软件等并未及时发现。所以为了计算机的安全，最好不要去搜索一些不健康的词以便链接到病毒页面。

计算机的病毒预防有以下几点：

① 注意对系统文件、可执行文件和数据写保护；

② 不使用来历不明的程序或数据；

③ 尽量不用外存进行系统引导；

④ 不轻易打开来历不明的电子邮件；

⑤ 使用新的计算机系统或软件时，先杀毒后使用；

⑥ 备份系统和参数，建立系统的应急计划等；

⑦ 安装杀毒软件；

⑧ 分类管理数据等。

3.6　软件知识产权保护

知识产权是基于创造性智力成果和工商业标记依法产生的权利的统称。作为人类创造的诸多知识的一种，软件同样需要知识产权的保护。随着软件行业的发展，越来越多的软件开发企业和个人都认识到知识产权的重要性，开始使用法律武器保护软件的著作权益。

3.6.1　软件许可的分类

在了解软件知识产权之前，首先需要了解软件的许可和许可证。软件由开发企业或个人开发出来后，就会创建一个授权许可证。许可证的许可范围包括发表权、署名权、修改权、复制权、发行权、出租权、信息网络传播权、翻译权等。

根据中华人民共和国《计算机软件保护条例》的规定，软件著作权人可以许可他人行使其软件著作权，并有权获得报酬。软件著作权人可以全部或者部分转让其软件著作权，并有权获得报酬。任何企业或个人只有在取得相应的许可后，才能进行相关的行为。

软件开发企业或个人有权向任何用户授予全部的软件许可或部分许可。根据授予的许可权利,可以将目前的软件分为以下两大类。

1. 专有软件

专有软件,又称非自由软件、专属软件、私有软件等,是指由开发者开发出来之后,保留软件的修改权、发布权、复制权、发行权和出租权等,限制非授权者使用的软件。

专有软件最大的特征就是闭源,即封闭源代码,不提供软件的源代码给用户或其他人。对于专有软件而言,源代码是保密的。专有软件又可以分为商业软件和非商业软件两种。

(1) 商业软件

商业软件是指由于商业原因而对专有软件进行的限制。包含商业限制的专有软件又被称作商业专有软件。目前大多数在销售的软件都属于商业专有软件,例如 Windows、Office、Visual Studio 等。

商业专有软件限制了用户的所有权利,包括使用权、复制权和发布权等。用户在行使这些权利之前,必须向软件的所有者支付费用或提供其他的补偿行为。

软件的所有者为防止用户非授权的使用、复制等行为,往往会在软件中设置种种障碍甚至软件陷阱,例如各种激活、软件锁定、破坏用户计算机数据等。这些行为也给商业专有软件带来了一些争议。

(2) 非商业软件

除了商业专有软件外,还有一些软件也属于专有软件。这些软件的所有者保留了软件的源代码、开发和使用的权利,但免费授权给用户使用。非商业限制的软件目前也比较多,包括各种共享软件和免费软件等。

共享软件主要是授予用户部分使用权的软件。用户可以免费地复制和使用软件,但软件所有者往往在软件上赋予一定的限制。例如,锁定一些功能或限制使用时间等,需要用户支付一些费用(往往只包括开发成本)或捐助,或和软件所有者联系,提供一些信息等才能解除这些限制,是一种"买前免费试用"的软件。

免费软件是另一类非商业专有软件。这一类软件的所有者向用户免费提供使用、复制和分发的权利,用户无需支付任何费用。

2. 开源软件

除了封闭源代码的软件外,还有一类软件往往在发布时连带源代码一起发布,这类软件称为开源软件。开源软件往往会遵循开源软件许可协议以及开源社区的一些规则。

开源软件都有三点共同的特征:

(1) 发布义务。遵循开源软件许可协议的软件开发者有将软件源代码免费公开发布的义务。

(2) 保护代码完整。在发布源代码时,必须保证源代码的完整性、可用性。

(3) 允许修改。已发布的源代码允许他人修改和引用,以开发出其他产品。

原则上,对于普通用户而言,无论是商业用途还是个人用途,开源软件是免费且允许随意复制使用的。随着计算机技术的发展,投身于开源软件的开发者逐渐增多,未来的开源软件发展将更加迅速。

3.6.2 软件知识产权保护

近年来,国家对知识产权十分重视,在保护知识产权方面做出了卓有成效的努力。自

1990 年以来，两次修订了《计算机软件保护条例》，并不断加大打击侵犯软件知识产权的违法犯罪活动。

1. 保护软件知识产权的目的

计算机行业和软件开发行业是高新技术产业，无论企业还是个人，在开发软件时，都需要投入巨大的人力和物力。因此，保护知识产权对软件行业的健康发展有着重要的意义。

(1) 鼓励科学技术创新。

保护软件知识产权，可以保护软件开发者以及投资软件开发的企业和个人的利益，鼓励其继续投入人力、物力到新的创造活动中去。

(2) 保护行业健康发展。

保护软件知识产权，可以降低软件开发者的开发成本，促进软件行业的持续、快速、健康发展，有利于提高国内软件行业的竞争力，保护民族产业。

(3) 保护消费者的利益。

保护软件知识产权，可以使软件开发者将全部的精力投入到软件设计与开发以及对已发布软件产品的维护、更新和升级中去，最大限度保障软件用户的使用安全，防止计算机病毒、木马和流氓软件等的流行。

2. 依法使用软件

作为广大的计算机软件用户，有责任、有义务从我做起，依法使用软件。在日常工作和生活中，应做到以下几点。

(1) 拒绝盗版软件。

在使用各种软件工作以及娱乐时，应使用正版或授权版本，拒绝各种破解版、绿色版、第三方修改版的软件。

(2) 依法使用软件。

在获取软件方面，需依法向软件开发者、软件零售商购买或索取软件。在未获得软件授权时不下载、不使用、不传播。

根据《计算机软件保护条例》第十七条规定："为了学习和研究软件内含的设计思想和原理，通过安装、显示、传输或者存储软件等方式使用软件的，可以不经软件著作权人许可，不向其支付报酬。"

(3) 在发现他人非法销售、使用和复制盗版软件时，有义务举报这些非法行为，维护法律的公平与公正。

本章小结

计算机软件是指计算机系统中的程序及其文档。程序是计算任务的处理对象和处理规则的描述；文档是为了便于了解程序所需的阐明性资料。程序必须装入机器内部才能工作，文档一般是给人看的，不一定装入机器。

程序是指一组指示计算机每一步动作的指令，通常用某种程序设计语言编写，运行于某种目标体系结构上。

计算机软件总体分为系统软件和应用软件两大类。软件一般是用某种程序设计语言来实现的，通常可以采用软件开发工具进行软件开发。系统软件是负责管理计算机系统中各种独立的硬件，使得它们可以协调工作。系统软件使得计算机使用者和其他软件将计算机当作一个整体而不需要顾及到底层每个硬件是如何工作的。应用软件是计算机上加载的程序，可借助计算机的能力实现特定的功能,是专门为某一应用目的而编制的软件。

计算机病毒是编制者在计算机程序中插入的破坏计算机功能或者数据的代码,能影响计算机使用,能自我复制的一组计算机指令或者程序代码。计算机病毒具有传播性、隐蔽性、感染性、潜伏性、可触发性和破坏性。计算机病毒的生命周期:开发期→传染期→潜伏期→发作期→发现期→消化期→消亡期。

不同的软件一般都有对应的软件许可,软件的使用者必须在获得所使用软件许可的情况下才能合法地使用软件。从另一方面来讲,某种特定软件的许可条款也不能够与法律相抵触。未经软件版权所有者许可的软件复制将会引发法律问题,一般来讲,购买和使用这些盗版软件也是违法的。

医药相关软件可参阅后续章节。

习题与自测题

一、选择题

1. 利用计算机进行图书馆管理，属于计算机应用中的________。

A. 数值计算　　B. 数据处理　　C. 人工智能　　D. 辅助设计

2. 下列软件中，________不属于应用软件。

A. Word　　B. Excel　　C. Windows XP　　D. AutoCAD

3. 算法和程序的首要区别在于：一个程序不一定满足下面所列特性中的________。

A. 具有 0 个或者多个输入量

B. 至少产生一个输出量(包括参量状态的改变)

C. 在执行了有穷步的运算后终止(有穷性)

D. 每一步运算有确切的定义(确定性)

4. 下列不属于计算机软件的组件是________。

A. 程序　　B. 数据　　C. 相关的文档　　D. 存储软件的光盘

5. 算法的表示可以有多种形式，包括________。

A. 文字说明　　B. 流程图表示　　C. 伪代码　　D. 以上都是

6. 下列叙述中，________不属于操作系统的重要作用。

A. 为计算机中运行的程序管理和分配各种软硬件资源

B. 为用户提供友善的人机界面

C. 为不同领域用户的特定应用要求而提供专门设计开发

D. 为应用程序的开发和运行提供一个高效率的平台

7. ________用助记符来代替机器指令的操作码和操作数。

A. 机器语言　　B. 汇编语言　　C. 低级语言　　D. 高级语言

8. 下列软件中，不属于应用软件的是________。

A. Unix　　B. Excel　　C. Word　　D. AutoCAD

9. 下列软件中，不属于应用软件的是________。

A. 具有数据库技术的软件　　B. 具有系统软件技术的软件

C. 具有程序设计技术的软件　　D. 具有单片机接口技术的软件

10. 下列不属于计算机软件技术的是________。

A. 数据库技术　　B. 系统软件技术

C. 程序设计技术　　D. 单片机接口技术

二、填空题

1. 根据计算机软件的用途，可以将其分为两大类，即系统软件和________。
2. 程序设计语言按其级别可以划分为________、汇编语言和高级语言三大类。
3. C 语言属于程序设计语言中的________。
4. 常常以________和空间复杂度来评价算法的优劣。
5. 算法和________是程序设计的两个重要的概念。

三、判断题

1. 操作系统是计算机系统中最重要的应用软件。　　(　　)

2. 汇编语言用助记符来代替机器指令的操作码和操作数，因此汇编语言是高级语言。（　）

3. 通常的操作系统如 Windows10、Windows XP 等，都具有一定的网络通信和网络服务功能，所以都可以安装在服务器上用作网络操作系统。（　）

4. 用计算机机器语言编写的程序可以由计算机直接执行，用高级语言编写的程序必须经过编译或解释才能执行。（　）

5. Word、Excel、AutoCAD 等软件都属于应用软件。（　）

四、简答题

1. 什么是计算机软件？计算机软件有哪些主要特性？
2. 计算机软件的分类有哪些？
3. 简述计算机操作系统的作用。计算机操作系统的管理功能。
4. 结合上机实践和手机应用，说一说您使用的操作系统的类型和特点。
5. 在程序设计语言中有哪些数据类型？为什么要说明变量的数据类型。
6. 在程序设计语言中有哪些控制结构？
7. 什么是程序、算法、数据结构？
8. 什么是计算机病毒？简述计算机病毒的主要特征。
9. 如何预防计算机病毒？
10. 什么是计算机软件的版权和使用许可证？它们有什么意义？

【微信扫码】
习题解答 & 相关资源

第4章　计算机网络

计算机网络是计算机技术与通信技术紧密结合的产物，网络技术对信息产业的发展产生了深远的影响，并且发挥着越来越大的作用。本章在介绍网络形成与发展历史的基础上，对网络定义分类与基本原理进行了系统的讨论，并对因特网及其应用、网络安全以及计算机网络在医药行业的应用进行讨论。

4.1　计算机网络概述

4.1.1　计算机网络定义

计算机网络(Computer Network)是利用通信设备和通信线路将地理位置分散、功能独立的多个计算机系统相互连接起来，以功能完善的网络软件来实现网络中信息传递和资源共享的系统。它包含三层含义：自主计算机，相互连接，信息交换、资源共享、协调工作。从概念上讲，计算机网络由通信子网和资源子网两部分组成，其功能是将数据划分成不同长度的分组进行传输和处理。

资源共享观点将计算机定义为“以能够相互共享资源的方式互联起来的自治计算机系统的集合”。资源共享观点的定义符合当前计算机网络的基本特征，这主要表现在以下几个方面：

(1) 计算机网络建立的主要目的是实现计算机资源的共享。计算机资源主要指计算机硬件、软件与数据。网络用户不但可以使用本地计算机资源，而且可以通过网络访问联网的远程计算机资源，还可以调用网中的不同计算机共同完成某项任务。

(2) 联网的计算机是指分布在不同地理位置的多台独立的“自治计算机”，互联的计算机之间应该没有明确主从关系，每台计算机既可以联网工作，也可以脱网独立工作。联网计算机既可以为本地用户提供服务，也可以为远程网络的合法用户提供服务。

(3) 联网计算机之间的通信必须遵循共享的网络协议。计算机网络是由多个互联的结点组成，结点之间要做到有条不紊地交换数据，每个结点都必须遵守一些事先规定好的通信规则。

4.1.2　计算机网络发展过程

1. 计算机网络的产生背景

计算机网络是20世纪60年代美苏冷战的产物。传统的电路交换的电信网有一个缺点：正在通信的电路中有一个交换机或有一条链路被炸毁，则整个通信电路就要中断，如要改用其他迂回电路，必须重新拨号建立连接，这将要延误一定的时间。这在战争中是非常不利的，于是在20世纪60年代，美国国防部领导的远景研究规划局(Advanced Research Project Agency，ARPA)提出要研究一种生存性很强的网络，要求这种新型网络必须具有以下几个基本特点：

(1) 网络用于计算机之间的数据传送，而不是为了打电话。

(2) 网络能够连接不同类型的计算机,不局限于单一类型的计算机。

(3) 所有的网络结点都同等重要,因而大大提高了网络的生存性。

(4) 计算机在进行通信时,必须有冗余的路由。

(5) 网络的结构应当尽可能的简单,同时还能够非常可靠地传送数据。

计算机网络数据具有突发性,利用电路交换传送计算机数据,效率低,导致通信线路的利用率很低,ARPA NET(Advanced Research Project Agency Network)引入分组交换技术,分组交换技术网由若干个结点交换机和连接这些交换机的链路组成。在分组交换网络中,主机是为用户进行信息处理的,结点交换机则进行分组交换,用来转发分组的。各结点交换机之间要经常交换路由信息,为转发分组进行路由选择,从而带来分组交换的优点:高效,动态分配传输带宽,对通信链路是逐段占用的;灵活,以分组为发送单位和查找路由;迅速,不必先建立连接就能向其他主机发送分组,充分利用链路的带宽;可靠,完善的网络协议,自适应和路由选择协议使网络有很好的分组。ARPA NET 的成功使计算机网络的概念发生根本变化,从以主机为中心到以网络为中心,主机都处在网络的外围,用户通过分组交换网可共享连接在网络上各种资源。ARPA NET 是计算机网络发展的一个重要的里程碑,它对计算机网络技术发展的主要贡献表现在以下几个方面:

① 完成了计算机网络定义、分类与子课题研究内容的描述。

② 提出了资源子网、通信子网的两级网络结构的概念。

③ 研究了报文分组的数据交换方法。

④ 采用了层次结构的网络体系结构模型与协议体系。

⑤ 促进了 TCP/IP 协议的发展。

⑥ 为 Internet 的形成和发展奠定了基础。

ARPA NET 研究成果对世界计算机网络的发展有深远的意义。

2. 计算机网络的组成

组成计算机网络的计算机可以是巨型机、大型机、小型机、个人计算机、笔记本电脑或其他具有处理器的智能终端,要实现计算机网络必须有相应的硬件和软件。

(1) 计算机网络中的硬件

计算机网络是在物理上分布的相互协作的计算机系统,其硬件部分主要包括以下几种:

① 计算机(智能终端)。

② 光纤、同轴电缆和双绞线等传输媒体。

③ 通信网卡:用于收发数据。

④ 集线器(Hub):用来把多台计算机连在一起。

⑤ 交换机(Switch):用来扩展带宽及连接多台计算机。

⑥ 路由器(或 ATM 交换机):负责路径管理和网络交通的控制。

在上述设备中,集线器和交换机是用于组成局域网的设备,而路由器和 ATM 交换机则主要用于组成广域网。

(2) 计算机网络中的软件

计算机网络中的软件主要分为五类。

① 操作系统

操作系统是网络软件系统的核心软件。目前最常用的局域网操作系统是 Windows Server、Linux 和 Unix。很多提供网络服务的操作系统都由这些操作系统作为平台的。

② 通信协议

通信协议是计算机网络中各部分之间必须遵守的规则的集合。它定义了各设备之间信息交换的格式和顺序。相互通信的两个计算机系统必须高度协作工作才行，而这种协调是相当复杂的。分层可将庞大而复杂的问题转化为若干较小的局部问题，而这些较小的局部问题就比较易于研究和处理。网络的各层功能描述及其集合已经计算机网络体系结构。通信协议是计算机网络体系结构中最重要的的部分。常用的通信协议主要有 TCP/IP、Novell 的 IPX/SPX 和 Microsoft 的 NetBEUI。

③ 管理软件

管理软件的内容包括网络的配置、出错处理及用户与网络的接入等，它负责计算机网络的安全运行和维护等工作。

④ 交换与路由软件

交换与路由软件是通信的各部分之间建立和维护传输信息所需的通道。

⑤ 应用软件

计算机网络中的应用软件是计算机网络为用户提供网络服务的中介。如电子邮件、浏览工具和搜索工具等。

3. 计算机网络发展阶段

计算机网络技术的发展速度与应用的广泛程度是惊人的。纵观计算机网络的形成与发展历史，大致可以将它划分为四个阶段。

第一阶段：可以追溯到 20 世纪 50 年代。人们将彼此独立发展的计算机技术与通信技术集合起来，进行数据通信技术与计算机通信网络的研究，为计算机网络的产生做好技术准备，并且奠定了理论基础。

第二阶段：应该从 20 世纪 60 年代美国的 ARPA NET 与分组交换技术开始。ARPA NET 是计算机网络技术发展中的一个里程碑，它的研究成果对促进网络技术发展和理论体系的研究产生重要的作用，并为 Internet 的形成奠定基础。

第三阶段：可以从 20 世纪 70 年代中期起。这个时期国际上各种广域网、局域网与公用分组交换网发展十分迅速，各个计算机生产商纷纷发展各自的计算机网络，随之而来的是网络体系结构与网络协议的标准化问题。国际标准化组织在推动开放系统参考模型与网络协议的研究方面做了大量的工作，对网络理论体系的形成与网络技术的发展起到重要的作用，但它同时也面临着 TCP/IP 的严峻挑战。

第四阶段：要从 20 世纪 90 年代开始，这个阶段最有挑战性的话题是 Internet、高速通信网络、无线网络与网络安全技术。Internet 作为国际性的国际网与大型信息系统，在经济、文化、科学研究、教育与社会生活等方面发挥越来越重要的作用。宽带网络技术的发展为社会信息化提供了技术基础，网络安全技术为网络应用提供了安全技术保障。基于光纤技术的宽带城域网与无线网络技术，以及移动网络计算、网络多媒体计算、网络并行计算、物联网、云计算等正在成为网络应用与研究的热点问题。

4.1.3　计算机网络分类

在计算机网络发展过程的不同阶段，人们对计算机提出了不同的定义。不同的定义反映当网络技术发展水平，以及人们对网络的认识程度。这些定义可以分为三类：广义观点、资源共享的观点与用户透明性观点。从当前计算机网络的特点来看，资源共享观点定义能比较准确地描述计算机网络的主要特征。相比之下,广义的观点定义了计算机通信网络,而用户透明性的观点定义了分布式计算机系统。

1. 按网络传输技术进行分类

网络采用的传输技术决定了网络的主要技术特点,因此根据所采用的传输技术对网络进行分类是一种重要的方法。

在通信技术中,通信信道有两种类型:广播式通信信道和点对点通信信道。在广播通信信道中,多个结点共享一个通信信道,一个结点为广播信息,其他结点必须接收信息。在点对点通信信道中,一条通信线路只能连接一对结点,如果两个结点之间没有直接连接的线路,则它们只能通过中间结点转接。

显然网络要通过通信信道来完成数据传输任务,它所采用的传输技术也只可能有两类:广播方式与点对点方式。因此,相应的计算机网络也可以分为两类:广播式网络(Broadcast Networks)与点对点式网络(Point-to-Point Networks)。

(1) 广播式网络

在广播式网络中,所有联网计算机都共享一个公共通信信道。当一台计算机利用共享通信信道发送报文分组时,所有计算机都会“收听”到这个分组。由于分组中带有目的地址与源地址,接收到该分组的计算机将检查目的地址是否与本结点相同。如果被接收报文分组的目的地址与本结点地址相同,则接收该分组,否则丢弃该分组。显然,在广播式网络中,分组的目的地址可以有三类:单一结点地址、多结点地址和广播地址。

(2) 点对点式网络

在点对点式网络中,每条物理线路连接一对计算机。如果两台计算机之间没有直接连接的线路,则它们之间的分组传输需要通过中间结点的接收、存储与转发,直至目的结点。由于连接多台计算机之间的线路结构可能很复杂,因此从源结点到目的结点可能存在多条路由。决定分组从源结点到目的结点的路由需要路由选择算法。采用分组存储转发与路由选择机制是点对点式网络与广播式网络的重要区别之一。

2. 按网络覆盖范围进行分类

计算机按照其覆盖的地理范围进行分类,可以很好地反映不同类型网络的技术特征。由于网络覆盖的地理范围不同,它们所采用的传输技术也就不同,因此形成不同的网络技术特点与网络服务功能。

按覆盖的地理范围划分,计算机网络可以分为以下三类。

(1) 局域网

局域网(Local Area Network,LAN)用于将有限范围内(例如一个实验室、大楼或校园)的各种计算机、终端与外部设备互联成网。按照采用的技术、应用范围和协议标准的不同,局域网可以分为共享局域网与交换局域网。局域网技术发展非常迅速并且应用日益广泛,是计算机最为活跃的领域之一。

从局域网应用的角度来看,局域网的技术特点主要表现在以下几个方面:

① 局域网覆盖有限的地理范围,它适用于机关、校园、工厂等有限范围内的计算机终端与各类信息处理设备联网的需求。

② 局域网提供高数据传输速度(10Mb/s～10Gb/s)、低误码率的高质量数据传输环境。

③ 局域网一般属于一个单位所有,易于建立、维护与扩展。

④ 从介质访问控制方法的角度来看,局域网可以分为共享介质式局域网与交换式局域

网；从使用的传输介质的类型角度来看，局域网可以分为使用有线介质与无线通信信道的无线局域网。

局域网可以用于个人计算机局域、大型计算机设备群的后端网络与存储区域网络、高速办公室网络、企业与学校的主干局域网。

（2）城域网

城市地区网络常简称为城域网（Metropolitan Area Network，MAN）。城域网是介于广域网与局域网之间的一种高速网络。城域网设计目标是满足几十千米范围内的大量企业、机关、公司的多个局域网的互联需求，以实现大量用户之间的数据、语音、图形与视频等多种信息传输。

（3）广域网

广域网（Wide Area Network，WAN）又称为远程网，所覆盖的地理范围从几十到几千千米。广域网覆盖一个国家、地区或横跨几个洲，形成国际性的远程计算机网络。广域网的通信子网可以利用公用分组交换网、卫星通信网和无线分组交换网，它将分布在不同地区的计算机系统互联起来，以达到资源共享的目的。

4.1.4　计算机网络通信原理

通信的基本任务是传递信息，因而至少需由三个要素组成，即信息的发送者（称为信源）和信息的接收者（称为信宿）、携带了信息的电（或光）信号以及信息的传输通道（称为信道）。最简单的通信模型如图4-1所示。以有线电话系统为例，发话人（及其使用的电话机）和受话人（及其使用的电话机）相当于信源和信宿，说话人的话音经电话机转换得到强度随时间而变化的电流就是携带了信息的信号，信号在电话线和中继器、交换机等设备中传输，电话线是信号的传输介质，它和中继器、交换机等构成了传输信号的信道。信源和信宿中使用的发信和收信设备（电话机），也称为通信终端。

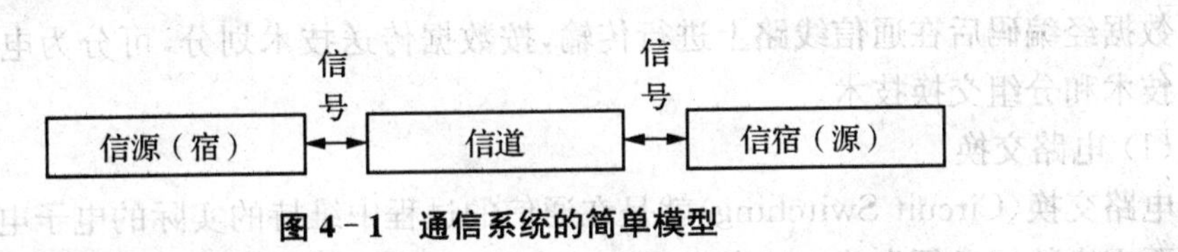

图4-1　通信系统的简单模型

光（或电）信号有两种形式：模拟信号和数字信号。模拟信息通过连续变化的物理量（如信号电平的幅度或电流的强度）来表示信息。例如，人们打电话或播音员播音时的声音经过话筒（麦克风）转换得到的电信号就是模拟信号。数字信号的电平高低或电流大小只有有限个状态（一般是两个状态），它们在时间上有时也是不连续的。例如，电报机、传真机和计算机发出的信号都是数字信号。

模拟信号在传输过程中容易受噪声信号的干扰，传输质量不够稳定。随着数字技术的发展，目前已经越来越多地把模拟信号转换成数字信号进行传输，这种通信传输技术称为数字通信。数字通信抗干扰能力强，差错可控制，可靠性好，还可以方便地对信号加密，安全性更容易得到保证。由于传输的数字信号，可以直接由计算机进行信息的存储、处理和管理。

数字通信是计算机网络的基础，在计算机内部各部件之间、计算机与各种外部设备之间以及计算机与计算机之间，都是以数字信号通信的方式传递、交换数据信息的。

数字信号可以直接采用基带传输。基带传输就是在线路中直接传送数字信号对应的电脉冲,它是一种最简单的传输方式,近距离通信的局域网都采用基带传输。

为了利用廉价的公共电话交换网实现计算机之间的远程通信,必须将发送端的数字信号变换成能够在公共电话网上传输的模拟信号,经传输后再在接收端将音频信号逆变换成对应的数字信号。把数字信号转变为模拟信号叫调制,把模拟信号转变为数字信号叫解调,同时实现调制和解调的设备称作调制解调器(Modem)。

1. 通信方式

通信有两种基本方式。

(1) 并行通信方式。并行数据传输时,同时传输多个数据位。发送设备将这些数据位通过对应的数据线传送给接收设备,还可附加一位数据校验位。接收设备可同时接收到这些数据,不需要做任何变换就可直接使用。并行方式主要用于近距离通信,计算机内的总线结构就是并行通信的例子。

(2) 串行通信方式。串行数据传输时,数据是一位一位地在通信线上传输的。先由发送端计算机将计算机内的并行数据经并-串转换硬件转换成串行方式,经传输线逐位传输到接收端的设备中,并在接收端将数据从串行方式重新转换成并行方式,以供接收方使用。串行数据传输的速度要比并行传输慢得多,但对于覆盖面极其广阔的公用电话系统来说具有更大的现实意义。

按串行数据通信的方向不同,分为三种方式:单工、半双工和全双工。

① 单工数据传输只支持数据在一个方向上传输。

② 半双工数据传输允许数据在两个方向上传输,但是在某一时刻只允许数据在一个方向上传输,它实际上是一种切换方向的单工通信。

③ 全双工数据通信允许数据同时在两个方向上传输,因此全双工通信是两个单工通信方式的结合,它要求发送设备和接收设备都有独立的接收和发送能力。

2. 数据交换技术

数据经编码后在通信线路上进行传输,按数据传送技术划分,可分为电路交换技术、报文交换技术和分组交换技术。

(1) 电路交换

电路交换(Circuit Switching)就是在通信的过程中维持的实际的电子电路(物理线路),用户想要交换数据必须先建立这条电子电路,电子电路建立后用户始终占用从发送端到接收端的固定传输带宽。

电路交换技术有两大优点:一是传输延迟小,唯一的延迟是物理信号的传播延迟;二是一旦线路建立,便不会发生冲突。前者得益于一旦建立物理连接,便不再需要交换开销;后者来自于独享物理线路。

电路交换的缺点是建立物理线路所需的时间比较长,在数据开始传输之前,呼叫信号必须经过若干个交换机,得到各交换机的认可,并最终传到被呼叫方,这个过程常常需要10 s甚至更长的时间(呼叫市内电话、国内长途和国际长途所需时间是不同的)。对于许多应用(如商店信用卡确认)来说,过长的电路建立时间是不合适的。

在电路交换系统中,物理线路的带宽是预先分配好的。对于已经预先分配好的线路,即使通信双方都没有数据要交换,线路带宽也不能为其他用户所使用,从而造成带宽的浪费。当然这种浪费也有好处,对于占用信道的用户来说,其可靠性和实时响应能力都得到了保证。

(2) 报文交换

报文交换(Message Switching)又称为包交换。报文交换不需事先建立物理电路,当发送方有数据要发送时,它将把要发送的数据当作一个整体交给中间交换设备,中间交换设备先将报文存储起来,然后选择一条合适的空闲输出线将数据转发给下一个交换设备,如此循环往复直至将数据发送到目的结点。

在报文交换中,一般不限制报文的大小,这就要求各个中间结点必须使用磁盘等外设来缓存较大的数据块。同时,某一块数据可能会长时间占用线路,导致报文在中间结点的延迟非常大(一个报文在每个结点的延迟时间等于接收整个报文的时间加上报文在结点等待输出线路所需的排队延迟时间),这使得报文交换不适合交互式数据通信。为了解决上述问题又引入了分组交换技术。

(3) 分组交换

分组交换(Packet Switching)技术是报文交换技术的改进。在分组交换网中,用户的数据被划分成一个个分组(Packet),而且分组的大小有严格的上限,这样使得分组可以被缓存在交换设备的内存而不是磁盘中。同时,由于分组交换网能够保证任何用户都不能长时间独占某传输线路,因而它非常适合于交互式通信。

3. 调制与解调技术

由于导体存在电阻,因此,电信号直接传输距离不能太远。研究发现,高频振荡的正弦信号在长距离通信中能够比低频信号传送得更远。因此可以把这种高频正弦波信号作为携带信息的"载波"。信息传输时,利用信源信号去调整(改变)载波的某个参数(幅度、频率或相位),这个过程称为"调制",经过调制后,载波携带着被传输的信号在信道中进行长距离传输,到达目的地时,接收方再把载波携带着被传输的信号检测出来恢复为原始信号,这个过程称为"解调"。

载波信号是频率比被传输信号(称为调制信号或基带信号)高得多的正弦波。调制的方法有三种:幅度调制、频率调制和相位调制。如图4-2所示是三种不同调制方法的示意图。

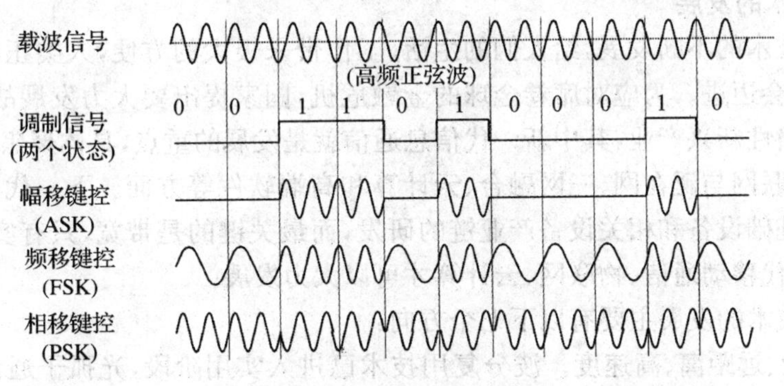

图4-2 三种调制方式

对载波信号进行调制所使用的设备称为"调制器",调制器输出的信号即可在信道上进行长距离传输。到达目的地之后再由接收方使用"解调器"进行解调,恢复出被传输的基带信号。不同类型的调制信号和不同的调制方法,需使用不同的调制和解调设备。由于大多数情况下通信总是双向进行的,所以调制器与解调器往往做在一起,这样的设备称为"调制解调器"(Modem),如图4-3所示。

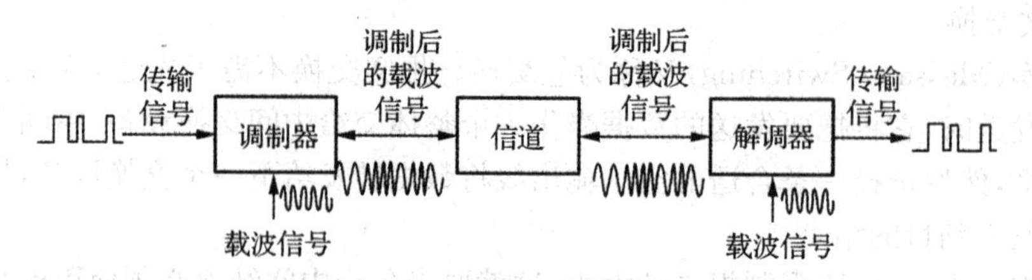

图4-3　使用调制解调器进行远距离通信

4. 多路复用技术

由于传输线路的建设和维护成本在整个通信系统中占相当大的份额,而且一条传输线路的容量通常也远远超过传输一路用户信号所需的带宽。为了提高传输线路的利用率,降低通信成本,一般总是让多路信号同时共用一条传输线路,这就是多路复用技术。

多路复用技术有两类:一类是"时分多路复用"(TDM)技术,各终端设备(计算机)以事先规定的顺序轮流使用同一传输线路进行数据(或信号)传输。时分多路复用技术中,收方和发方也可以异步进行信息的传输,只要被传输的信息中附加上接收方的"地址"即可;另一类是多路复用技术,是"频分多路复用技术"(FDM),它将每个信源发送的信号调制在不同频率的载波上,通过多路复用器将它们复合成为一个信号,然后在同一传输线路上进行传输。抵达接收端后,借助分路器(例如收音机和电视机的调谐装置)把不同频率的载波送到不同的数据接收设备,从而实现传输线路的复用。

用不同波长的光调制信号在同一光信道上传输时,叫波分多路复用。它是一种特殊的频分多路复用技术。移动通信中,第一代模拟蜂窝系统采用频分多路复用技术(FDMA);第二代GSM系统主要采用时分多路复用技术(TDMA);第三代移动通信使用的是码分多路寻址(CDMA)技术;第四代移动通信主要采用多载波正交频分复用调制技术(OFDM)。

总之,采用多路复用技术后,同轴电缆、光纤、无线电波等可以同时传输成千上万路不同信源的信号,大大降低了通信的成本。

5. 通信技术的发展

现代通信技术的不断发展,给人们的生活、工作带来极大的方便,人类正在向着一个数字化、信息化的社会迈进。为应对席卷全球的金融危机,国家提出要大力发展战略性新兴产业,确定了七个战略性新兴产业,其中新一代信息通信就是发展的重点,具体聚焦在新一代通信网络和互联网、物联网与泛在网、三网融合、云计算和高端软件等方面。下一代网络核心基础产业能够催生出基础设备和相关设备产业链的研发,而最关键的是带宽,只有实现高带宽,下一代互联网、新一代移动通信、物联网、云计算才可以大力发展。

现代通信技术的发展主要有以下七个方向:

(1) 大容量、远距离、高速度。波分复用技术已进入实用阶段,光孤子通信已取得重大进展。光放大代替光电转换中继器可使无中继距离延长到几百千米甚至上千千米。无线传输已经发展到11/14 GHz的Ku频段,并正在向20/30 GHz的Ku频段甚至更高发展,这样不但扩充了可用频段,而且大大增加了容量。同时,采用数字交叉连接设备(DXC)使传输网上具有电路群交换功能,组网便捷并且大大提高了网络的效率和可靠性。

(2) 交换技术的发展。一方面是速度越来越快,已经从千兆跳跃到万兆;另一方面是从最初的二层交换发展到三层交换,目前已经发展到网络的第七层应用层的交换。总之,未来的网络应用是极其多样的,而网络则是极其简单的。

(3) 网络传输速度快、质量高、误码率小、规程简化,帧中继方式广泛应用。各种网络协议产生并广泛应用,各种服务器、连接器也层出不穷,得到大量应用。

(4) 业务的集成与综合。由于现在的需求错综复杂,单个独立网络已经不能满足需求,对业务的整合和集成已成了网络通信的一大特色。

(5) 网络智能化。原来由话务员、报务员操作的功能已转由用户自己来操作,因此把由用户来判断、操作的相当部分功能交给网络来进行,从而使通信网具有人工智能。目前已经出现一些智能业务,如被叫集中付费、转移呼叫、电话卡、语言信箱等业务。随着需求和技术的发展,还将有更多的智能业务被开发。

(6) 移动通信的发展。现在移动通信已经从第二、三代通信发展到了第四代移动通信(4G),第四代移动通信信息传输的速度更快,距离更远,更加稳定可靠,第五代移动通信的研发也早已拉开序幕,随着其发展与成熟,一定会在将来给用户带来更为完美的通信体验。

(7) 接入方式的发展。概念上已从用户线发展为接入网,目前已开始有采用原电话对称铜线提高使用频率,原电缆电视的同轴线与光纤混合,使用全光纤、无线接入的多种方式,这是一个正在蓬勃发展的领域。

"千里之行,始于足下",在竞争如此激烈的全球化环境下,信息化是体现一个国家综合实力和国际竞争力的重要所在,大力发展信息化建设还需要当代年轻人不断地奋斗。

6. 通信技术在医学领域的应用

通信技术在医药卫生领域的应用,给医药行业带来革命性的变化。"数字化医疗""信息化医疗"等名词被炒得热火朝天,这使计算机网络化通信技术在医药卫生领域中的作用也显得越来越重要。根据客户端是采用一般计算机还是手持移动设备,通信技术的应用主要分为有线通信技术应用和无线通信技术应用。

由于有线通信受地理、响应时间等因素的限制,在医药卫生领域中,有线通信技术主要用于机对机通信,要求紧密耦合,智能型网络及外部设备将采用电缆作为接口,对安全性、可靠性及灵活性有严格要求,带宽要求较高的基础设施及网络建设。包括医院电话、电视、整个医院的局域网、服务器等基础设施的建设。

相对于有线通信,无线通信技术则显得非常活跃。

(1) 跟踪治疗。病人跟踪治疗管理信息系统采用多种途径,比如局域网或因特网、扫描仪、摄像头等录入患者的各种健康资料,应用临床路径知识库进行保存、编辑和修改更新,形成完整的个体电子档案。当患者再次就诊或体检时,其资料又可以续存入档,所有资料都通过网络进行查询。不管病人在什么地方,都可以通过自己的手机,随时随地把各种设备(如智能手环,可以体重、血压、心率等)连接到网络上,上传各种数据,接收自己个性化的治疗方案,发出健康预警,给出治疗建议,了解自己的治疗进程。医生可以通过跟踪治疗系统,了解病人的各种信息,对病人做出正确的诊疗。

(2) 移动观察。把移动通信系统与救护车联系在一起,使紧急医疗援助服务中心能够不间断地收到救护车上安装的设备记录下来的数据,随时观察病人在运送过程中的状态,实时地了解通过救护车运往紧急医疗机构的病人的运送条件和病情变化。

(3) 远程医疗。远程医疗是指通过计算机技术、遥感、遥测、遥控技术为依托,充分发挥大医院或专科医疗中心的医疗技术和医疗设备优势,对医疗条件较差的偏远地区、海岛或舰船上的伤病员进行远距离诊断、治疗和咨询。远程医疗旨在提高诊断与医疗水平、降低医疗开支、满足广大人民群众保健需求的一项全新的医疗服务。目前,远程医疗技术已经从最初的电视监护、电话远程诊断发展到利用高速网络进行数字、图像、语音的综合传输,并且实现了实时的语音和高清晰图像的交流,为现代医学的应用提供了更广阔的发展空间。国外在这一领域的发展已有40多年的历史,而我国只是在最近几年才得到重视和发展。目前,我们国家用远程医疗系统主要实现家庭医疗保健、偏远地区的紧急医疗、医院之间共享病历和诊断资料、远程教育等。

(4) 患者数据管理。医院在住院病房铺设无线局域网,住院处的每个临床医生使用配置笔记本无线网卡的手持式平板电脑,在其巡视病房时直接通过手写笔,将患者每天的病情资料、诊疗意见及药剂配方输入到医院的医疗管理系统中;与此同时,护士在护士站根据医生输入的巡视结果,为患者及时地调整护理方案;药剂师根据医生当天修改的患者用药情况来配药;财务人员则可及时地统计患者住院费用。整个运作过程摒弃了原来传统的临床纸质病例卡,避免了因纸质病历在医生、护士、药剂师及财务部门之间传递过程中发生的由于字迹不清、误读等造成的医疗事故。针对特殊疑难患者,临床医生可以通过手持式平板电脑在无线局域网覆盖范围内的任何地方及时查阅相关资料,避免了为查询资料,医生往来于办公室和病房的麻烦。将手持式平板电脑用于电子处方及诊断结果报告,增加了现场医疗服务新的空间。手持式平板电脑的应用可以消除许多基于纸的过程,如处方抄写、提交和跟踪试验单、报告诊断结果以及书写患者用药注意事项等。

(5) 药物跟踪。制药商、经销商和零售商将RFID标签贴到药瓶上,然后通过配送渠道发送到目的地。使用RFID跟踪单个药瓶、改进库存管理、防止零售商缺货以及当药品需要召回时跟踪药品。另外,在医药品行业中,RFID标签将有助于解决与药品相关的众多问题,如召回产品、追踪产品在供应链中的流通履历以及杜绝假冒产品等。

(6) 手机求救。IBM的研究人员给手机增添了一项新功能——为心脏病高危者发送求救信息。新系统的核心是只有一块口香糖大小的无线电信号转发装置,利用蓝牙技术连接便携式心跳监测仪和手机。当使用者心跳达到“危险”水平时,这套系统能够自动拨打一个预设的手机号码,以短信息的方式发出心跳数据。

(7) 病人数据收集。病人利用智能穿戴设备,通过手机与网络连接,实时采集病人的相关数据。

(8) 医疗垃圾跟踪。利用RFID跟踪医疗垃圾,利用跟踪系统确定医院和运输公司的责任,防止违法倾倒医疗垃圾。

(9) 短信沟通。一种依靠手机短信实现医患沟通的新型就医形式,已经在哈尔滨医科大学第一附属医院实现。中国移动手机用户将短信发送至指定号码(如023234)后,即可获得医院回复的短信,指导患者怎样通过短信求医问药。此种数字化就医形式可以避免患者排队就诊带来的麻烦,也可为部分患者保住隐私。患者在就医的过程中,还可以通过发送短信获取该医院专家医生的详细个人资料和具体出诊时间,以确定自己要找的医生和去医院就诊的时间及地点。此业务逐渐开展后,还有望实现手机挂号、短信预约手术、短信完成医保手续等。届时患者通过短信在家中就可以“搞定”很多的看病程序。

近年来,我国无线医疗技术应用十分活跃,但比起欧美国家来还相差较远,仅仅处于起步阶段。因此,我国无线医疗、数字医疗发展的潜力巨大。

4.2 计算机网络体系结构

网络体系结构是网络技术中最基本的结构，要保证一个庞大而复杂的计算机网络有条不紊地工作，就必须制定一系列的通信协议。

4.2.1 网络体系结构与协议标准化的研究

在计算机网络技术、产品与应用发展的同时，人们认识到必须研究和制定网络体系结构与协议标准。一些大的计算机公司在开发计算机网络研究与产品开发的同时，纷纷提出各种网络体系结构与网络协议。例如，IBM 公司的系统网络体系结构（System Network Architecture，SNA）、DEC 公司的数字网络体系结构（Distributed Network Architecture，DNA）与 UNIVAC 公司的分布式计算机体系的形成提供很多重要的经验，很多网络体系结构经过适当的修改后仍在广泛使用。20 世纪 70 年代后期，人们认识到不同的体系结构与协议标准不统一，将会限制计算机网络自身的发展和应用，网络体系结构与网络协议必须走国际化的道路。

国际标准化组织成立计算机与信息处理标准化技术委员会（TC97），该委员会专门成立了一个分委员会（SC16），从事网络体系结构与网络协议的国际标准化问题研究，经过多年的努力，ISO 正式制定了开放系统互联（Open System Interconnection，OSI）参考模型，即 ISO/IEC 7498 国际标准。OSI 参考模型与协议的研究成果对推动网络体系结构理论的发展起了很大的作用。

在 ISO/OSI 参考模型发展的同时，TCP/IP 协议与体系结构也逐渐发展起来。

在 1969 年 ARPA NET 的实验性阶段，研究人员就开始 TCP/IP 协议雏形的研究。到了 1979 年，越来越多的研究人员投入到 TCP/IP 协议的研究中。在 1980 年前后，ARPA NET 的所有主机都转向了 TCP/IP 协议。到 1980 年 1 月，ARPA NET 向 TCP/IP 的转换全部结束。在 ISO/OSI 参考模型制定过程中，TCP/IP 协议已经成熟并开始应用，赢得了大量的用户和投资。TCP/IP 协议的成功促进了 Internet 的发展，Internet 的发展又进一步扩大了 TCP/IP 协议的影响。TBM、DEC 等大公司纷纷宣布支持 TCP/IP 协议，网络操作系统和大型数据库都支持 TCP/IP 协议。相比之下，符合 OSI 参考模型与协议标准产品迟迟没有推出，妨碍了其他厂家开发相应硬件和软件，从而影响了 OSI 研究成果的市场占有率，而随着 Internet 的高速发展，TCP/IP 协议与体系结构已成为业内公认的标准。

4.2.2 两种网络体系结构

1. OSI 参考模型的基本理念

（1）OSI 参考模型的提出

从历史上来看，制定网络计算机标准起很大作用的两大国际组织是：国际电报与电话咨询委员会（Consultative Committee on International Telegraph and Telephone，CCITT）和国际标准化组织（International organization for standardization，ISO）。CCITT 和 ISO 的工作领域不同，CCITT 主要从通信的角度考虑一些标准的制定，而 ISO 则关心信息处理与网络体系结构。随着科学技术的发展，通信与信息处理之间的界限变得比较模糊。于是，通信与信息处理就都成为 CCITT 与 ISO 共同关心的领域。

1974 年，ISO 发布了著名的 ISO、IEC 7498 标准，它定义了网络互联的七层框架，就是开发系统互联的参考模型。在 OSI 框架下，进一步详细规定了每层的功能，以实现开放系统环境中的互连性(Interconnection)、互操作性(Interoperation)与应用的可移植性(Portability)。CCITT的X.400建议书也定义了一些相似的内容。

(2) OSI参考模型的概念

OSI中的“开放”是指只要遵循OSI标准,一个系统就可以与位于世界上任何地方、同样遵循统一标准的其他任何系统进行通信。在OSI标准的制定过程中,采用的方法是将整个庞大而复杂的问题划分为若干个容易处理的小问题,这就是分层的体系结构方法。在OSI标准中,采用的是三级抽象:体系结构(Architecture)、服务定义(Service Definition)与协议规范(Protocol Specifications)。

OSI参考模型定义了开放系统的层次结构。层次之间的相互关系,以及各层所包括的可能服务。它是作为一个框架来协调与组织各层协议的制定,也是对网络内部结构最精练地概括与描述。OSI标准中的各种协议精确定义了应该发送的控制信息,以及应该通过哪种过程来解释这个控制信息,协议的规范说明具有最严格的约束。

OSI的服务定义详细地说明了各层所提供的服务。某一层提供的服务是指该层级以下各层的一种能力,这种服务通过接口提供给更高一层。各层所提供的服务与这些服务的具体实现无关。同时,服务定义还定义了层与层之间的接口与各层使用的原语,但是并不涉及接口的具体实现方法。

OSI参考模型并没有提供一个可以实现的方法。OSI参考模型只是描述了一些概念,用来协调进程之间通信标准的制定。在OSI的范围内,只有各种协议是可以被实现的,而各种产品只有和OSI的协议一致时才能互联。也就是说,OSI参考模型并不是一个标准,而是一个在制定标准时所使用的概念性的框架。

(3) OSI参考模型的结构

OSI是分层体结构的一个实例,每一层是一个模块,用于执行某种主要功能,并具有自己的一套通信指令格式(称为协议)。用于相同层之间通信的协议称为对等协议。根据分而治之的原则,OSI将整个通信功能化为七个层次,其划分层次的重要原则是:① 网中各结点都具有相同的层次。② 不同结点的同等层具有相同的功能。③ 同一结点内相邻层之间通过接口通信。④ 每层可以使用下层提供的服务,并向其上层提供服务。⑤ 不同结点的同等层通过协议来实现同等层之间的通信。

(4) OSI参考模型各层的功能

OSI参考模型结构包括了以下七层:物理层、数据链路层、网络层、传输层、会话层、表示层、应用层。OSI参考模型结构如图4-4所示。

① 物理层

在OSI参考模型中,物理层是参考模型的最低层。物理层的主要功能是:利用传输介质为通信的网络结点之间建立、管理和释放物理连接,实现比特流的透明传输,为数据链路层提供数据传输服务。物理层的数据传输单元是“bit”。

② 数据链路层

在OSI参考模型中,数据链路层是参考模型的第二层。数据链路层的主要功能是:在物理层提供服务的基础上,数据链路层在通信的实体间建立数据链路连接,传输以“帧”为单位的数据锯,并采用差错控制与流量控制方法,使有差错的物理线路变成无差错的数据线路。

③ 网络层

在OSI参考模型中,网络层是参考模型的第三层。网络层的主要功能是:通过路由选择

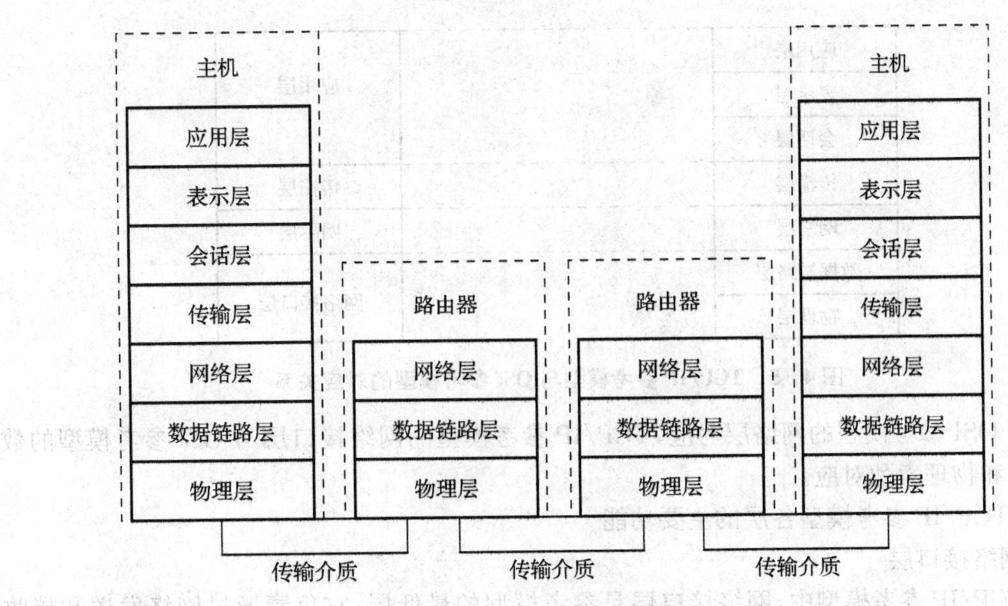

图 4-4　OSI 参考模型

算法为分组通过通信子网选择最适当的路径，以及实现拥塞控制，网络互联等功能。网络层的数据传输单元是分组。

④ 传输层

在 OSI 参考模型中，传输层是参考模型的第四层，传输层的主要功能是向用户提供可靠的端到端服务。传输层向高屏蔽了下层数据通信的细节，因此，它是计算机通信体系中关键的一层。

⑤ 会话层

在 OSI 参考模型中，会话层是参考模型的第五层。会话层的主要功能是负责维护两个节点之间会话连接的建立。

⑥ 表示层

在 OSI 参考模型中，表示层是参考模型的第六层。表示层的主要功能是用于处理两个通信系统中交换信息的方式，主要包括数据格式转换、数据加密与解密、数据压缩与恢复等功能。

⑦ 应用层

在 OSI 参考模型中，应用层是参考模型的最高层。应用层的主要功能是为应用程序提供网络服务。应用层需要识别并保证通信对方的可用性，使得协同工作的应用程序之间同步，建立传输错误纠正与保证数据完整性控制机制。

2. TCP/IP 参考模型各层的功能

(1) TCP/IP 参考模型的层次

如图 4-5 所示是为 TCP/IP 参考模型与 OSI 参考模型的对应关系。

TCP/IP 参考模型可以分为四个层次：应用层（Application Layer）、传输层（Transport Layer）、网际层（Internet Layer）、网络接口层（Host-to-Network Layer）。

从实现的功能角度来看，TCP/IP 参考模型的应用层与 OSI 参考模型的应用层、表示层、会话层对应，TCP/IP 参考模型的传输层与 OSI 参考模型的传输层对应，TCP/IP 参考模型的

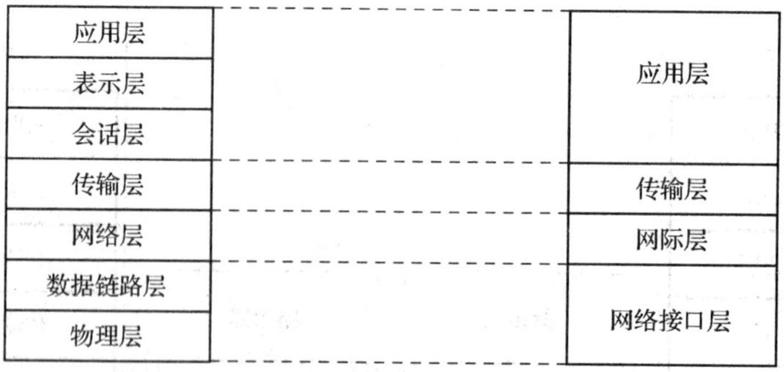

OSI 参考模型	TCP/IP 参考模型
应用层	应用层
表示层	
会话层	
传输层	传输层
网络层	网际层
数据链路层	网络接口层
物理层	

图 4-5 TCP/IP 参考模型与 OSI 参考模型的对应关系

网际层与 OSI 参考模型的网络层对应，TCP/IP 参考模型的网络接口层与 OSI 参考模型的数据链路层和物理卖劲对应。

(2) TCP/IP 参考模型各层的主要功能

① 网络接口层

在 TCP/IP 参考模型中，网络接口层是参考模型的最低层，它负责通过网络发送和接收 IP 数据报。TCP/IP 参考模型允许主机联入网络时使用多种现成的与流行的协议，例如局域网协议或其他一些协议。在 TCP/IP 参考模型的主机-网络层中，它包括各种类型的物理网协议，如局域网的 Ethernet 与 Token Ring、分组交换网的 X. 25 等。当这种物理网被用作传送 IP 数据包的通道时，就可以认为是这一层的内容。这体现了 TCP/IP 协议的兼容性与适应性，它也为 TCP/IP 的成功奠定了基础。

② 网际层

在 TCP/IP 参考模型中，网际层(也称为互联网络层)是参考模型的第二层，它相当于 OSI 网络层的无连接网络服务。网际层负责将源主机的报文分组发送到目的主机，源主机与目的主机可以在一个网络中，也可以在不同网络中。

网际层的主要功能包括以下几点：

- 来自传输层的分组发送请求。在收到分组发送请求之后，将分组装入 IP 数据报，填充报头，选择发送路径，然后将数据报发送到相应的网络输出线。
- 处理接收的数据包。在接收到其他主机发送的数据包之后，检查目的地址。如需要转发，则选择发送路径，转发出去；如目的地址为本结点 IP 地址，则除去报头，将分组交送传输层处理。
- 处理互联的路由选择、流控与拥塞问题。

在 TCP/IP 参考模型中网络层协议是 IP(Internet Protocol)协议。IP 协议是一种不可靠无连接的数据包传送服务的协议，它提供的是种“尽力而为”(Best-Effort)服务，IP 协议的协议数据单元是 IP 分组。

(3) 传输层

在 TCP/IP 参考模型中，传输层是参考模型的第三层，它负责在应用进程之间建立端到端通信。传输层用来在源主机与目的主机的对等实体之间建立用于会话的端到端连接。从这点上来说，TCP/IP 参考模型与 OSI 参考模型的传输层功能相似。

在 TCP/IP 参考模型中的传输层，定义了两种协议：传输控制协议(Transmission Control Protocol，TCP)和用户数据报协议(User Datagram Protocol，UDP)。

① TCP 是一种可靠的面向连接的协议，它允许将一台主机的字节流无差错地传送到目的主机。TCP 将应用层的字节流分成多个字节段，然后将每个字节段传送到互联层，发送到目的主机。当互联层将接收到的字节段传送给传输层时，传输层将多个字节段还原成字节流传送到应用层。TCP 协议需要完成流量控制功能，协调收发双方的发送与接收速度，以达到正确传输的目的。

② UDP 是一种不可靠的无连接协议，它主要用于不要求分组顺序到达的传输中，分组传输顺序检查与排序由应用层完成。

(4) 应用层

在 TCP/IP 参考模型中，应用层是参考模型的最高层。应用层包括了所有的高层协议，并且总是不断有新的协议加入。目前，应用层协议主要有远程登录协议（Telnet）、文件传送协议（File Transfer Protocol，FTP）、简单邮件传输协议（Simple Mail Transfer Protocol，SMTP）、域名系统（Domain Name System，DNS）、超文本传输协议（Hyper Text Transfer Protocol，HTTP）等。

4.2.3　网络连接设备与传输介质

1. 网络连接设备

网络连接设备是把网络中的通信线路连接起来的各种设备的总称，这些设备包括中继器、集线器、交换机、网关和路由器等设备。图 4－6 为不同层次的网络连接设备。

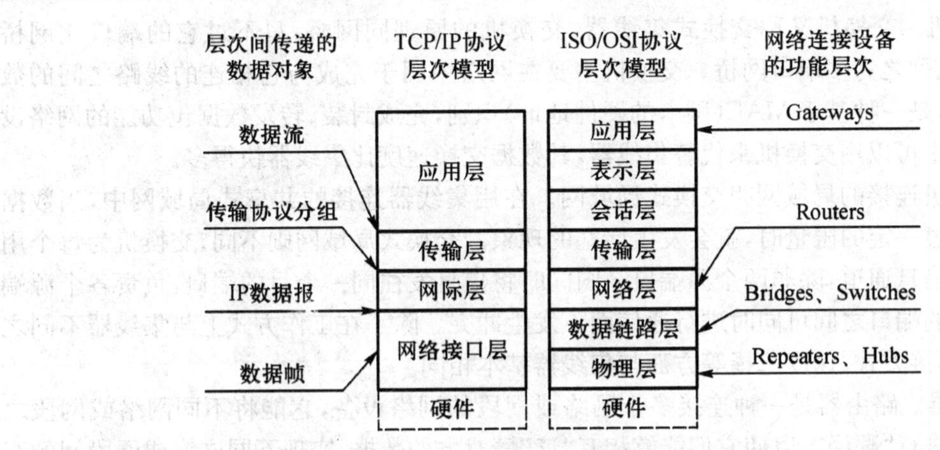

图 4－6　不同层次的网络连接设备

(1) 物理层。中继器（Repeater）和集线器（Hub），用于连接物理特性相同的网段，这些网段只是位置不同而已。Hub 的端口没有物理和逻辑地址。

(2) 数据链路层。网桥（Bridge）和交换机（Switch），用于连接同一逻辑网络中物理层规范不同的网段，这些网段的拓扑结构和其上的数据帧格式都可以不同。Bridge 和 Switch 可以识别端口上所连设备的物理地址，但不能识别逻辑地址。

(3) 网络层。路由器（Router），用于连接不同的逻辑网络。Router 的每一个端口都有唯一的物理地址和所连网络分配的逻辑地址。

(4) 应用层。网关（Gateway），用于互联网络上使用不同协议的应用程序之间的数据通信，目前尚无硬件产品。

以下是常见的网络互联设备：

(1) 中继器。中继器(Repeater)是用来延长网络距离的互联设备。局域网络互联长度是有限制的,例如,在10 MB以太网中任何两个数据终端设备允许的传输通路最多由5个中继器、4个网段组成。Repeater可以增强线路上衰减的信号,它的两端既可以连接相同的传输媒体,也可以连接不同的传输媒体,如一头是同轴电缆,另一头是双绞线。

(2) 集线器。集线器(Hub)实际上就是一个多端口的中继器,它有一个端口与主干网相连,并有多个端口连接一组工作站。它应用于使用星型拓扑结构的网络中,连接多个计算机或网络设备。

集线器就是一种共享设备,本身不能识别目的地址,当同一局域网内的A主机给B主机传输数据时,数据包在以Hub为架构的网络上是以广播方式传输的,由每一台终端通过验证数据包头的地址信息来确定是否接收。也就是说,在这种工作方式下,同一时刻网络上只能进行传输一组数据帧的通信,如果发生碰撞还得重试。这种方式就是共享网络带宽。

中继器和集线器属于OSI和TCP/IP模型的最底层,即物理层,起到数字信号放大和中转的作用。网桥和交换机属于OSI和TCP/IP的第二层,即数据链路层。数据链路层的作用包括数据链路的建立、维护和拆除、帧包装、帧传输、帧同步、帧差错控制以及流量控制等。

(3) 网桥。网桥(Bridge)工作在数据链路层,根据MAC地址(物理地址)来转发帧,将两个局域网(LAN)连起来,可以看作是一个"低层的路由器"。它可以有效地连接两个LAN,使本地通信限制在本网段内,并转发相应的信号至另一网段。网桥通常用于连接数量不多的、同一类型的网段。

(4) 交换机。交换机又称交换式集线器,交换机的原理同网桥,只不过它的端口比网桥多,因此一般也称之为多端口网桥。交换机主要在网络中用于完成与它相连的线路之间的数据单元的交换,是一种基于MAC(网卡的硬件地址)识别,完成封装、转发数据包功能的网络设备。在局域网中可以用交换机来代替集线器,其数据交换速度比集线器快得多。

利用交换机连接的局域网叫交换式局域网。在用集线器连接的共享式局域网中,当数据和用户数量超过一定的限量时,就会发生堵塞的现象。交换式局域网则不同,交换机为每个用户提供专用的信息通道,除非两个源端口企图同时将信息发往同一个目的端口,负责各个源端口与各自的目的端口之间可同时进行通信而不发生冲突。除了在工作方式上与集线器不同之外,交换机在连接方式、速度选择等方面与集线器基本相同。

(5) 路由器。路由器是一种连接多个网络或网段的网络设备,它能将不同网络或网段之间的数据信息进行"翻译",以使它们能够相互"读"懂对方的数据,实现不同网络或网段间的互联互通,从而构成一个更大的网络。目前,路由器已成为各种骨干网络内部之间、骨干网络之间、一级骨干网和因特网之间连接的枢纽。校园网一般就是通过路由器连接到因特网上的。

路由器的工作方式与交换机不同,交换机利用物理地址(MAC地址)来确定转发数据的目的地址,而路由器则是利用网络地址(IP地址)来确定转发数据的地址。另外,路由器具有数据处理、防火墙及网络管理等功能。

(5) 网关。网关(Gateway)是一种复杂的网络连接设备,它工作在OSI的高三层(会话层、表示层和应用层),用于连接网络层之上执行不同协议的子网,组成异构的互联网。网关具有对不兼容的高层协议进行转换的功能。为了实现硬件、数据结构以及使用协议等不同的异构设备之间的通信,网关要对不同的传输层、会话层、表示层、应用层协议进行翻译和转换。

2. 网络传输介质

网络传输介质是网络中发送方与接收方之间的物理通路,它对网络的数据通信具有一定的影响。常用的传输介质有双绞线、同轴电缆、光纤、无线传输媒介。无线传输媒介是指信号通过空气传输,而不被约束在一个物理导体内,一般包括无线电波、微波及红外线等。

(1) 双绞线

双绞线(Twisted Pair,TP)是目前使用最广、价格相对便宜的一种传输介质,由两条相互绝缘的铜导线组成。这两条线绞在一起,可以减少对邻近线对的电气干扰,因为两条平行的金属线可以构成一个简单的天线,而双绞线则不会。

由若干对双绞线构成的电缆称为双绞线电缆。双绞线可以并排放在保护套中。目前双绞线电缆广泛应用于电话系统。几乎所有的电话机都是通过双绞线接到电话局的。在双绞线中传输的信号在几千米的范围内不需放大,但传输距离比较远时就必须使用放大器。

双绞线既能传输模拟信号,又能传输数字信号。用双绞线传输数字信号时,其数据传输率与电缆的长度有关,距离短时,数据传输率可能高一些。在几千米的范围内,双绞线的数据传输率可达 10 Mbps,甚至 100 Mbps,因而可以采用双绞线来构成价格便宜的计算机局域网。

双绞线的技术和标准都是比较成熟的,价格也比较低廉,而且双绞线电缆的安装也相对容易。双绞线电缆的最大缺点是对电磁干扰比较敏感,另外双绞线电缆不能支持非常高速的数据传输。

(2) 同轴电缆

同轴电缆(Coaxial Cable)也是一种常用的传输介质。同轴电缆中的材料是共轴的,同轴之名正是由此而来。外导体是一个由金属丝编织而成的圆形空管,内导体是圆形的金属芯线,内外导体之间填充着绝缘介质,内芯线和外导体一般都采用铜质材料,如图 4－7 所示。同轴电缆可以是单芯的,也可以是将多条同轴电缆安排在一起形成的同轴电缆。

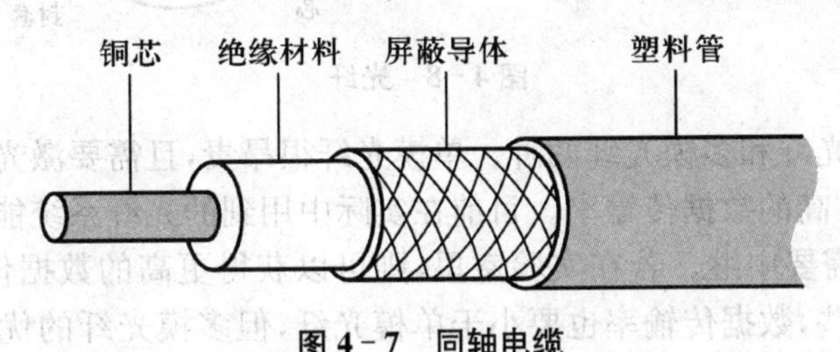

图 4－7　同轴电缆

可按不同的极性对同轴电缆进行分类。

① 按直径的不同可分为粗缆和细缆。

粗缆:传输距离长,性能好,但成本高,网络安装、维护困难,一般用于大型局域网的干线,使用时两端需要接上终接器。

细缆:与 BNC 网卡相连,两端装 50 Ω 的终端电阻。用 T 形头,T 形头之间的间距最小为 0.5 m。细缆网络每段干线长度最大为 185 m,每段干线最多接入 30 个用户。如采用 4 个中继器连接 5 个网段,网络最大距离可达 925 m。

② 按传输频带的不同分为基带同轴电缆和宽带同轴电缆。

基带同轴电缆主要用于传输数字信号,信号占整个信道,同一时间内能传送一种信号,可以作为计算机局域网的传输介质。基带同轴电缆的带宽取决于电缆长度。1 km 电缆可达到 10 Mbps的数据传输率,电缆增长,其数据传输率将会下降。短电缆可获得较高的数据传输率。

宽带同轴电缆用于传输模拟信号,可传送不同频率的信号。“宽带”这个词来源于电话业,是指比 4kHz 宽的频带。宽带电缆技术使用标准的闭路电视技术,可以使用的频带高达

900 MHz。由于其使用模拟信号,故可传输近 100 km,对信号的要求也远没有像对数字信号要求得那样高。

同轴电缆的低频串音及抗干扰性不如双绞线电缆,但当频率升高时,外导体的屏蔽作用加强,同轴电缆所受的外界干扰以及同轴电缆间的串音都将随频率的升高而减小,因而特别适用于高频传输。由于同轴电缆具有寿命长、频带宽、质量稳定、外界干扰小、可靠性高、维护便利、技术成熟等优点,而且其费用又介于双绞线与光纤之间,在光纤通信没有大量应用之前,同轴电缆在闭路电视传输系统中一直占主导地位。

(3) 光纤

随着光通信技术的飞速发展,人们已经可以利用光导纤维来传输数据。用光脉冲的出现表示 1,不出现表示 0。由于可见光所处的频段为 108 MHz 左右,因而光纤传输系统可以使用的带宽范围极大。事实上,目前的光纤传输技术使得人们可以获得超过 50 000 GHz 的带宽,今后将有可能实现完全的光交叉和光互连,即构成全光网络,那时网络的速度将成千上万倍地增加。

光纤传输系统由三个部分组成:光纤传输介质、光源和检测器。

光纤是圆柱形结构,如图 4-8 所示,它包含有纤芯和包层,纤芯直径为 5 μm～75 μm,包层的外直径约为 100 μm～150 μm,最外层是塑料,对纤芯起保护作用。

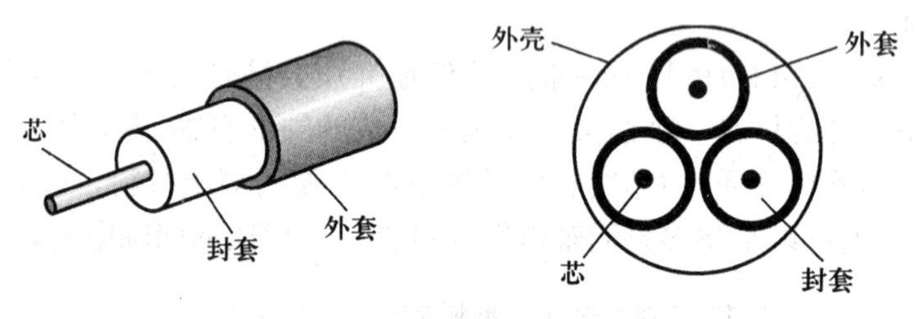

图 4-8 光纤

光纤一般有单模光纤和多模光纤两种。单模光纤很昂贵,且需要激光光源,但其传输距离非常远,且能获得非常高的数据传输率。目前在实际中用到的光纤系统能以 2.4 Gbps 的速率传输 100 km,而且不需要中继。若在实验室里,则可以获得更高的数据传输率。多模光纤相对来说传播距离要短些,数据传输率也要小于单模光纤,但多模光纤的优点在于价格便宜,并且可以用发光二极管作为光源。单模光纤与多模光纤的比较如表 4-1 所示。

表 4-1 单模光纤和多模光纤对比

项　目	单模光纤	多模光纤
距离	长	短
数据传输率	高	低
光源	激光	发光二极管
信号衰减小大	小	大
端接	较难	较易
造价	高	低

光纤支持十分高的带宽,因为它们仅受光的高频光子特性的限制,而不受电信号的低频特性限制。光纤通信的优点是频带宽、传输容量大、重量轻、尺寸小、不受电磁干扰和静电干扰、无串音干扰、保密性强、原料丰富、生产成本低。因此,由多条光纤构成的光缆已成为当前主要

发展的传输介质。

(4) 无线电波

信息时代的人们对信息的需求是多样的。很多人需要随时保持在线连接，他们需要利用笔记本计算机、掌上型计算机随时随地获取信息，对于用户的这些需求，双绞线、同轴电缆和光纤都无法满足，而无线介质可以解决这个问题。

无线电波的传播特性与频率有关。在低频上，无线电波能轻易地绕过一般障碍物，但其能量随着传播距离的增大而急剧衰减。在高频上，无线电波趋于直线传播并易受障碍物的阻挡，还会被雨水吸收。对于所有频率的无线电波来说，它很容易受到其他电子设备的各种电磁干扰。

(5) 微波

微波是指频率为300 MHz～300 GHz的电磁波，是无线电波中一个有限频带的简称，即波长在1 m(不含1 m)～1 mm之间的电磁波，是分米波、厘米波、毫米波和亚毫米波的统称。微波频率比一般的无线电波频率高，通常也称为"超高频电磁波"。

微波通信按所提供的传输信道可分为模拟和数字两种类型，分别简称为"模拟微波"与"数字微波"。目前，模拟微波通信主要采用频分多路复用技术和频移键控调制方式，其传输容量可达30～6 000个电话信道。

微波通信在传输质量上比较稳定，但微波在雨雪天气时会被吸收，从而造成损耗。与同轴电缆相比，由于微波通信的中继站数目比同轴电缆的增音站数目(在同轴电缆系统中，增音站间距为几千米)少得多，而且不需要铺设电缆，所以其成本低得多，在当前的长距离通信方面是一种十分重要的手段。微波通信的缺点是保密性不如电缆和光缆好，对于保密性要求比较高的应用场合需要另外采取加密措施。目前，数字微波通信被大量应用于计算机之间的数据通信。

(6) 红外线

红外线是太阳光线中众多不可见光线中的一种，又称为红外热辐射，在太阳光谱中，红光的外侧存在着看不见的光线，即红外线，它可以作为传输媒介。太阳光谱上红外线的波长大于可见光线，波长为0.75 μm～1 000 μm。红外线可分为三部分，即近红外线，波长在0.75 μm～1.50 μm之间；中红外线，波长在1.50 μm～6.0 μm之间；远红外线，波长在6.0 μm～1 000 μm之间。

4.2.4　网络拓扑结构

计算机网络拓扑结构是指网络中的通信设备和通信链路所组成的几何形状。计算机网络的拓扑结构按形状通常可以分为以下几种类型：星形、总线形、环形、树形、网状形和混合型拓扑结构。

1. 星形拓扑结构

星形拓扑结构如图4－9所示，网络中的每个结点都由一条点到点链路连接到一个功能较强的中心结点(集线器或交换机)，各个结点之间不能直接通信，而要通过中心结点采用存储转发技术才能实现两个结点之间的数据帧的传输。目前，在局域网系统中普遍采用星形拓扑结构。

星形拓扑结构的优点是：网络结构简单，便于安装、管理和维护；采用集线器或交换机进行级联，易于扩展和升级。其缺点是：通信线路专用，需要大量的连接电缆，成本较高；中心结点是网络可靠性的“瓶颈”,一旦出现故障,会导致全网瘫痪。

2. 总线形拓扑结构

总线形拓扑结构如图4-10所示,网络上的所有结点采用一条单根的通信线路(总线)作为传输信道,所有结点通过相应的接口直接连接到总线上。总线型拓扑结构的网络采用广播技术进行通信,即一个结点发出的信息可被网络上的多个结点接收,每个结点接收到信息后,先分析该信息中的目的地址是否与本机地址相同,如果相同就接收,否则忽略。由于所有结点共享同一条公共通道,所以在任何时候只允许一个结点发送数据。

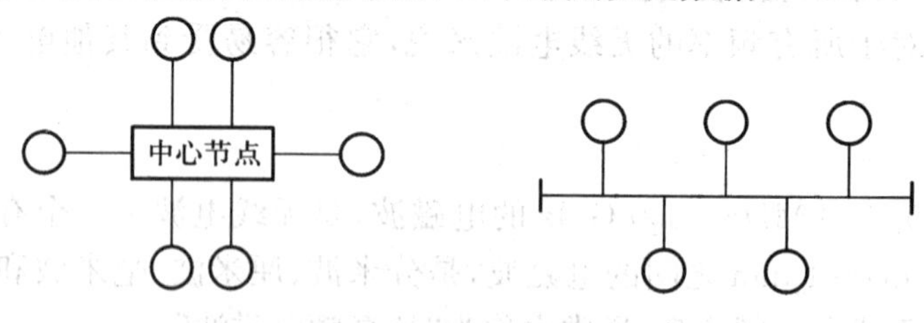

图4-9 星形拓扑结构　　图4-10 总线形拓扑结构

总线形拓扑结构的优点是:一般采用同轴电缆连接,不需要中继设备,建网成本较低;网络结构简单灵活,可扩充性较好,安装使用方便。其缺点是:采用广播传输方式,网络效率和带宽利用率较低;某个结点故障或者总线电缆的断裂都会导致整个网络瘫痪,而且进行故障点的排查较为困难。

3. 环形拓扑结构

环形拓扑结构如图4-11所示,网络上的所有结点通过环结点连在一个首尾相接的闭合的环形通信线路中,称为环形拓扑结构。环形拓扑结构有两种类型:单环结构和双环结构。令牌环网(Token Ring)采用单环结构,而光纤分布式数据接口(Fiber Distributed Data Interconnect,FDDI)是双环结构的典型代表。

环形拓扑结构的优点是:各个工作站之间没有主从关系,结构简单;信息流在网络中沿环单向传递,延迟固定,实时性较好;两个结点之间仅有唯一的路径,简化了路径选择。其缺点是:可靠性差,任何线路或结点的故障都有可能引起全网故障,且故障检测困难;可扩充性较差。

4. 树形拓扑结构

树形拓扑结构如图4-12所示。树形拓扑结构是总线形和星形结构的扩展。在树形拓扑结构中,顶端由一个根结点,它带有分支,每个分支还可以有子分支,其几何形状像是一棵倒置的树,故得名树形拓扑结构。

树形拓扑结构的优点是:天然的分级结构,各结点按一定的层次连接;易于扩展;易进行故障隔离,可靠性高。其缺点是:对根结点的依赖性大,一旦根结点出现故障,将导致全网瘫痪。

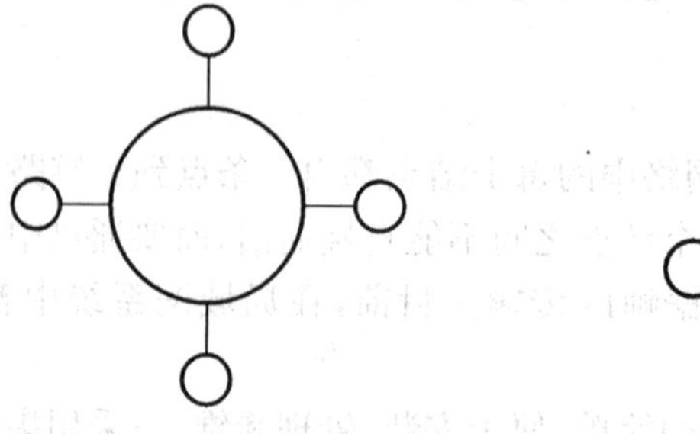

图4-11 环形拓扑结构　　图4-12 树形拓扑结构

5. 网状拓扑结构

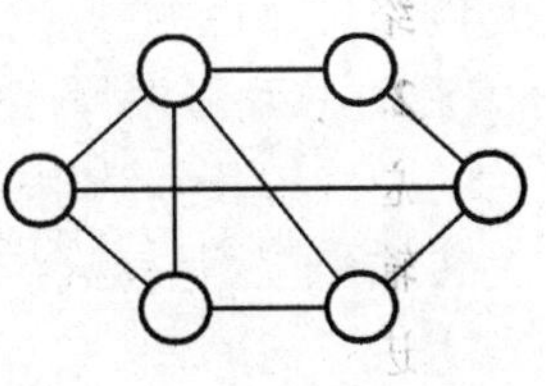

图 4-13　网状拓扑结构

网状拓扑结构如图 4-13 所示，在网状结构中，网络结点与通信线路互联成不规则的形状，结点之间没有固定的连接形式，一般每个结点至少与其他两个结点相连。目前一般在大型网络中采用这种结构。

网状结构的优点是：每个结点都有冗余链路，可靠性高；可选择最佳路径，减少时延，改善流量分配，提高网络性能。其缺点是：结构复杂，必须采用路由选择和流量控制方法；线路成本较高。

6. 混合型拓扑结构

混合型拓扑结构是由以上几种拓扑结构混合而成的，如星形总线形拓扑结构是由星形拓扑结构和总线型拓扑结构混合而成的，还有环星状拓扑结构等。

4.3　局域网与广域网

4.3.1　局域网

1. 局域网的定义

局域网(Local Area Network，LAN)是指在几十米到几千米范围内的计算机相互连接所构成的计算机网络。一个局域网可以容纳几台至几千台计算机。目前，计算机局域网被广泛应用于校园、工厂及企事业单位的个人计算机或工作站的组网方面。

局域网是一个通信网络，它仅提供通信功能。局域网包含了物理层和数据链路层的功能，所以连到局域网的数据通信设备必须加上高层协议和网络软件才能组成计算机网络。

局域网连接的是数据通信设备包括 PC、工作站、服务器等大、中小型计算机和智能终端设备以及各种计算机外围设备。

2. 局域网的特点

由于局域网传输距离有限，网络覆盖的范围小，因而具有以下主要特点：局域网覆盖的地理范围较小、数据传输率高(可到 10000 Mbps)、传输延时小、误码率低、价格便宜，一般是为某一单位或组织所拥有。

3. 局域网的发展趋势

局域网是一个开放的信息平台，可以随时集成新的应用。未来的局域网将集成包括一整套服务器程序、客户程序、防火墙、开发工具、升级工具等，给企业向局域网转移提供一个全面的解决方案。

随着无线局域网(WLAN)产品迅速发展并走向成熟，许多企业为了提高员工的工作效率，开始部署无线网络。包括中学及大学在内的许多学校也开始实施无线网络，随着家庭电脑的普及和住房装修的高档化，家庭无线网络也成为一个潜在的市场。

4. 局域网的基本原理

计算机局域网的逻辑组成如图 4-14 所示，它包括网络工作站(PC 机、平板电脑、智能手机等)、网络服务器、网络打印机、网络接口卡、传输介质(双绞线、光缆、无线电波等)、网络互连设备(集线器、交换机等)等。

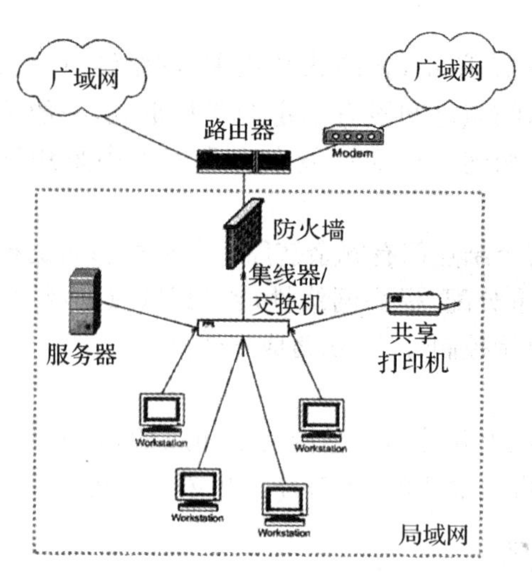

图 4－14　局域网的逻辑组成

网络上的每一台设备,包括网络工作站、服务器以及打印机等,它们都有自己的物理地址,以便相互区别,实现计算机之间的通信。

局域网采用分组交换技术,为了使网络上的计算机都能得到迅速而公平的数据传输机会,局域网要求每台计算机把传输的数据分成小块,称为“帧”(frame),一次只能传输 1 帧,而不允许任何计算机连续传输任意多的数据,这样来自多台计算机的不同的数据帧就以时分多路复用方式共享传输介质,显著提高了传输效率。

数据帧的格式如图 4－15 所示,其中除了包含需要传输的数据(称为“有效载荷”)之外,还必须包含发送该数据的源计算机地址和接收该数据帧的目的计算机地址。由于电子设备与传输介质很容易受到电磁干扰,所传输的数据可能会被破坏或漏失,为此帧中还需要附加一些校验信息随同数据一起进行传输,以供目的计算机在接收到数据之后验证数据传输是否正确,如果发现数据有错就要以向源计算机指出,以便源计算机将这一帧数据重新发送一次。

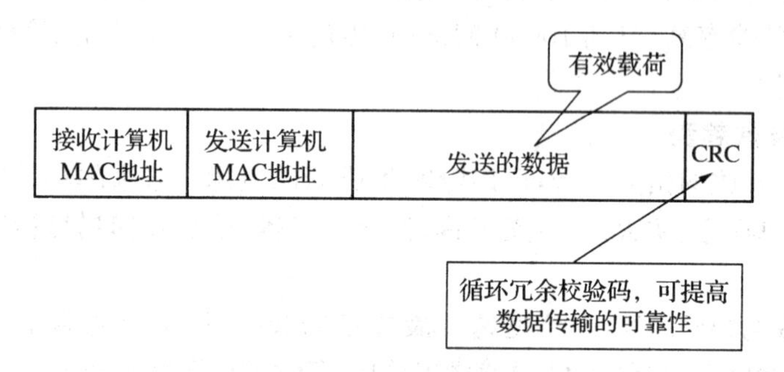

图 4－15　局域网中传输的数据帧格式

计算机通过网络接口卡(简称网卡)接入局域网,每块网卡都有一个全球唯一的地址来区分不同的计算机,该地址称为 MAC 地址(或称物理地址,是网卡出厂时由厂家固化在网卡上的),发送信息时,发送方要把接收方和发送方的 MAC 地址写在数据帧的头部。接收根据接收到数据帧头部的目标 MAC 地址和自己的地址比较,来确定自己是否接收该数据。

局域网有若干类型,不同类型的局域网其 MAC 地址的规定和数据帧的格式不尽相同,因此接入不同类型的网络需要不同类型的网卡。目前,最常用的网卡是以太网卡。

5. 常用的局域网

目前，常见的局域网类型有以太网(Ethernet)、光纤分布式数据接口(Fiber Distributed Data Interface，FDDI)、异步传输模式(Asynchronous Transfer Mode，ATM)、令牌环网(Token Ring)、交换网 Switching 等。它们在拓扑结构、传输介质、传输速率、数据格式等多方面都有不同。其中，应用最广泛的当属以太网，是目前发展最迅速、最经济的局域网。

(1) 以太网

以太网(Ethernet)是 Xerox、Digital Equipment 和 Intel 三家公司联合开发的局域网组网规范，并于 20 世纪 80 年代初首次出版，称为 DIX1.0。1982 年修改后的版本为 DIX2.0。这三家公司将此规范提交给 IEEE(美国电子电气工程师协会)802 委员会，经过 IEEE 成员的修改通过，成为 IEEE 的正式标准，并编号为 IEEE802.3。Ethernet 和 IEEE802.3 虽然有很多规定不同，但 Ethernet 的术语通常被认为是与 IEEE 802.3 兼容的。IEEE 将 802.3 标准提交国际标准化组织(ISO)第一联合技术委员会(JTC1)，经过再次修订之后，成为国际标准 ISO8802.3。

以太网分为共享式以太网、交换式以太网、千(万)兆位以太网和无线局域网等，是现在最常用的局域网。

(2) FDDI 网络

光纤分布数据接口(Fiber Distributed Data Interface，FDDI)是目前成熟的 LAN 技术中传输速率最高的一种，是一种使用光纤作为传输介质的、高速的、通用的环形网络。这种传输速率高达 100 Mb/s 的网络技术所依据的标准是 ANSIX3T9.5。该网络具有定时令牌协议的特性，支持多种拓扑结构。

(3) ATM 网络

随着人们对集话音、图像和数据为一体的多媒体通信需求的日益增加，特别是为了适应今后信息高速公路建设的需要，人们又提出了宽带综合业务数字网(B-ISDN)这种全新的通信网络，而 B-ISDN 的实现需要一种全新的传输模式，即 ATM。在 1990 年，国际电报电话咨询委员会(CCITT)正式建议将 ATM 作为实现 B-ISDN 的一项技术基础，这样以 ATM 为机制的信息传输和交换模式也就成为电信和计算机网络操作的基础和 21 世纪通信的主体之一。

ATM 是目前网络发展的最新技术，它采用基于信元的异步传输模式和虚电路结构，从根本上解决了多媒体的实时性及带宽问题。为实现面向虚链路的点到点传输，它通常提供 155 Mbps的带宽。它既汲取了话务通信中电路交换的“有连接”服务和服务质量保证，又保持了以太网、FDDI 等传统网络中带宽可变、适于突发性传输的灵活性，从而成为迄今为止适用范围最广、技术最先进、传输效果最理想的网络互联手段之一。

ATM 技术具有如下特点：① 实现网络传输“有连接”服务，实现服务质量保证；② 交换吞吐量大、带宽利用率高；③ 具有灵活的组网拓扑结构和负载平衡能力，伸缩性、可靠性极高；④ ATM是现今唯一可同时应用于局域网、广域网的网络技术，它将局域网与广域网技术统一。

(4) 其他局域网

令牌环是 IBM 公司于 20 世纪 80 年代初开发成功的一种网络技术。之所以称为环，是因为这种网络的物理结构具有环的形状。环上有多个站逐个与环相连，相邻站之间是一种点对点的链路，因此令牌环与广播方式的 Ethernet 不同，它是一种顺序向下一站广播的 LAN。与 Ethernet 不同的另一个特点是：即使负载很重，仍具有确定的响应时间。

令牌环主要用于广域网和城域网及大型局域网的主干部分，其操作系统大多使用大家都不熟悉的UNIX，组建的管理非常繁琐，一般由专业人员来完成。

4.3.2 广域网

1. 广域网的结构与特点

广域网通常跨接很大的物理范围，它能连接多个城市或国家并能提供远距离通信。通常广域网的数据传输速率比局域网低，信号的传播延迟也比局域网要大得多。

广域网是由许多交换设备组成的，交换设备之间采用点到点线路连接，几乎所有的点到点通信方式都可以用来建立广域网，包括租用线路、光纤、微波、卫星信道等。广域网一般最多只包含OSI参考模型的底下三层，而且目前大部分广域网都采用存储转发方式进行数据交换。也就是说，广域网是基于报文交换或分组交换技术(传统的公用电话交换网除外)的网络。广域网中的交换机先将发送给它的数据包完整接收下来，然后经过路由选择找出一条输出线路，最后交换机将接收到的数据包发送到该线路上去，直到将数据包发送到目的结点为止。

2. 广域网交换原理

广域网可以提供面向连接和无连接两种服务模式。对应于这两种服务模式，广域网有虚电路(Virtual Circuit)方式和数据报(Datagram)两种组网方式。

(1) 虚电路方式

对于采用虚电路方式的广域网，源结点要与目的结点进行通信之前，首先必须建立一条从源结点到目的结点的虚电路(即逻辑连接)，然后通过该虚电路进行数据传送，当数据传输结束时，释放该虚电路。

虚电路技术的主要特点是在数据传送以前必须在源端和目的端之间建立一条虚电路。

(2) 数据报方式

在数据报方式下，交换机只需要用一张表来指明到达所有可能的目的端交换机的输出线路，而不必登记每条打开的虚电路。由于数据报方式中每个报文都要单独寻址，因此要求每个数据报包含完整的目的地址。

虚电路方式与数据报方式之间的差别在于：虚电路方式为每一对结点之间的通信预先建立一条虚电路，后续的数据通信沿着建立好的虚电路进行即可，交换机不必为每个报文进行路由选择；而在数据报方式中，每个报文的路由选择独立于其他报文，每一个交换机必须为每一个进入的报文进行一次路由选择。

2. 常用的广域网

常用的广域网包括公用电话交换网(PSTN)、分组交换网(X. 25)、数字数据网(DDN)、异步传输模式(ATM)和SDH。

(1) PSTN

公共电话交换网(Public Switched Telephone Network，PSTN)是以电路交换技术为基础的用于传输模拟话音的网络。目前，全世界的电话数量巨大，并且还在不断增长。要将如此之多的电话连在一起并能很好地工作，唯一可行的办法就是采用分级交换方式。

电话网一般由本地回路、干线和交换机三个部分组成。其中干线和交换机一般采用数字传输和交换技术，而本地回路(也称用户环路)基本上采用模拟线路。由于PSTN的本地回路是模拟的，因此当两台计算机要通过PSTN传输数据时，中间必须经双方的Modem实现计算机数字信号与模拟信号的相互转换。

但由于 PSTN 线路的传输质量较差，而且带宽有限，再加上 PSTN 交换机没有存储功能，因此 PSTN 只能用于对通信质量要求不高的场合。目前，通过 PSTN 进行数据通信的最高速率不超过 56 Kbps。

(2) X. 25

利用分组交换技术建立的数据通信网称为分组交换网，由于它主要采用 ITU - TX. 2X 协议，因此，故称为 X. 25 网。从 ISO/OSI 体系结构来看，X. 25 对应于 OSI 参考模型底下的物理层、数据链路层和网络层。

X. 25 是面向连接的，它支持交换虚电路（Switched Virtual Circuit，SVC）和永久虚电路（Permanent Virtual Circuit，PVC）。X. 25 还提供流量控制机制，以防止快速的发送方淹没慢速的接收方。X. 25 网络可以在一条物理电路上同时开放多条虚电路供多个用户同时使用，具有动态路由功能和复杂完备的误码纠错功能，这是其最突出的优点。X. 25 网络提供的数据传输率一般为 64 Kbps。X. 25 分组交换网可以满足不同速率和不同型号的终端与计算机、计算机与计算机间以及局域网之间的数据通信。

(3) DDN

数字数据网（Digital Data Network，DDN）是一种利用数字信道提供数据通信的传输网，一般由数字通道、DDN 结点、网管系统和用户环路四部分组成。DDN 的传输介质主要有光纤、数字微波、卫星信道等。DDN 采用了计算机管理的数字交叉连接（Data Cross Connection，DXC）技术，为用户提供半永久性连接电路，即 DDN 提供的信道是非交换、用户独占的永久虚电路（PVC）。一旦用户提出申请，网络管理员便可以通过软件命令改变用户专线的路由或专网结构，而无需经过物理线路的改造扩建工程，因此，DDN 极易根据用户的需要，在约定的时间内接通所需带宽的线路。

DDN 可以为用户提供点到点及点到多点的数字专线或专网。点到点的专线业务是 DDN 基本的业务。从用户角度来看，租用一条点到点的专线就是租用了一条高质量、高带宽的数字信道。

(4) ATM

异步传输模式（Asynchronous Transfer Mode，ATM）网络的结构与传统的广域网一样，由电缆和交换机构成。ATM 网络目前支持的数据传输率主要是 155 Mbps 和 622 Mbps 两种，今后可能达到 10 亿 bps（Gbps）数量级的传输速率。ATM 网络为实现高速的数据交换奠定了基础。

(5) SDH

SDH 是一种同步的数字传输网络。SDH 有很多突出的优点：

① 在 SDH 中，不同传输速率的数字信号的复接和分接变得非常简单，只需利用软件即可从高速信号中一次分接出低速信号，既简化了操作步骤，又便于通信系统的扩容和升级，尤其适合于高速大容量的光纤传输系统。

② SDH 的基本传输模块可以包容目前世界上几种主要的传输系列，便于各个国家的互通。

③ SDH 对网络接口接点进行了统一的规范，可以在同一网络上使用不同厂家的设备，具有很好的横向兼容性。

④ SDH 设备是智能化的设备，又在帧结构中安排了丰富的、用于管理的开销比特（大约占信号的 5%），使网络的运行、管理和维护能力大大加强，加大了组网的灵活性，提高了网络

的效率和可靠性。

⑤ SDH的营运费较低,具有较好的经济效益。

⑥ SDH支持异步传输,便于向宽带综合信息网过渡。

SDH也有一些缺点,例如,频带利用率较低、技术比较复杂,以及由于大规模采用软件控制容易造成人为因素、计算机病毒等引起的网络故障等。

4.4 因特网及其应用

4.4.1 Internet的发展

因特网(Internet)的前身是美国国防部高级研究计划局(ARPA)主持研制的阿帕网(ARPA net)。ARPA net于1969年正式启用,当时仅连接了4台计算机,以供科学家们进行计算机联网实验。到20世纪70年代,ARPA net已经有了好几十个计算机网络,但是每个网络只能在网络内部的计算机之间互联通信,不同计算机网络之间仍然不能互通。为此,ARPA又设立了新的研究项目,该研究的主要内容是试图用一种新的方法将不同的计算机局域网互联,形成"互联网(Internetwork)",简称"Internet"。此后,这个名词就一直沿用到现在。

Internet经历了研究网、运行网和商业网三个发展阶段。Internet正以当初人们始料不及的惊人速度向前发展,已经构成全球信息高速公路的雏形和未来信息社会的蓝图,它的意义在于它提供了一种全新的全球性的信息基础设施。

纵观Internet的发展史,可以看出Internet的发展趋势主要表现在如下几个方面:

(1) 运营产业化

当今世界正向知识经济时代迈进,信息产业已经发展成为世界发达国家的新的支柱产业,成为推动世界经济高速发展的新的原动力,并且广泛渗透到各个领域,特别是近几年来国际互联网及其应用的发展,从根本上改变了人们的思想观念和生产生活方式,以Internet运营为产业的企业迅速崛起,并推动了各行各业的发展,成为知识经济时代的一个重要标志之一。

(2) 应用商业化

随着Internet对商业应用的开放,它已成为一种十分出色的电子化商业媒介。众多公司、企业不仅把它作为市场销售和客户支持的重要手段,而且将其作为传真、快递及其他通信手段的替代品,借以与全球客户保持联系并降低日常的运营成本。

(3) 互联全球化

早期的Internet主要是限于在美国国内的科研机构、政府机构及其盟国范围内使用。时至今日,Internet的发展推动了世界性的信息高速公路建设热潮,各个国家都在以最快的速度接入Internet。

(4) 互联宽带化

随着网络基础的改善、用户接入方面新技术的采用、接入方式的多样化和运营商服务能力的提高,Internet逐步宽带化,从而促进更多的应用在网上实现,并能满足用户多方面的网络需求。

(5) 多业务综合平台化、智能化

随着信息技术的发展,Internet将成为图像、话音和数据等的多种媒体交互业务的综合平台,并与电子商务、电子政务、电子公务、电子医务、电子教学等交叉融合,推动着信息技术产业的不断发展。

4.4.2 Internet 的层次结构与 TCP/IP

1. Internet 的层次结构

总体来说，有两种方式可实现网络互联：一种是利用应用程序，即应用级互联；另一种是利用操作系统，即网络级互联。

(1) 应用级互联

早期的异构网络互联是通过应用程序完成的。用协议转换的观点来说，在这种互联网中，除了应用层协议外，其他各层协议都不相同。应用程序必须了解本机与网络连接的所有内部细节，并直接通过网络与其他应用程序通信，即应用程序直接建立在物理网络上而无中间协议。

随着网络互联技术的发展，应用级互联技术已很少使用。其具有如下缺点：① 在网络系统中增加新的功能时要为网络中的每台机器编写新的应用程序；② 增加新的硬件时要修改旧的应用程序；③ 每个应用程序都必须处理本机与网络连接的细节，导致代码重复；④ 当互联网络达到一定规模时，要为所有机器编写应用程序几乎是不可能的；⑤ 由于采用点到点的存储转发通信方式，当网络中的某个中间结点的应用程序出错时，发送方和接收方既无法不知道也无法控制。

(2) 网络级互联

网络级互联提供一种机制，即实时地把用户数据分组从源端发送到目的端。在网络级互联中，用户(应用程序)直接感受到的是 Internet 所提供的分组交换服务，而不是网络连接。网络级互联通过分组交换机制将底层物理网络硬件细节隐藏起来，避免了应用级互联的一些弊端。

网络级互联有如下优点：① 这种互联技术直接映射到底层网络硬件，因此十分高效；② 网络级互联把数据包传递功能从应用程序中分离出来，允许网络中的每台机器只需要处理与数据包传递有关的操作即可；③ 网络级互联使得整个互联网络的系统更加灵活；④ 网络互联模式允许网络管理人员通过修改或增加某些网络软件就能在互联网中加入新的网络技术，而对应用程序而言并不需要做任何改变。

2. TCP/IP

TCP/IP 是目前最成功、使用最频繁的互联协议。TCP/IP 同由网际互联协议 IP 和传输控制协议 TCP 共同组成，这两个协议相互配合，其中 IP 是基本的通信协议，TCP 是帮助 IP 实现可靠传输的协议。

TCP/IP 有一个非常重要的特点，就是开放性，即 TCP/IP 的规范和 Internet 的技术都是公开的，任何型号的计算机都能在 TCP/IP 的规范下相互通信，这使得 Internet 成为一个开放的系统，这正是 Internet 得以飞速发展的重要原因。虽然现在已有许多协议都适用于互联网，但只有 TCP/IP 最突出，因为它在网络互联中得到最为广泛的应用。

TCP/IP 并不完全符合 OSI 的七层参考模型。传统的开放式系统互联参考模型，是一种通信协议的七层抽象的参考模型，其中每一层执行某一特定任务。该模型的目的是使各种硬件在相同的层次上相互通信。这七层分别是：物理层、数据链路层、网路层、传输层、会话层、表示层和应用层。而 TCP/IP 通信协议采用了四层的层级结构，每一层都呼叫它的下一层所提供的网络来完成自己的需求。

(1) TCP/IP 四层结构

① 应用层：应用程序之间沟通的层，如简单的电子邮件传输协议(SMTP)、文件传输协议

(FTP)、网络远程访问协议(Telnet)等。

② 传输层:在此层中,提供了结点间的数据传送服务,如传输控制协议(TCP)、用户数据报协议(UDP)等,TCP和UDP给数据包加入传输数据并把它传输到下一层中,这一层负责传送数据,并且确定数据已送达并被接收。

③ 网际层:负责提供基本的数据封包传送功能,让每一块数据包都能够到达目的主机(但不检查是否被正确接收),如网际协议(IP)。

④ 网络接口层:对实际的网络媒体的管理,定义如何使用实际网络(如Ethernet、Serial Line等)来传送数据。

(2) TCP/IP基本原理

① IP。国际互联网协议(Internet Protocol,IP)是TCP/IP的核心,也是网络层中最重要的协议。IP层接收由更低层(如网络接口层)发来的数据包,并把该数据包发送到更高层——TCP或UDP层。相反,IP层也可以把从TCP或UDP层接收来的数据包传送到更低层。IP数据包中含有发送它的主机的地址(源地址)和接收它的主机的地址(目的地址)。

高层的TCP和UDP服务在接收数据包时,通常假设包中的源地址是有效的。IP地址形成了许多服务的认证基础,这些服务相信数据包是从一个有效的主机发送来的。IP确认包含一个选项(IP source routing),可以用来指定一条源地址和目的地址之间的直接路径。对于一些TCP和UDP的服务来说,使用了该选项的IP包好像是从路径上的最后一个系统传递过来的,而不是来自于它的真实地点。这个选项是为了测试而存在的,说明了它可以被用来欺骗系统来进行平常是被禁止的连接。那么,许多依靠IP源地址做确认的服务将产生问题并且会被非法入侵。

② TCP。如果IP数据包中有已经封好的TCP数据包,那么IP将把它们向上传送到TCP层。TCP将包排序并进行错误检查,同时实现虚电路间的连接。TCP数据包中包括序号和确认,所以未按照顺序收到的包可以被排序,而损坏的包可以被重传。

TCP将它的信息送到更高层的应用程序,应用程序再轮流将信息送回TCP层,TCP层便将它们向下传送到IP层,最后到接收方。

③ UDP。UDP与TCP位于同一层,但UDP不被应用于那些使用虚电路的面向连接的服务,UDP主要用于那些面向查询——应答的服务,例如NFS。相对于FTP或Telnet来说,这些服务需要交换的信息量较小。使用UDP的服务包括NTP(网络时间协议)和DNS(DNS也使用TCP)。

④ ICMP。ICMP与IP位于同一层,它被用来传送IP的控制信息,提供有关通向目的地址的路径信息。ICMP的Redirect信息通知主机通向其他系统的更准确的路径,而Unreachable信息则指出路径有问题。另外,如果路径不可用了,ICMP可以使TCP连接终止。PING是最常用的基于ICMP的服务。

⑤ TCP和UDP的端口结构。TCP和UDP服务通常有一个客户/服务器的关系。例如,一个Telnet服务进程开始在系统上处于空闲状态,等待着连接,用户使用Telnet客户程序与服务进程建立一个连接,然后客户程序向服务进程写入信息,服务进程读出信息并发出响应,客户程序读出响应并向用户报告。因而这个连接是双工的,可以用来进行读写。

两个系统间的多重Telnet连接是如何相互确认并协调一致呢?TCP或UDP连接唯一对每个信息中的源IP地址(发送包的IP地址)、目的IP地址(接收包的IP地址)、源端口(源系统上的连接的端口)、目的端口(目的系统上的连接的端口)四项进行确认。

4.4.3　IP地址与域名

1. IP地址

在Internet中连接了很多类型的计算机网络，接入了成千百万台计算机，即主机。为了区分它们，每一台主机都被分配一个地址作为在网络中的标识，这个地址即为IP地址。IP是Internet Protocol(国际互联网协议)的缩写。

根据第四版IP协议(IPv4)中的标准，目前IP地址是由Internet服务提供商(ISP)分配给Internet用户的。IP地址为一个32位(bit)的二进制数，可分为每段8位(1个字节)的4段，为了便于读写，常将这4个字节转换为4个十进制数来表示，之间用小数点分隔，称为点分十进制(Dotted Decimal Notation)。每个IP地址包括两大部分：网络号和主机号，网络号用来标识某一个逻辑网络，主机号用来标识该网络中的主机编号。IP根据网络的不同，将IP地址的网络号范围分成了五大类：A类、B类、C类、D类和E类。其中A、B、C三类地址主要用于分配给接入Internet的计算机或网络设备使用；D类地址为多点广播地址，用于信息的广播或组播；E类地址为保留地址，留待未来需要时再进行分配。

A类地址，最高位为0，向右7位为网络号，其余24位为主机号。

B类地址，最高两位为10，向右14位为网络号，其余16位为主机号。

C类地址，最高三位为110，向右21位为网络号，其余8位为主机号。

D类地址，最高四位为1110，此类地址不被分配给任何网络，留作网络多点广播使用。

E类地址，最高五位为11110，此类地址为保留使用地址，目前暂时为分配使用。

在所有的IP地址中有一些是有特殊用途的，这些地址不被分配给任何计算机使用。如主机号全为0的IP地址称为网络地址，用来标识这个物理网络，不代表任何位于该网络中的主机；主机号全为1的IP地址称为直接广播地址，当向这一地址发送数据包时，该数据包将被发送给这一网络地址所在网络中的所有主机。

在点分十进制下，各类IP地址范围如下：

A类地址，1.0.0.0～127.255.255.255

B类地址，128.0.0.0～191.255.255.255

C类地址，192.0.0.0～223.255.255.255

D类地址，224.0.0.0～239.255.255.255

E类地址，240.0.0.0～247.255.255.255

2. 域名

由于IP地址全是数字，为了便于用户记忆，Internet上引进了域名服务系统(Domain Name System，DNS)。当键入某个域名的时候，这个信息首先到达提供此域名解析的服务器上，再将此域名解析为相应网站的IP地址，完成这一任务的过程就称为域名解析。

简单地说，域名就是Internet上主机的名字，它采用层次结构，每一层构成一个子域名，子域名之间用圆点隔开，自左至右级别不断升高，子域的个数不超过5个，最高域名也叫顶级域名。

顶级域名有两种：一种是国家和地区顶级域名，这一类域名是根据国家和地区标识代码为各个国家和地区分配的域名，目前有200多个国家和地区申请了这一类域名；另一种是国际顶级域名，这是Internet建立域名系统之初，按照网络服务功能不同所划分的顶级域名。常见的国际顶级域名有“.com”(商业组织)“.net”(网络服务)“.edu”(教育部门)“.gov”(政府部门)

“.int”(国际组织)“.org”(非盈利性组织)等,随着 Internet 的不断发展,近年来又增加了“.biz”(商务网站)“.mobi”(手机网站)“.info”(信息网站)等。

4.4.4 统一资源定位器

统一资源定位器(Uniform Resource Locator,URL)也称为网页地址,是因特网上用于标识每一个 Internet 资源提供者的地址。

统一资源定位器由三个部分构成:访问协议、主机标识及访问端口、资源路径和文件名。它的一般形式为:“访问协议://主机标识[:端口号]/(路径/文件名)。

(1) 访问协议:是用来指出访问该资源所需要使用的应用层协议。例如,“file://”表示资源是本地计算机上的文件;“FTP://”表示通过 FTP 访问资源;“HTTP://”表示通过 HTTP 访问该资源。

(2) 主机标识:可以是主机域名或 IP 地址,用来指出该资源所在的主机地址。

(3) [:端口号]:用于指定访问该资源所应使用的特定端口。因为大多数应用协议都有标准访问端口,一般不需要说明,而对于某些特殊的应用或出于安全性的考虑,可以改变应用服务的端口号,因此访问时需要在 URL 中添加相应的端口号。

(4) 路径/文件名:指明服务器上某资源的位置,格式与 DOS 系统中的格式一样,通常由“目录/子目录/文件名”结构组成。与端口一样,路径并非总是需要的。

4.4.5 Internet 的接入方式

随着 Internet 的发展和普及,众多的单位和个人需要接入到 Internet,目前主要由城域网来承担接入 Internet 用户的任务。城域网一方面与国家主干网络相连接,另一方面通过各个 ISP 向用户提供 Internet 接入服务。不同的 ISP 向用户提供了不同的 Internet 接入方式,用户可以通过电话线、有线电视电缆、光缆、无线电波等传输介质应用不同的通信技术接入到 Internet 中。常见的接入方式有电话拨号、一线通、ADSL、Cable Modem、光缆+局域网以及无线局域网等,随着第四代(4G)移动通信网络的建立,通过移动通信网络接入到 Internet 也将成为一种流行的接入方式。

1. PSTN 拨号

这种接入方式是大家非常熟悉的一种接入方式。相关知识 4.3.2 节已作介绍。

2. ISDN 拨号

综合业务数字网 (Integrated Service Digital Network,ISDN)接入技术俗称“一线通”,它采用数字传输和数字交换技术,将电话、传真、数据、图像等多种业务综合在一个统一的数字网络中进行传输和处理。用户使用 ISDN 需要专用的终端设备,主要由网络终端 NT1 和 ISDN 适配器组成。目前 ISDN 的极限带宽为 128 Kbps。

3. ADSL

非对称数字用户环路 (Asymmetrical Digital Subscriber Line,ADSL)是一种能够通过普通电话线提供宽带数据业务的技术,也是目前极具发展前景的一种接入技术。因其下行速率高、频带宽、性能优、安装方便、不需交纳电话费等特点而深受广大用户喜爱,成为继 Modem、ISDN 之后的又一种全新的高效接入方式。

ADSL 方案的最大特点是不需要改造信号传输线路,可以利用普通铜质电话线作为传输介质,配上专用的 Modem 即可实现数据高速传输。ADSL 支持上行速率 640 Kbps~1 Mbps,

下行速率1 Mbps～8 Mbps，其有效的传输距离在3 km～5 km范围以内。在ADSL接入方案中，每个用户都有单独的一条线路与ADSL局端相连，它的结构可以看作是星形结构，数据传输带宽是由每一个用户独享的。

4. DDN专线

DDN主要面向集团企业用户。相关知识4.3.3节已作介绍。

5. Cable-modem

线缆调制解调器（Cable-Modem）利用现成的有线电视（CATV）网进行数据传输，是一种比较成熟的技术。随着有线电视网的发展壮大和人们生活质量的不断提高，通过Cable-Modem利用有线电视网访问Internet已成为越来越受用户青睐的一种接入方式。

6. 光纤接入

目前，有很多种光纤接入方式，例如，光纤到办公大楼（FTTB）、光纤到路边（FTTC）、光纤到用户小区（FTTZ）、光纤到用户家庭（FTTH）等。

7. 无线宽带

随着手机、掌上电脑、笔记本电脑的普及，人们对无线上网的需求越来越大。4G网络的普及，使无线上网的带宽越来越宽。

8. 卫星通信

卫星通过点到多点连接方式将ISP服务器直连到用户计算机，使各种用户均可利用空间数据通信的强大功能。卫星是通信系统的特殊单元，具有特殊的优点，特别是在多点宽带接入和分布式业务方面具有较强的优势。对于宽带接入，卫星提供可支持Gbps级的速率传输基本带宽。

4.4.6 Internet服务

Internet是目前世界上最大的互联网，它由大量的计算机信息资源组成，为网络用户提供了丰富的网络服务功能，这些功能主要包括万维网（WWW）服务、电子邮件（E-mail）、文件传输（FTP）、远程登录（Telnet）等，下面介绍几种主要的服务。

1. 万维网

万维网（WWW）简称Web或3W服务，是由日内瓦的欧洲核研究中心（CERN）于1989年提出的，经过几十年的发展，目前已经成为因特网上广泛使用的一种网络服务。WWW服务以超文本标记语言（HTML）与超文本传输协议（HTTP）为基础，为用户提供一种简单、统一的方法以获取网络上的信息。WWW采用分布式的客户/服务器模式，用户使用自己机器上的WWW浏览器软件（如Windows操作系统中的IE）就能检索、查询和使用分布在世界各地Web服务器上的信息资源。

2. 电子邮件

电子邮件是Internet最早和最普遍提供的应用服务，它使用计算机网络通信来实现用户之间信息的发送与接收，以其快速、方便、廉价等特点深受广大用户的喜爱。电子邮件系统是通过在通信网上设立"电子信箱系统"来实现的，每个因特网用户通过网络申请就可以成为某个电子邮件系统的用户并在该系统中拥有自己的电子邮箱和一个电子邮件地址，即可接收、阅读、管理该邮箱中的邮件。

电子邮件是一种存储转发的应用服务，消息能够存储在邮件系统中直到接收者接收邮件。电子邮件的传输是通过电子邮件传输协议（Simple Mail Transfer Protocol，SMTP）和邮局协议(Post Office Protocol,POP3)来实现的。

3. 即时通信

即时通信(Instant Messaging,IM)就是实时通信,它是因特网提供的一种允许人们实时快速地交换消息的通信服务。与电子邮件通信方式不同,参与即时通信的双方或多方必须同时都在网上(Online,也称“在线”),它属于同步通信,而电子邮件属于异步通信方式。

即时通信的特点是高效、便捷和低成本。它允许两人或多人通过因特网实时地传递文字、语音和视频信息,传输文件,玩在线游戏等。最早使用的即时通信软件是 ICQ,之后雅虎和微软也分别推出了自己的即时通信软件 Yahoo! Messenger 和 MSN Messenger。我们国家一般都使用腾讯公司的 QQ(含微信)、网易的 POPO、新浪的 UC、盛大的圈圈、淘宝旺旺等。

4. 文件传输

文件传输服务是指用户通过 Internet 把一台计算机中的文件移动或复制到另一台计算机上的服务,提供文件服务的工作站或计算机称为文件服务器。文件的传输服务是采用文件传输协议(File Transfer Protocol,FTP)来实现的,协议的功能是将文件从一台计算机传送到另一台计算机,而与这两台计算机所处的位置、连接的方式以及使用的操作系统无关。文件传输服务提供匿名访问和非匿名访问两种访问方式。非匿名访问方式要求用户必须输入相应的用户名和口令才能访问文件服务器;匿名访问方式是一种特殊的服务,用户以 anonymous 为用户名即可访问文件服务器,是 Internet 上进行资源共享的主要途径之一。目前,Internet 上已经有几千个匿名登录的 FTP 服务器,为网络中的用户提供文件共享服务。

5. 远程登录

用户使用本地计算机通过网络连接到远端的另一台计算机上去,作为该远程主机的一个终端,使用它的资源,这个过程称作远程登录 Telnet。一般来说,Telnet 登录都需要有约在先,即需要拥有要登录的主机的账号、用户登录名和口令。

4.5 网络信息安全

4.5.1 网络信息安全概述

随着计算机网络技术的飞速发展,计算机网络安全问题也越来越被人们重视。计算机网络安全是一门涉及计算机科学、网络技术、加密技术、信息安全技术等多种学科的综合性科学。目前,由于计算机网络应用的广泛性、开放性和互联性,很多重要信息都得不到保护,容易引起黑客、怪客、恶意软件和其他不良企图的恶意攻击。因此,目前防范网络攻击、提高网络服务质量越来越受到人们的关注和重视。

1. 网络安全威胁

目前,计算机网络安全所面临的威胁大体上可分为两类:一是对网络中信息的威胁;二是对网络中设备的威胁。按具体攻击行为,网络威胁又可以分为以下几类。

(1) 传输中断:信息传输过程中由于通信线路切断、文件系统被破坏等原因导致系统传输中断,不能正常工作,影响了数据的可用性。

(2) 信息截取:这类攻击主要通过监控网络或口令攻击等方法截取网络中传输的信息,导致信息的机密性受到威胁。

(3) 信息篡改:这类攻击主要通过数据文件修改、消息篡改等方法来截取网络中传输的信息后进行篡改其内容再传输,严重破坏了信息的完整性。

(4) 信息伪造：这类攻击主要通过假冒合法用户伪造信息在网络上传送，严重破坏了信息的真实性。

2. 网络安全的目标

合理设置网络安全目标对网络安全意义重大，主要表现在以下几个方面。

(1) 可用性：保证数据在任何情况下不丢失，可以给授权用户读取。

(2) 保密性：保密性建立在可用性基础之上，保证信息只能被授权用户读取，其他用户不可获得。

(3) 完整性：要求未经授权不得修改网络信息，使数据在传输前后保持一致。

3. 安全风险

信息安全风险划分为物理层、网络层、系统层、应用层、管理层等不同的层次，将人、系统和操作等因素综合在一起进行风险分析。归纳起来讲，存在如下安全风险。

(1) 物理安全风险

网络物理安全是整个网络系统安全的前提。物理安全的风险包括：① 地震、水灾、火灾等环境事故造成整个系统毁灭；② 电源故障造成设备断电以至操作系统引导失败或数据库信息丢失；③ 设备被盗、被毁造成数据丢失或信息泄露；④ 电磁辐射可能造成数据信息被窃取或偷阅。

(2) 链路传输风险

网络入侵者可以在传输线路上安装窃听装置，窃取用户在网上传输的重要数据，再通过一些技术读出数据信息，造成泄密，或者做一些篡改来破坏数据的完整性。

(3) 结构安全风险

网络结构规划不合理将增大网络安全的风险。比如，易感染病毒的主机与受保护主机在同一子网；脆弱主机与受保护主机处于同一子网。关键的服务器设备需要重点保护，如果把它与其他办公网放在同一子网中，就很容易受非法、非授权的访问。网络结构规划的好坏将直接影响网络安全风险的大小。

(4) 系统安全风险

所谓系统安全，通常是指网络设备操作系统、网络服务器操作系统、网络应用系统的安全。目前的操作系统或应用系统本身大多存在安全漏洞，但系统的安全程度与对其进行安全配置及系统的应用面有很大关系，操作系统如果没有采用相应的安全配置，将会漏洞百出，掌握一般攻击技术的人都可能入侵得手。如果进行安全配置，比如填补安全漏洞、关闭一些不常用的服务、禁止开放一些不常用而又比较敏感的端口等，那么入侵者要成功进入内部网还是不容易的，这需要相当高的技术水平及相当长的时间。因此，应正确估计自己的网络风险并根据其大小做出相应的安全解决方案。

(5) 应用安全风险

应用系统的安全涉及很多方面。应用系统是动态的、不断变化的，它的安全性也是动态的。这就需要人们对不同的应用检测安全漏洞，采取相应的安全措施，降低应用的安全风险。

(6) 资源共享风险

网络系统内部办公网络也可能存在一些风险，如硬盘中重要信息目录被设置为共享，使其暴露在网络邻居上，就可能被外部人员轻易窃取或者被内部其他员工窃取并传播出去造成泄密。资源共享可能带来的结果：① 个人的重要信息被非法或者非授权访问，甚至被非法传播导致泄漏；② 通过可写的共享权限被人存放了木马程序，自己的主机系统完全被他人控制。

(7) 电子邮件风险

电子邮件为政务外网系统用户提供电子邮件应用。内部网用户能够通过拨号或其他方式进行电子邮件的发送和接收,这就存在被黑客跟踪或收到一些特洛伊木马、病毒程序的可能,由于许多用户安全意识比较淡薄,对一些来历不明的邮件没有警惕性,这就给入侵者提供机会,给系统带来不安全因素。

电子邮件应用可能造成的结果:① 病毒程序通过附件传到内部网络;② 木马程序经过伪装通过邮件进入内部网;③ 重要信息可能通过邮件被泄漏到外部网络。

(8) 病毒侵害风险

网络是病毒传播最好、最快的途径之一。病毒程序可以通过网上下载、电子邮件、使用盗版光盘或软盘、人为投放等传播途径潜入内部网。曾经的 CIH、爱虫病毒、蒙娜丽莎、勒索等都令世人震惊。因此,病毒的危害不可轻视。网络中一旦有一台主机受病毒感染,则病毒程序就完全可能在极短的时间内迅速扩散,传播到网络上的所有主机上。病毒侵害可能造成的结果:① 干扰系统的正常运行,如在计算机屏幕上出现各种画面,影响操作人员的视线;② 修改系统引导文件使系统不能正常启动,或者修改应用程序的运行参数导致应用系统无法正常运行,影响正常的服务;③ 删除计算机上的文件,可能导致网络系统中重要信息丢失,严重的可能导致整个计算机系统甚至网络系统瘫痪;④ 加密计算机系统的文件,勒索钱财。

(9) 数据信息风险

数据安全对于任何一个受保护的网络系统而言尤其重要,数据在广域网线路上传输,很难保证在传输过程中不被非法窃取、篡改。现今很多先进技术,黑客或者工业间谍会通过一些手段,设法在线路上做些手脚,获得在网上传输的数据信息,也就造成泄密。因此,根据系统的安全级别,为了确保信息从发送端到接收端的整个过程的安全性,配备加密设备,对传输信息进行加密,并对到达目的地的数据进行完整性鉴别,确保数据没有被非法篡改或者重放攻击。

信息传输风险造成的结果:① 重要信息的泄露给企业或者机关单位造成重大损失;② 破坏传输数据的完整性,影响数据的正确性,扰乱正常的工作秩序,损害单位形象。

(10) 管理安全风险

内部管理人员或员工把内部网络结构、管理员用户名及口令以及系统的一些重要信息传播给外人带来信息泄露风险。

机房重地若是任何人都可以进出,存有恶意的入侵者便有机会得到入侵的条件。

内部不满的员工有的可能熟悉服务器、小程序、脚本和系统的弱点,利用网络开些小玩笑,甚至搞破坏,如传出至关重要的信息、错误地进入数据库、删除数据等。这些都将给网络带来极大的安全隐患。

管理是网络中安全得到保证的重要组成部分,是防止来自内部网络入侵必需的部分。责权不明,管理混乱、安全管理制度不健全及缺乏可操作性等都可能带来管理安全的风险。即除了从技术上下功夫外,还得依靠安全管理来实现。

4.5.2 常用的安全保护措施

1. 物理与线路传输安全技术

物理与线路传输安全是整个系统安全的前提。在物理与线路传输安全体系设计中包括:通信线路的安全、物理设备的安全、机房的安全等。

2. 网络安全防御体系技术

网络安全防御体系包括防火墙、入侵检测、防病毒、脆弱性扫描、防 Web 篡改、链路加密、安全审计和入网认证等安全技术。

(1) 访问控制技术

访问控制是对用户访问网络的权限加以控制,规定每个用户对网络资源的访问权限,以使网络资源不被非授权用户所访问和使用。访问控制技术是建立在身份认证技术基础上,用户在被授权之前要先通过身份认证。目前常用的访问控制技术有:入网访问控制、网络权限控制、目录级控制以及属性控制等。

(2) 防火墙技术

防火墙是通过控制内部用户对网络的访问权限、认证并过滤外来用户访问的请求和信息流等方法来保护内部网络资源的。

防火墙是在内部网络和外部网络之间执行访问控制和安全策略的系统,它可以是硬件,也可以是软件,或者是硬件和软件的结合。防火墙作为两个网络之间的一种实施访问控制策略的设备,被安装在内部网和外部网边界的节点上,通过对内部网和外部网之间传送的数据流量进行分析、检测、管理和控制,来限制外部非法用户访问内部网络资源和内部网络用户非法向外传递非授权的信息,以阻挡外部网络的入侵,防止恶意攻击,达到保护内部网络资源和信息的目的。目前,防火墙系统根据其功能和实现方式,分为包过滤防火墙和应用网关。

(3) 入侵检测系统

入侵检测系统(Intrusion Detection System,IDS)是从计算机网络系统中的关键点收集并分析信息,以检查网络中是否有违反安全策略的行为和遭到袭击的迹象。入侵检测被认为是防火墙之后的第二道安全闸门。

(4) 病毒防护技术

在网络建设中,为避免网络内部遭受各类病毒的攻击,应在工程中采用企业级病毒防护系统,该系统应至少包含客户机防护模块、服务器防护模块、病毒防护服务器、集中管理控制台等4个部分,可以对全网络的计算机实施分布但统一管理的病毒防护。

(5) 漏洞扫描技术

通过对网络设备及服务器系统的扫描,可以了解安全配置和运行的应用服务,及时发现安全漏洞,客观评估网络风险等级。网络管理员根据扫描结果更正系统中的错误配置、进行系统加固、安装补丁程序,或采用其他相关防范措施。

(6) 身份认证技术

身份认证也称为身份鉴别,是网络安全中的一个重要环节。身份认证主要由用户向计算机系统以安全的方式提交一个身份证明,然后系统对该身份进行鉴别,最终给予认证后分配给用户一定权限或者拒绝非认证用户。常用的身份认证技术有:用户名和密码验证、磁卡或 IC 卡认证、基于人的生理特征认证(指纹、手纹、虹膜、话音)以及其他的一些特殊认证方式。

(7) 抗 DoS 攻击技术

拒绝服务攻击(Denial of Service,DoS)就是利用正常的服务请求来占用过多的服务资源,从而使合法用户无法得到服务响应。DDoS 就是利用更多的“傀儡机”来发起进攻,比单个的 DoS 攻击的规模更大。

目前,能有效对付 DDoS 攻击的手段主要是用一些专业的硬件来代替服务器从而保障只有正常的请求才能进入服务器。

(8) 信息加密技术

信息加密技术是目前最基本的网络安全技术,是网络安全的基础。数据加密是指将一个信息(明文)通过加密密钥或加密函数变换成密文,然后再进行信息的传输或存储,而接收方将接收到的密文通过密钥或解密函数转换成明文。根据密钥的类型不同,常用的信息加密技术有对称加密算法和非对称加密算法。在对称加密算法中,数据加密和解密采用同一个密钥,目前最著名的对称加密算法是数据加密标准 DES。在非对称加密算法中,数据加密和解密采用不同的密钥,目前广泛使用的非对称加密算法是 RSA 算法。

3. 主机与系统安全体系设计

在主机与系统安全体系设计中,需要采取的措施有:病毒防范、漏洞检测、操作系统的安全配置、操作系统安全加固等。

(1) 病毒防范

主机自身的病毒防范不同于网络病毒防范,但也是病毒防范的一个关键组成部分。在网络规划中,应该将主机的病毒防范和网络病毒防范结合考虑。

(2) 漏洞检测

主机自身的漏洞检测不同于网络漏洞检测,更注重于主机系统内部的不安定因素。因此在网络规划中,应该将主机的漏洞检测和网络漏洞检测结合考虑。

(3) 操作系统的安全配置

从安全的角度上说,各种操作系统都是存在漏洞的,或多或少,有的漏洞可能还没有被发现。这些没发现的漏洞严重地威胁着大家的安全,这些漏洞都是可以通过自己修改系统来减小危害。主要通过正确设置系统配置、关闭多余服务、严格管理口令、安全日志管理、正确分配权限等方法来解决。

4. 统一安全管理体系设计

统一安全管理体系包括安全技术和设备的管理、安全管理制度、部门与人员的组织规则等。管理的制度化极大程度上影响着整个网络的安全,严格的安全管理制度、明确的部门安全职责划分、合理的人员角色配置都可以在很大程度上降低其他层次的安全漏洞。统一安全管理体系主要提供对网络安全防护系统、应用系统、网络管理系统、策略管理系统等信息的集中管理和控制。

4.5.3 常用的系统安全软件

1. 终端安全

终端一般指 PC,有用户与 PC 交互,连接在网络上最终点的计算机设备。终端安全是指安装和运行在终端上的安全保护、防止入侵、控制终端的安全模式和管理用户行为的安全软件。

终端安全产品的范围包括:桌面防火墙(FW)、桌面入侵防护(HIPS)、桌面反间谍、桌面反病毒、桌面合规性管理,以及其他客户端安全产品(如资产管理、客户端加密、补丁管理、漏洞管理等)。

2. 透明加密软件

企业用户里的研发部门、设计部门等核心部门,每天产生大量的源代码、平面设计图、电路设计图、3D 图或者是音频视频文件,这些文件需要在产生、使用、存储和流转过程中进行加密处理。这就需要使用企业级“透明加密软件”。这种软件在国内已经相当成熟,现以 Smartsec

软件等为代表进行介绍。

Smartsec是针对内部信息泄密,对数据进行强制加密/解密的软件产品。该系统在不改变用户使用习惯、计算机文件格式和应用程序的情况下,采取“驱动级透明动态加解密技术”,对指定类型的文件进行实时、强制、透明的加密/解密。即在正常使用时,计算机内存中的文件也是以受保护的明文形式存放的,但硬盘上保存的数据却是加密状态。如果没有合法的使用身份、访问权限、正确的安全通道,所有加密文件都是以密文状态保存。所有通过非法途径获得的数据都以乱码文件形式表现,以保护数据安全。

3. 文档权限管理软件

对于个人级的用户,可以利用权限管理服务(Windows Rights Management Services, RMS),以及Office版本中的信息权限管理(Information Rights Management,IRM)来防止用户利用转发、复制等手段滥用其收到的电子邮件消息和Office文档(主要是Word、Excel、PowerPoint等文档)。对企业级的用户来说,这种权限管理是相当业余的,而且最大的问题是,这种权限管理是没有对数据本身进行高强度的加密。采用这样的权限管理,做不到真正细粒度的权限划分,是一种非常粗放的管理手段,数据安全难以得到保证。

对企业级用户来说,对文档的权限管理需要采用专业的权限管理系统。以亿赛通文档权限管理系统为例,这是针对企业用户可控、授权的电子文档安全共享管理系统。该系统采用“驱动级透明动态加解密技术”和实时权限回收技术,对通用类型的电子文档进行加密保护,并且能对加密文档进行细分化的权限设置,确保机密信息在授权的应用环境中、指定时间内进行指定操作,不同使用者对“同一文档”拥有“不同权限”。通过对文档内容级的安全保护,实现机密信息分密级且分权限的内部安全共享机制。

4. 文档外发管理系统

对那些经常需要把文档发送给合作伙伴或者是出差人员的企业来说,如果把文档发给外部单位之后,就放任不管,必然有造成重大机密泄露的风险。为了防范文档外发之后造成泄密的风险,采用文档外发管理系统是目前最有效的方式。

目前这种文档外发管理软件产品比较多,亿赛通文档外发管理系统是比较出色的一种。亿赛通文档外发管理系统是针对客户的重要信息或核心资料外发安全需求设计的一款外发安全管理解决方案。当客户要将重要文档外发给出差人员或合作伙伴时,应用文档外发管理程序打包生成外发文件发出,当打开外发文件时,需通过用户身份认证方可阅读文件。同时,外发文件可以限定接收者的阅读次数和使用时间等细粒度权限,从而有效防止了客户重要信息被非法扩散。

4.6 计算机网络在医药领域中的应用

随着信息时代的到来以及计算机网络技术的不断发展,网络教学这一新概念也应运而生。作为现代科学重要组成部分的现代医学,医学教育的传统模式必将随之改变。充分利用网络上的医药信息资源,将能促进现代医药教学的改革及发展。另外,医药网络资源、远程医疗、远程护理等医疗技术的发展,都离不开计算机网络。

4.6.1 医药网络资源

医药网络资源是指以医院数字化的形式存储在网络结点,借助网络进行传播、利用的信息产品和信息系统的集合体。

医药网络资源采集是通过医药网络搜索、获取、下载、保存医药网络信息资源的过程。医药网络信息资源的采集应遵循实用性原则、系统性原则、互补性原则,将用户的信息需求和信息利用价值作为资源收集的重要依据,确定医药网络信息采集的重点和主要范围,体现信息资源的连续性、完整性以及学科之间的相互关系。

医药网络资源的获取方式主要有以下几种。

1. 医药网络搜寻器

Internet 上与医药有关的内容很多,并且更新的速度很快,要记住众多与医学有关的网址,既不可能,也没有必要。查找医药信息最有效的方法是利用医药网络搜寻器进行检索。一般医药网络搜寻器均收集了与医药有关的内容,通过它查找有关的医药信息,既快捷又方便。

2. 免费 Medline 检索

Medline 数据库是美国国立医学图书馆 MEDLARS 系统中规模最大、权威性最高的著名医学文献数据库。许多医疗机构通过 Internet 提供免费的 Medline 检索。

3. 网络虚拟环境的应用

虚拟的网络环境为现代医学的医疗及教学提供了极大的方便。远程教学与虚拟图书馆是在 Internet 上出现的一种新型教学培训及资料查询方式,受到各界人士,尤其是教育界及科技界的欢迎,它不但节省大量的人力、物力,而且教学资料翔实、课程内容丰富、教学手段新颖。很多的医学数据库充分发挥 Internet 的优势,以多媒体方式提供在线医学继续教育服务及资料查询,给医师的进修提高及科研工作的开展提供了极大的方便。

4. 网络医药专业期刊

许多专业医药期刊均在网上发布期刊的电子版。电子版期刊较原版期刊早出版 1～2 个月,且费用低廉(大部分为免费阅读)。

5. 医药资源的专题讨论组

科研人员除了可以充分利用 Internet 上大量的科技数据库外,还可以利用 Internet 的专题讨论组(Mailing Lists)中医药专题讨论组,掌握本领域的最新动向。要参加相关医学专题讨论组,只要向相关讨论组发一封电子邮件提出申请,获批准后就会收到相应专题的电子邮件。

4.6.2 远程医疗

1. 远程医疗(Telemedicine)定义

从广义上讲,远程医疗是指使用远程通信技术、全息影像技术、新电子技术和计算机多媒体技术发挥大型医学中心医疗技术和设备优势对医疗卫生条件较差及特殊环境提供远距离医学信息和服务。它包括远程诊断、远程会诊及护理、远程教育、远程医疗信息服务等所有医学活动。从狭义上讲,远程医疗是指包括远程影像学、远程诊断及会诊、远程护理等的医疗活动。

远程医疗正日益渗入到医学的各个领域,包括皮肤医学、肿瘤学、放射医学、外科手术、心脏病学、精神病学和家庭医疗保健等领域。

2. 远程医疗的优点

远程医疗具有以下优点:

(1) 在恰当的场所和家庭医疗保健中,使用远程医疗可以极大地降低运送病人的时间和成本。

(2) 可以良好地管理和分配偏远地区的紧急医疗服务,这可以通过将照片传送到关键的医务中心来实现。

(3) 可以使医生突破地理范围的限制,共享病人的病历和诊断照片,从而有利于临床研究的发展。

(4) 可以为偏远地区的医务人员提供更好的医学教育。

4.7 计算机网络新技术

4.7.1 物联网

物联网(The Internet of Things,IOT)是新一代信息技术的重要组成部分,是通过射频识别(RFID)、红外感应器、全球定位系统、激光扫描器等信息传感设备和技术,按约定的协议,把任何物体与互联网相连接,进行信息交换和通信,以实现对物体的智能化识别、定位、跟踪、监控和管理的一种网络。

物联网被称为信息技术移动泛在化的一个具体应用。物联网通过智能感知、识别技术与普适计算、泛在网络的融合应用,打破了之前的传统思维,人们可以以更加精细和动态的方式管理生产和生活,从而提高资源的利用率和生产力的水平。

4.7.2 云计算

云计算(Cloud Computing)是传统计算机技术和网络技术发展融合的产物,旨在通过网络把多个成本相对较低的计算实体整合成一个具有强大计算能力的系统,并借助一些先进的商业模式把这强大的计算能力分布到终端用户手中。

云计算的基本原理是,通过使计算分布在大量的分布式计算机上,而非本地计算机或远程服务器中,企业数据中心的运行将更与互联网相似。这使得企业能够将资源切换到需要的应用上,根据需求访问计算机和存储系统。云计算具有数据安全可靠、客户端需求低、数据共享轻松、发展空间大等特点。

云计算机中的"云"是一些可以自我维护和管理的虚拟计算资源,通常为一些大型服务器集群,包括计算服务器、存储服务器、宽带资源等等。云计算将所有的计算资源集中起来,并由软件实现自动管理,无需人为参与。云计算的一个核心理念就是通过不断提高"云"的处理能力,进而减少用户终端的处理负担,最终使用户终端简化成一个单纯的输入/输出设备,并能按需享受"云"的强大计算处理能力。

目前,云计算主要有以下几大形式:

(1) 软件即服务(SAAS)

这种类型的云计算通过浏览器把程序传给成千上万的用户。对用户而言,省去了在服务器和软件授权上的开支;对供应商而言,只需要维持一个程序就够了,能够减少成本。SAAS在人力资源管理程序和 ERP 中比较常用,Google Apps 和 Soho Office 也是类似的服务。

(2) 实用计算(Utility Computing)

这种云计算是为 IT 行业创造虚拟的数据中心使得其能够把内存、I/O 设备、存储和计算能力集中起来成为一个虚拟的资源池来为整个网络提供服务。

(3) 网络服务

网络服务同 SAAS 关系密切,网络服务提供者们能够提供 API 让开发者能够开发更多基于互联网的应用,而不是提供单机程序。

(4) 平台即服务

平台即服务是另一种 SAAS,这种形式的云计算把开发环境作为一种服务来提供。用户可以使用中间商的设备来开发程序并通过互联网传到自己的手中。

(5) 管理服务提供商(MSP)

MSP 是最古老的云计算运用之一。这种应用更多的是面向 IT 行业而不是终端用户,常用于邮件病毒扫描、程序监控等等。

(6) 商业服务平台

商业服务平台是 SAAS 和 MSP 的混合应用,它为用户和提供商之间的互动提供了一个平台。比如用户个人开支管理系统,能够根据用户的设置来管理其开支并协调其订购的各种服务。

(7) 互联网整合

将互联网上提供类似服务的公司整合起来,以便用户能够更方便的比较和选择自己的服务供应商。

互联网的精神实质是自由、平等和分享。作为最能体现互联网精神的计算模型之一的云计算,必将在不远的将来展示出强大的生命力,并从多个方面改变人们的工作和生活。

本章小结

计算机网络系统是一种全球开放的、数字化的综合信息系统,各种网络应用系统通过在网络中对数字信息的综合采集、存储、传输、处理和利用而在全球范围把人类社会更紧密地联系起来,并以不可抗拒之势影响和冲击着人类社会政治、经济、军事和日常工作、生活的各个方面。

计算机网络系统正朝着开放和大容量的方向发展,统一协议标准和互联网结构形成了以 Internet 为代表的全球开放的计算机网络系统。标准化始终是发展计算机网络开放性的一项基本措施,除了网络通信协议的标准,还有许多其他有关标准,如应用系统编程接口标准、数据库接口标准、计算 OS 接口标准及应用系统与用户使用的接口标准等,也都与计算机网络系统更方便地融入新的信息技术、更大范围的开放性有关。计算机网络的这种全球开放性不仅使它要面向数十亿的全球用户,而且也将迅速增加更大量的资源,这必将引起网络系统容量需求的极大增长,从而推动计算机网络系统向广域的大容量方向发展,这里的"大容量"包括网络中大容量的高速信息传输能力、高速信息处理能力、大容量信息存储访问能力以及大容量信息采集控制的吞吐能力等,对网络系统的大容量需求又将推动网络通信体系结构、通信系统、计算机和互联技术也向高速、宽带、大容量方向发展。网络宽带、高速和大容量方向是与网络开放性方向密切联系的,现代计算机网络将是不断融入各种新信息技术、具有极大丰富资源和进一步面向全球开放的广域、宽带、高速网络。

同时,计算机网络系统还将向多媒体网络、高效和安全的网络管理、应用服务和智能网络等方向发展。现代计算机网络系统将是人工智能技术和计算机网络技术更进一步结合和融合的网络,它将使社会信息网络更有序化和智能化。

习题与自测题

一、选择题

1. 在 TCP/IP 协议中，远程文件传输服务所使用的是________协议。
   A. Telnet　B. FTP　C. HTTP　D. UDP
2. 下面哪种通信方式不属于微波远距离通信？________
   A. 卫星通信　B. 光纤通信　C. 对流层散射通信　D. 地面接力通信
3. 下列中________是因特网电子公告栏的缩写。
   A. FTP　B. WWW　C. BBS　D. TCP
4. 以太网的拓扑结构为________。
   A. 星形　B. 环形　C. 树形　D. 总线型
5. 在构建网络时，需要使用多种网络设备，如网卡、交换机等。若要将多个独立的子网互联，如将局域网与广域网互联，应当用________进行连接。
   A. 集线器　B. 路由器　C. 交换机　D. 调制解调器
6. 常用局域网有以太网、FDDI 网和交换式局域网等，下面的叙述中错误的是________。
   A. 以太网采用带冲突检测的载波侦听多路访问(CSMA/CD)方法进行通信
   B. FDDI 网和以太网可以直接进行互联
   C. 交换式集线器比普通集线器具有更高的性能，它能提高整个网络的带宽
   D. FDDI 网采用光纤双环结构，具有高可靠性和数据传输的保密性
7. 以下关于网卡(包括集成网卡)的叙述中错误的是________。
   A. 局域网中的每台计算机中都必须安装网卡
   B. 一台计算机中只能安装一块网卡
   C. 不同类型的局域网其网卡类型是不相同的
   D. 每一块以太网卡都有全球唯一的 MAC 地址
8. 利用有线电视系统接入互联网进行数据传输时，使用________作为传输介质。
   A. 双绞线　B. 光纤—同轴混合线路
   C. 光纤　D. 同轴电缆
9. 为网络提供共享资源进行管理的计算机称为________。
   A. 网卡　B. 服务器　C. 工作站　D. 网桥
10. 常用的通信有线介质包括双绞线、同轴电缆和____________。
   A. 微波　B. 红外线　C. 光纤　D. 激光

二、填空题

1. 局域网中常用的拓扑结构主要有星形、________、总线型三种。
2. 在当前的网络系统中，由于网络覆盖面积的大小、技术条件和工作环境不同，通常分为广域网、________和城域网三种。
3. 计算机网络主要有________、资源共享、提高计算机的可靠性和安全性、分布式处理等功能。
4. 以太网的通信协议是一种________协议。
5. 某用户的 E-mail 地址为 zhj_liu@163. net，那么该用户邮箱所在服务器的域名多半是________。

三、判断题

1. 电话系统的通信线路是用来传输语音的,因此它不能用来传输数据。　(　　)
2. 域名为 www. hyte. edu. cn 的服务器,若对应的 IP 地址为“202. 195. 112. 3”,则通过主机名和 IP 地址都可以实现对服务器的访问。　(　　)
3. IP 地址不便于人们记忆和使用,人们往往通过域名来访问因特网上的主机,一个 IP 地址可以对应于多个域名。　(　　)
4. 广域网和局域网所采用的技术是完全相同的。　(　　)
5. FDDI 网络采用环形拓扑结构,使用光纤作为传输介质。　(　　)

【微信扫码】
习题解答 & 相关资源

第 5 章　数字媒体及应用

本章主要介绍与数字媒体相关的基本知识，包括文本、图形图像、数字声音、数字视频及其处理等内容。数字媒体是通过计算机或者其他电子、数字处理手段传递的文本、声音、动画和视频的组合。以数字技术为基础，融合通信技术和计算机技术为一体，能够对文字、图形、图像、声音、视频等多种媒体信息进行储存、传送和处理。多媒体技术是人类科学技术史上继印刷术、无线电技术、计算机技术之后的又一次新技术革命，在信息社会中占有十分重要的地位。

5.1　文本及文本处理

文字是多媒体项目的基本组成元素，文字是一种书面语言，由一系列被称为"字符"(Character)的书写符号构成，而文本(Text)则是文字信息在计算机中的表示形式，是基于特定字符集的、具有上下文相关性的一个(二进制编码)字符流，它是计算机中最常用的一种数字媒体。组成文本的基本元素是字符，字符在计算机中采用二进制编码表示。文本在计算机中的处理包括文本的准备(例如汉字的输入)、文本编辑、文本处理、文本存储与传输、文本展现等过程，根据应用的不同，各个处理环节的内容和要求也有较大的差别。

5.1.1　字符编码

字符集(Character Set)是一组抽象的、常用字符的集合。通常它与一种具体的语言文字对应起来，该语言文字中的所有字符或者大部分常用字符构成了该文字的字符集，比如英文字符集。一组有共同特征的字符也可以组成字符集，比如繁体汉字字符集、日文汉字字符集等。

计算机在处理字符时需要将字符和二进制内码对应起来，即字符的二进制表示，这种对应关系就是字符编码(Encoding)。制定编码首先需要确定字符集，并将字符集内的字符排序，然后再与二进制数字对应起来，根据字符集内字符的多少确定用几个字节来编码。每种编码都限定了一个明确的字符集合，称为编码字符集(Coded Character Set)。

1. ASCII 码

目前，计算机中使用最广泛的字符集及其编码是由美国国家标准局(ANSI)制定的美国标准信息交换码(American Standard Code for Information Interchange，ASCII 码)，它已被国际标准化组织(ISO)定为国际标准，称为 ISO 646 标准，适用于所有拉丁文字字母，ASCII 码有 7 位码和 8 位码两种形式。

1 位二进制数可以表示 $2(2^1)$ 种状态，即 0、1；2 位二进制数可以表示 $4(2^2)$ 种状态，即 00、01、10、11；以此类推，7 位二进制数可以表示 $128(2^7)$ 种状态，每种状态都唯一的编为一个 7 位的二进制码，对应一个字符(或控制码)，这些码可以排列成一个十进制序号 0～127。所以 7 位 ASCII 码是用七位二进制数进行编码的，可以表示 128 个字符，其中有 96 个可打印字符(常用字母、数字、标点符号等)和 32 个控制字符。如常用的空格(Space)的码值为 32，"A"的码值为 65，"a"的码值为 97，"0"的码值为 48。第 0～32 号以及第 127 号(共 34 个)是控制字符或通信专用字符，如控制符 LF(换行)、CR(回车)等；第 33～126 号(共 94 个)是字符，其中第 48～57 号为 0～9 这 10 个阿拉伯数字；第 65～90 号为 26 个大写英文字母；第 97～122 号为 26 个小写英文字母;其余为一些标点符号、运算符号等。

标准 ASCII 码是七位的编码,用一个字节来存放一个 ASCII 字符,每个字节中多出来的一位(最高位 b_7)一般保持为 0,在数据传输时可用作奇偶校验位。表 5-1 是 ASCII 码表。

表 5-1　ASCII 码表

$d_6d_5d_4$ / $d_3d_2d_1d_0$	**000**	**001**	**010**	**011**	**100**	**101**	**110**	**111**
0000	NUL	DEL	SP	0	@	P	、	p
0001	SOH	DC1	!	1	A	Q	a	q
0010	STX	DC2	”	2	B	R	b	r
0011	EXT	DC3	#	3	C	S	c	s
0100	EOT	DC4	$	4	D	T	d	t
0101	ENQ	NAK	%	5	E	U	e	u
0110	ACK	SYN	&	6	F	V	f	v
0111	BEL	ETB	,	7	G	W	g	w
1000	BS	CAN	(	8	H	X	h	x
1001	HT	EM	)	9	I	Y	i	y
1010	LF	SUB	*	:	J	Z	j	z
1011	VT	ESC	+	;	K	[	k	{
1100	FF	FS	,	<	L	\	l	⊥
1101	CR	GS	—	=	M	]	m	}
1110	SD	RS	.	>	N	ˆ	n	～
1111	SI	US	/	?	O	_	o	DEL

2. 扩充 ASCII 字符集

标准 ASCII 字符集只有 128 个不同的字符,在很多应用中仍无法满足要求。按照 ISO 2022 标准(《七位字符集的代码扩充技术》)的规定,ISO 陆续制定了一批适用于不同地区的扩充 ASCII 字符集,每个扩充 ASCII 字符集分别可以扩充 128 个字符,这些扩充字符的编码均是高位为 1 的 8 位代码(十进制数 128～255),称为扩展 ASCII 码。

3. 汉字的编码

相对西文字符集的定义,汉字编码字符集的定义有两大困难:选字难和排序难。选字难是因为汉字数量大(包括简体字、繁体字、日本汉字、韩国汉字),而字符集空间有限。排序难是因为汉字可有多种排序标准(拼音、部首、笔画等),而具体到每一种排序标准往往还存在不少争议,如对一些汉字还没有一致认可的笔画数。

(1) GB 2312-80 汉字编码

GB 2312-80 是中华人民共和国国家汉字信息交换用编码,全称《信息交换用汉字编码字符集——基本集》,由国家标准总局于 1980 年发布,是中文信息处理的国家标准,在大陆及海外使用简体中文的地区(如新加坡)是强制使用的唯一中文编码。

GB 2312-80 收录简体汉字及符号、字母、日文假名等共 7 445 个图形字符,其中汉字占

6 763个，符号 682 个。汉字部分中：一级字 3755 个，以拼音排序；二级字 3 008 个，以偏旁排序。GB2312－80 规定："对任意一个图形字符都采用两个字节表示，每个字节均采用七位编码表示"。习惯上称第一个字节为"高字节"，第二个字节为"低字节"。GB2312－80 包含了大部分常用的一、二级汉字和 9 区的符号。该字符集是几乎所有的中文系统和国际化的软件都支持的中文字符集，这也是最基本的中文字符集。

GB 2312－80 将代码表分为 94 个区，对应第一字节，每个区 94 个位，对应第二字节，两个字节的值分别为区号值和位号值加 32。01～09 区为符号、数字区，包括拉丁字母、俄文、日文平假名与片假名、希腊字母、汉语拼音等共 682 个(统称为 GB 2312 图形符号)；16～87 区为汉字区；10～15 区和 88～94 区是有待进一步标准化的空白区。GB 2312－80 将收录的汉字分成两级：第一级是常用汉字计 3 755 个，置于 16～55 区，按汉语拼音字母/笔形顺序排列；第二级汉字是次常用汉字计 3 008 个，置于 56～87 区，按部首/笔画顺序排列。故而 GB 2312 最多能表示 6 763 个汉字。

(2) 其他五个辅助汉字集

1984 年，全国计算机与信息处理标准化技术委员会提出编码字符集的繁体字和简体字对应编码的原则，并制定了六个信息交换用汉字编码字符集的计划。这六个集分别命名为基本集(GB 2312－80)、第一辅助(辅一)集、第二辅助(辅二)集、第三辅助(辅三)集、第四辅助(辅四)集、第五辅助(辅五)集。其中，基本集、辅二集、辅四集是简体字集，辅一集、辅三集、辅五集分别是基本集、辅二集、辅四集的繁体字映射集，并且简/繁字在两个字符集中同码(个别简/繁关系为一对多的汉字除外)。

这六个集均采用双七位编码方式，但为了避开 ASCII 表中的控制码，每个七位只选取了 94 个编码位置，所以每张代码表分 94 个区和 94 个位。

(3) 区位码、国标码和机内码

每个汉字在码表中的位置编码，称为区位码。GB 2312 国标字符集构成一个二维平面，它分成 94 行(0～93)、94 列(0～93)，行号称为区号，列号称为位号。每一个汉字或符号在码表中都有各自的位置，字符用它所在的区号(行号)及位号(列号)来表示的二进制代码(7 位区号在左，7 位位号在右，共 14 位)就是该字符的区位码，其中每个汉字的区号和位号分别用 1 个字节来表示。如，"大"字的区号 20，位号 83，则区位码是 20 83，用两个字节表示为：0001010001010011。

为了避免信息通信中汉字区位码与通信控制码的冲突，ISO 2022 规定，每个汉字的区号和位号必须分别加上 32(即二进制数 00100000)，经过这样处理得到的代码称为汉字的国标交换码(简称交换码)。因此，"大"字的国标码是：0011010001110011，即国标码＝(区码＋32，位码＋32)。

文本中的汉字与西文字符经常是混合在一起使用的，汉字信息如不予以特别的标识，它与单字节的标准 ASCII 码就会混淆不清。所以，把一个汉字看作两个扩展 ASCII 码，使表示 GB 2312 汉字的两个字节的最高位(b_7)都等于 1。这种高位为 1 的双字节(16 位)汉字编码就称为 GB 2312 汉字的机内码，又称内码，作为汉字的唯一标识。如，"大"字的内码是 1011010011110011(B4F3)。

例如："江"的区位码为 2913，其中 29 为区号，13 为位号。

国标码：区号位号分别加 32

区号：$29+32=61=(00111101)_2$

位号:13+32=45=$(00101101)_2$

机内码:将字节的首位设为“1”

$(10111101)_2(10101101)_2$

B D A D

则:BDAD为“江”的机内码。

(4) 通用编码字符集UCS/Unicode与GB 18030汉字编码标准

为了存储自己的文字,各个国家和地区(多为非拉丁语系的民族,因为这些语种字符数很庞大)各自使用两个字节即16 bit来存放一个字符。他们把首字节的前2~7个位留给一个字节能存下的字符(如英文字母和标点符号),而后的位和后面的字节一起组成适用于本地文字的字符。这种方式一直沿用至今,如GB 2312、GBK(此编码为微软为简体中文用户设计的)、GB18030、BIG5等。使用这种方式有一个问题:不同的数值(假如我们把字符换算成数字)在不同的字符集可能有不同的意义,甚至使用不同字体也会呈现出不同的效果,而且从一个字符集到另一个字符集的转化也会非常麻烦。为了解决上述问题,各种机构都做出了不同的努力,ISO推出了ISO 10646,用于表示世界上所有字符的编码方案,被称为通用字符集(Universal Character Set,UCS)。ISO于1984年4月成立ISO/IECJTC1/SC2/WG2工作组,针对各国文字、符号进行统一性编码。1991年美国跨国公司成立Unicode Consortium,并于1991年10月与WG2达成协议,采用同一编码字集。目前Unicode(Universal Multiple Octet Coded Character Set)是采用16位编码体系,其字符集内容与ISO 10646的BMP(Basic Multilingual Plane)相同。Unicode于1992年6月通过DIS(Draf International Standard),目前V2.0版本于1996年公布,包含符号6 811个,汉字20 902个,韩文拼音11 172个,造字区6 400个,保留20 249个,共计65 534个。

UCS/Unicode中的汉字字符集虽然覆盖了GB 2312和GBK标准中的汉字,但编码并不相同。在为保护我国现有的大量汉字信息资源的前提下,又与国际接轨,信息产业部和国家质量技术监督局在2000年发布了GB 18030汉字编码国家标准,并在2001年开始执行。GB 18030采用不等长的编码方法,单字节编码表示ASCII字符,与ASCII码兼容;双字节编码表示汉字,与GBK保持兼容;四字节编码用于表示UCS/Unicode中的其他字符。因此GB 18030既包含现有汉字编码标准保持向下兼容,又与国际编码接轨,已经广泛应用于许多计算机系统和软件中。

(5) 繁体汉字的编码标准

BIG 5编码是目前我国台湾、香港地区普遍使用的一种繁体汉字的编码标准,包括440个符号,一级汉字5 401个、二级汉字7 652个,共计13 060个汉字。

另外繁体汉字编码还有香港增补字符集(HKSCS),是香港特别行政区订立的BIG 5扩展标准;EUC-TW本来是我国台湾地区使用的汉字储存方法之一,以CNS 11643字表为基础,但是台湾地区普遍使用大五码,EUC-TW很少使用。

5.1.2 数字文本的获取

1. 文本信息的输入

要将文件变成电子文件,首先要进行文字等信息的输入。在字处理软件中,信息的输入途径有很多种,最常见的是人工输入,一般通过键盘、手写笔或语音输入方式输入字符,但是速度慢、成本高,不适合大批量文字的输入。近年来流行的输入方法是自动输入,即将纸介质上的文本通过识别技术自动转换为文字，它的特点是速度快、效率高。文字的自动识别分为印刷体识别和手写体识别。

在计算机标准键盘上，汉字的输入和西文的输入有很大的不同。进行西文的输入时，击一次键就直接输入了相应的字符或代码，由于汉字字数很多，无法使每个汉字与西文键盘上的键一一对应，因此必须使用一个或几个键来输入一个汉字，这即为汉字的键盘输入编码。好的汉字键盘输入编码方案的特点是：易学习、易记忆、效率高（平均击键次数较少）、重码少、容量大（可输入的汉字字数多）等。

目前已有多种汉字输入方法，因此就有多种汉字输入码。汉字输入码是在计算机标准键盘上输入汉字用到的各种代码体系，它是面向输入者的，使用不同的输入码其操作过程不同，但是得到的结果是一样的。不论采用何种输入方法，所有输入的汉字都以机内码的形式存储在介质中，使用不同的输入编码方法向计算机输入的同一个汉字，它们的内码是相同的。而在进行汉字传输时，又都以交换码的形式发送和接收。所谓的汉字交换码，是国标汉字（如机内码）进行信息交换的代码标准。

汉字编码的种类很多，根据编码类型的不同可分为数字编码（基于数字表示，难以记忆不易推广，如区位码、电报码等）、字音码（基于汉字的拼音，简单易学，适合于非专业人员，重码多，如全拼）、字形码（将汉字的字形分解归类而给出的编码方法，重码少、输入速度较快、难掌握，如五笔字型法、表形码等）、形音结合码（综合字音与字形编码的优点，规则简化、重码少、不易掌握）等类型。无论多好的键盘输入法，都需要使用者经过一段时间的练习才可能达到一定的速度。

非键盘输入方式是不需使用键盘就能输入汉字的方式，一般包括手写、听、听写、读听写等方式，可分为以下几种方式：

(1) 联机手写输入。联机手写输入是近年来发明的一种新技术，包括两种：一是使用专门的输入设备，如摩托罗拉智慧笔、汉王笔、紫光笔、蒙恬笔等；二是软件形式，用鼠标书写，如手易、笔圣、金山手写输入系统等。

(2) 语音输入。语音输入也是近年来一种新技术，它的主要功能是用于主机相连的话筒读出汉字的语音，利用语音识别系统分析辨识汉字或词组，把识别后的汉字显示在编辑区中，再通过“发送”功能将编辑区的文字传到其他文档的编辑软件中。这种输入的好处是不再用手去输入，只要读出汉字的读音即可，但是受每个人汉字发音的限制，不可能都满足语音识别软件的要求，因此在实际应用中错误率较键盘输入高。语音识别以 IBM 推出的 Via Voice 为代表，国内则推出 Dutty＋＋语音识别系统、天信语音识别系统、世音通语音识别系统等。

(3) 光电扫描输入。光电扫描输入是利用计算机的外部设备——光电扫描仪，将印刷体的文本扫描成图像，再通过专用的光学字符识别（Optical Character Recognition，OCR）系统进行文字的识别，将汉字的图像转成文本形式，最后用“文件发送”或“导出”功能输出到其他文档编辑软件中。这种输入方法的特点是只能用于印刷体文字的输入，要求印刷体文字清晰，识别率才能高，好处是快速、易操作，但受识别系统识别能力的限制，后期要做一些编辑修改工作。OCR 软件种类比较多，常用的有清华紫光 OCR、汉王 OCR、蒙恬 OCR、尚书 OCR 等。

比较而言，扫描识别输入法对印刷体汉字识别率很高，手写输入汉字识别速度较慢，而且还要注意书写规范。目前语音输入还处于研究阶段。

2. 文本的分类与表示

文本是计算机表示文字及符号信息的一种数字媒体。它的分类方法很多,具体而言:根据是否具有编辑排版格式可分为简单文本和丰富格式文本;根据文本内容的组织方式可分为线性文本和超文本;根据文本内容是否变化和如何变化可分为静态文本、动态文本和主动文本。

(1) 简单文本

简单文本(Plain Text)是由一连串的字符组成的,除了用于表达正文内容的字符(包括汉字)及回车、换行、制表等有限的几个打印(显示)控制字符之外,几乎不包含任何其他格式信息和结构信息。这种文本通常称为纯文本或 ASCII 文本,在计算机中的文件后缀名是“.txt”。它呈现为一种线性结构,写作和阅读均按顺序进行。文件体积小、通用性好,几乎所有的文字处理软件都能识别和处理,但不能插入图片、表格等,不能建立超链接。

(2) 丰富格式文本

丰富文本格式文本也称富文本格式(Rich Text Format,RTF),是由微软公司开发的跨平台文档格式,以纯文本描述内容。它不仅包含传统的文字及其格式信息,还包含图像、图形等多种媒体信息,能够保存各种格式信息,可以用写字板、Word 等创建。大多数的文字处理软件都能读取和保存 RTF 文档。

(3) 超文本

超文本是一种用户接口范式,用以显示文本及与文本相关的内容,是一种非线性的数据存储和管理的模式,比较适合于多媒体数据的组织和管理,因此在多媒体技术中得到广泛应用。超文本普遍以电子文档方式存在,其格式有很多,目前最常使用的是 HTML(超文本标记语言)及 RTF(富文本格式),日常浏览的网页就属于超文本。

3. 文本信息的输出

对输入的文本信息进行编辑处理后,需要对文本的格式描述进行解释,然后生成文字和图表的映像(Bitmap),最后再传送到显示器显示或打印机打印出来。承担上述文本输出任务的软件称为文本阅读器,也称为浏览器,它们可以是嵌入在文本处理软件中的一个模块,如微软的 Word,也可以是独立的软件,如 Adobe 公司的 Acrobat Reader、微软公司的 IE 等。

文字(汉字)字形的生成过程如下:先根据字符的字体确定相应的字形库(Font),再按照该字符的代码从字形库中取出该字符的形状描述信息,然后按形状描述信息生成字形,并按照字号大小及有关属性(粗体、斜体、下横线)将字形作必要的变换,最后将变换得到的字形放置在页面的指定位置处。

字形库简称字库,是对同一种字体的所有字符(例如 GB 2312 - 80 中的 7 000 多个字符)的形状描述信息的集合。不同的字体(如宋体、仿宋、楷体、黑体等)对应不同的字库。

汉字字形技术主要包括字形数据的产生和压缩以及字形的还原。从技术上可分为两种方法:点阵描述和轮廓描述。在应用中普遍采用点阵方法。由于汉字数量多且字形变化大,对不同字形汉字的输出,就有不同的点阵字形。所谓汉字的点阵码,就是汉字点阵字形的代码。

16×16 点阵的汉字其点阵有 16 行,每一行上有 16 个点。如果每一个点用一个二进制位来表示,则每一行有 16 个二进制位,需用两个字节来存放每一行上的 16 个点,并且规定其点阵中二进制位 0 为白点,1 为黑点,这样一个 16×16 点阵(简易型)的汉字需要用 32 个字节来存放。依次类推,24×24 点阵(普及型)、32×32 点阵(提高型)和 48×48 点阵(精密型)的汉字则依次要用 72 个字节、128 个字节和 288 个字节存放一个汉字,构成它在字库中的字模信息。

"大"字的16×16点阵图如图5-1所示。

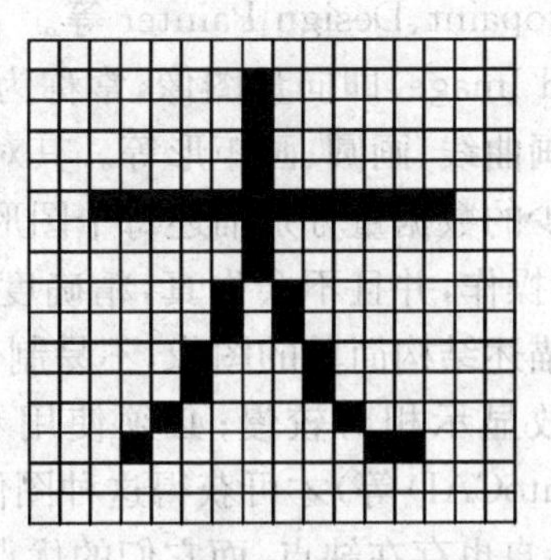

图5-1　"大"字的16×16点阵图

要显示或打印输出一个汉字时，计算机汉字系统根据该汉字的机内码找出其字模信息在字库中的位置，再取出其字模信息作为字形在屏幕上显示或在打印机上打印输出。

轮廓描述将字形看作是一种图形，用直线曲线勾画轮廓、描述字形，并以数学函数来描述，精度高、字形可任意变化。

5.1.3　数字文本的编辑

文档的建立不但要输入文字、插入图片，还要进行格式设置，最后才能取得图文并茂的效果。整个过程都是在编辑状态下进行的。当文档输入完毕，为了美化往往还需对文档进行编辑，以达到更好的效果。

文本编辑与排版的主要功能包括：

(1) 对字、词、句、段落进行添加、删除、修改等操作。

(2) 字的处理：设置字体、字号、字的排列方向、间距、颜色、效果等。

(3) 段落的处理：设置行距、段间距、段缩进、对称方式等。

(4) 表格制作和绘图。

(5) 定义超链。

(6) 页面布局(排版)：设置页边距、每页行列数、分栏、页眉、页脚、插图位置等。

目前，常用的文字处理软件有WPS、Microsoft Word、FrontPage、PDF Writer等，它们都具有丰富的文本编辑与排版功能。

5.2　图像与图形

图像是多媒体最重要的组成部分，其信息量大而且易被人类所接受。一幅生动、直观的图像可以表现出大量的信息，具有文本、声音所无法比拟的优点。凡是能为人类的视觉系统所感知的信息形式或人们心目中的有形想象统称为图像，而通常所说的能被计算机处理的图像为数字图像。

数字图像按生成方法大致分成两类：位图图像和矢量图像。

(1) 位图图像(Bit Mapped Image)也叫点阵图、位映射图像，常简称为图像。它把图像切割成许许多多的像素，然后用若干二进制位描述每个像素的颜色、亮度和其他属性，不同颜色的像素点组合在一起便构成一幅完整的图像，适用于所有图像的表示。这种图像的保存需要记录每一个像素的位置和色彩数据，它可以精确地记录色调丰富的图像，逼真地表现自然界的景象，但文件容量较大，无法制作三维图像，当图像缩放、旋转时会失真。制作位图图像的软件有 Adobe Photoshop、Corel Photopaint、Design Painter 等。

(2) 矢量图像(Vector Based Image)即向量图像，常称为图形，是用一系列计算机指令来表示的一幅图，如画点、画直线、画曲线、画圆、画矩形等。其对应的图形文件，相当于先把图像切割成基本几何图形，然后用很少的数据量分别描述每个图形。因此，它的文件所占的容量较小，容易进行放大、缩小或旋转等操作，并且不会失真，精确度较高，可以制作三维图像。但矢量图像的缺点也很明显：仅限于描述结构简单的图像，不易制作色调丰富或色彩变化太多的图像；计算机显示时由于要计算，故显示相对较慢；必须使用专用的绘图程序(如 FreeHand、Flash、Illustrator、CorelDraw、AutoCAD 等)才可获得这种图像。

这两类图像各有优点，同时各自也存在缺点，而它们的优点恰好可以弥补对方的缺点，因此在图像处理过程中，常常需要两者相互取长补短。下面对比一下位图图像和矢量图像的优缺点。

① 位图图像文件占据的存储空间要比矢量图像大。

② 在放大时，位图图像文件可能由于图像分辨率固定而变得不清晰；而矢量图像采用数学计算的方法，无论怎么将它放大都是清晰的。

③ 矢量图像一般比较简单，而位图图像非常复杂。试想，一张真实的山水照片，用数学方法显然是很难甚至于无法描述的。

④ 矢量图像不好获得，必须用专用的绘图程序(Draw Programs)制作，如 Office 中提供的剪贴画属于矢量图像；而获得位图图像的方法就有很多，可以利用画图程序(Paint Programs)软件画成，也可以利用扫描仪、数码相机、数码摄像机及视频信号数字化卡等设备把模拟的图像信号变成数字位图图像数据。

⑤ 在运行速度上，对于相同复杂度的位图图像和矢量图像来说，显示位图图像比显示矢量图像要快，因为矢量图像的运行需要计算。

矢量图像和位图图像之间是可以转换的。将矢量图像转换为位图图像的方法很简单，有两种：一是将矢量图像直接另存为位图图像格式；二是利用抓图工具将绘制好的矢量图像截取下来，然后存储为位图格式的图像。将位图图像转换为矢量图像时，可以通过绘图程序如 Illustrator、Freehand 等来计算一个位图图像的边界或图像内部颜色的轮廓，然后利用多边形来描述这些图像，这种过程称为自动跟踪。

5.2.1 数字图像的获取与表示

在日常生活中，人眼所看到的客观世界称为景象或图像，这是模拟形式的图像(即模拟图像)，而计算机所处理的图像一般是数字图像，因此需要将模拟图像转换成数字图像。

1. 数字图像的获取

计算机处理的数字图像主要有三种形式：图形、静态图像和动态图像(即视频)。图像获取就是图像的数字化过程，即将图像采集到计算机中的过程。

数字图像主要有以下几种获取途径：

(1) 从数字化的图像库中获取。

目前图像数据库有很多，通常存储在 CD-ROM 光盘上，图像的内容、质量和分辨率都可以选择，只是价格较高，著名的有柯达公司的 Photo CD 素材库。

(2) 利用计算机图像生成软件制作。

利用相关的软件，如 CorelDRAW、Photoshop 和 PhotoStyler 等制作图形、静态图像和动态图像等高质量的数字图像。

(3) 利用图像输入设备采集。

可以使用彩色扫描仪对图像素材，如印刷品、照片和实物等，进行扫描、加工，即可得到数字图像，也可以直接使用数码相机直接拍摄，再传送到计算机中进行处理。而对于动态图像则可以使用数码摄像机拍摄。例如，抓屏，可以利用键盘上的 Print Screen 功能键来抓取屏幕上的图像信息。抓取整个屏幕信息：按下 Print Screen 键，然后在打开的画图程序中新建一个空白文档，按 Ctrl＋V 快捷键，将抓得的信息粘贴到空白文档上。抓取当前活动窗口：按 Alt＋Print Screen 快捷键，接下来的步骤同抓取整个屏幕信息。

当然还可以利用视频播放器进行捕捉，如图 5－2 所示，超级解霸 3500 拍照操作步骤如下：

① 选择"开始→所有程序→超级解霸 3500"程序项命令，或双击桌面快捷方式，启动超级解霸 3500 应用程序，如图 5－3 所示。

图 5－2　利用拍照功能获得的图片

图 5－3　超级解霸 3500

② 当出现想捕获的画面时，单击应用程序控制面板上的拍照按钮或按 Ctrl＋F1 快捷键，即可拍下图 5－2 所示图片，获得的图像通常被保存为 BMP 格式。

(4) 从网络上获取

随着网络技术的飞速发展，Internet 已经成为人们日常生活中必不可少的工具，网络上大量的免费图像在注意版权问题的前提下都可以自由使用。

2. 数字图像的表示

图像信息数字化的取样，是指把时间和空间上连续的图像转换成离散点的过程。量化则是图像离散化后，将表示图像色彩浓淡的连续变化值离散成等间隔的整数值(即灰度级)，从而实现图像的数字化，量化等级越高，图像质量越好。

描述一幅图像需要使用图像的属性，图像的属性主要有分辨率、像素深度、颜色模型、真伪彩色、文件的大小等。

(1) 分辨率

分辨率是影响图像质量的重要因素，可分为屏幕分辨率和图像分辨率两种。

屏幕分辨率：指计算机屏幕上最大的显示区域，以水平和垂直的像素表示。屏幕分辨率和显示模式有关，例如在 VGA 显示模式下的分辨率是 1 024×768，是指满屏显示时水平有1 024 个像素，垂直有 768 个像素。

图像分辨率：指数字化图像的尺寸，是该图像横向像素数×纵向像素数，决定了位图图像的显示质量。如一幅 320×240 的图像，共 76 800 个像素。

(2) 像素深度

像素深度是指存储每个像素所用的位数，一般指表示像素的颜色值所用的二进制的位数，图像的颜色数$=2^{像素深度}$。例如,黑白图的像素深度是 1,灰度图的像素深度是 8,真彩色图的像素深度是 24。

(3) 颜色模型

颜色是外界光刺激作用于人眼而产生的主观感受。颜色模型又称为色彩空间,指彩色图像所使用的颜色描述方法。常用的颜色模型有 RGB(红、绿、蓝)、CMYK(青蓝、洋红、黄、黑)、HSV(色彩、饱和度、亮度)、YUV(亮度、色度)等。因此,颜色模型是一种包含不同颜色的颜色表,表中的颜色数取决于像素深度。根据不同的需要,可以使用不同的颜色模型来定义颜色。

RGB 模型是最常见的一种颜色模型,它使用红(Red)、绿(Green)、蓝(Blue)三种基色来生成其他所有的颜色,每种颜色由红、绿、蓝按不同的强度比例合成,主要用于显示器系统。

HSV(Hue 色度,Saturation 饱和度,Value 亮度)色彩空间,也称 HSI(Hue 色度,Saturation 饱和度,Intensity 亮度)色彩空间,是从人的视觉系统出发,用色度、色饱和度和亮度来描述色彩。由于人的视觉对亮度的敏感程度远强于对颜色浓淡的敏感程度,为了便于色彩处理和识别,人的视觉系统经常采用 HSV 色彩空间,它比 RGB 色彩空间更符合人的视觉特性。HSV 色彩空间和 RGB 色彩空间只是同一物理量的不同表示法,因而它们之间存在着转换关系。

而在印刷业上则采用 CMYK 模型,它使用青蓝色(Cyan)、洋红(Magenta)、黄色(Yellow)和黑色(Black)四种彩色墨水来打印像素点。当然还有许多其他类型的颜色模型,但是没有哪一种颜色模型能解释所有的颜色问题,具体应用中常常通过采用不同颜色模型或者模型转换来帮助说明不同的颜色特征。

(4) 真伪彩色、位平面数和灰度级

二值图像(Binary Image)又称黑白图像,是指每个像素不是黑就是白,其灰度值没有中间过渡的图像,如图 5-4 所示。

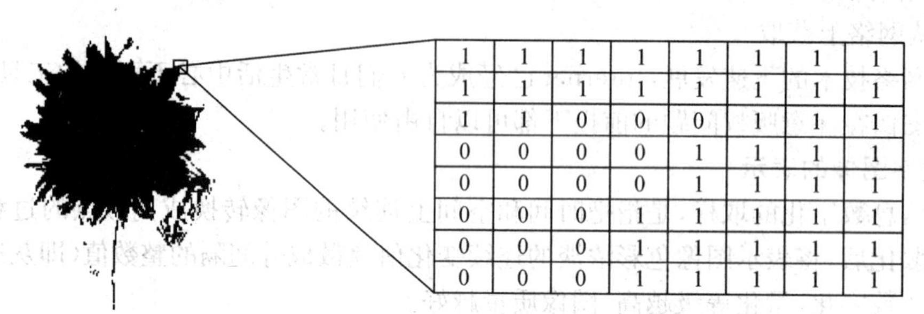

图 5-4 黑白图像

二值图像一般用来描述文字或者图形,其优点是占用空间少,缺点是当表示人物、风景的图像时,二值图像只能描述其轮廓,不能描述细节,这时候要用更高的灰度级。

灰度图像就像黑白电视机里的图像一样,只有亮度差异而没色彩,256 色图像可以显示 256 种色彩,如图 5-5 所示。

在 RGB 色彩空间中,像素深度与色彩的映射关系主要有真彩色、伪彩色和调配色。真彩色(True Color)是指图像中的每个像素值都分成 R、G、B 三个基色分量,每个基色分量直接决定其基色的强度,这样产生的色彩称为真彩色。例如像素深度为 24,用 R∶G∶B=8∶8∶8 来表示色彩,则 R、G、B 各占用 8 位来表示各自基色分量的强度,每个基色分量的强度等级有 $2^8=256$ 种,图像可容纳 $2^{24}=16$ MB 种色彩。但事实上自然界的色彩是不能用任何数字归纳的，这些只是相对于人眼的识别能力，这样得到的色彩可以相对人眼基本反映原图的真实色彩，故称真彩色。伪彩色(Pseudo Color)图像的每个像素值实际上是一个索引值或代码值，该代码值作为色彩查找表(Color Look-Up Table，CLUT)中某一项的入口地址，根据该地址可查找出包含实际 R、G、B 的强度值。这种用查找映射的方法产生的色彩称为伪彩色。用这种方式产生的色彩本身是真的，不过它不一定反映原图的色彩。图 5-6 即为彩色图像的表示。

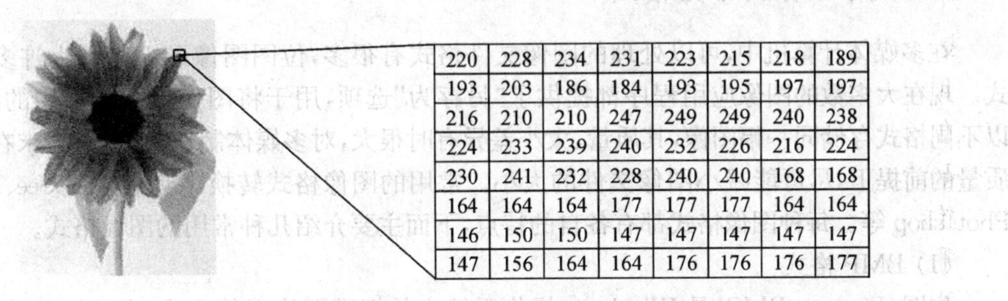

220	228	234	231	223	215	218	189
193	203	186	184	193	195	197	197
216	210	210	247	249	249	240	238
224	233	239	240	232	226	216	224
230	241	232	228	240	240	168	168
164	164	164	177	177	177	164	164
146	150	150	147	147	147	147	147
147	156	164	164	176	176	176	177

图 5-5　灰度图像

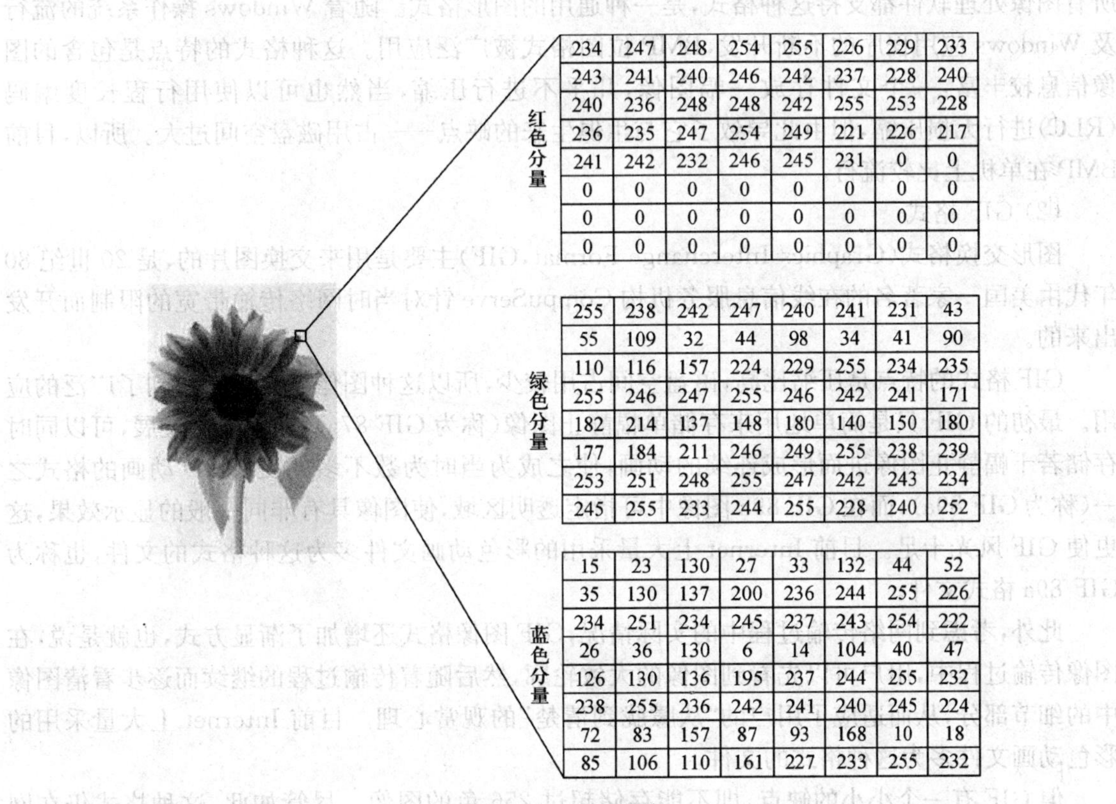

红色分量：

234	247	248	254	255	226	229	233
243	241	240	246	242	237	228	240
240	236	248	248	242	255	253	228
236	235	247	254	249	221	226	217
241	242	232	246	245	231	0	0
0	0	0	0	0	0	0	0
0	0	0	0	0	0	0	0
0	0	0	0	0	0	0	0

绿色分量：

255	238	242	247	240	241	231	43
55	109	32	44	98	34	41	90
110	116	157	224	229	255	234	235
255	246	247	255	246	242	241	171
182	214	137	148	180	140	150	180
177	184	211	246	249	255	238	239
253	251	248	255	247	242	243	234
245	255	233	244	255	228	240	252

蓝色分量：

15	23	130	27	33	132	44	52
35	130	137	200	236	244	255	226
234	251	234	245	237	243	254	222
26	36	130	6	14	104	40	47
126	130	136	195	237	244	255	232
238	255	236	242	241	240	245	224
72	83	157	87	93	168	10	18
85	106	110	161	227	233	255	232

图 5-6　彩色图像

真彩色图像的位平面数是 3，每个分量的灰度级是 2^8，黑白图像和灰度图像的位平面数都是 1，黑白图像的灰度级是 2^1，灰度图像的灰度级是 2^8。

(5) 图像文件大小

一幅图像的大小与图像分辨率、像素深度有关，可以用以下公式来计算：

图像文件的字节数＝每像素所占位数×行像素数×列像素数÷8

其中，图像颜色数$=2^{每像素所占位数}$。例如，一幅图像分辨率为640×480，像素深度为24的真彩色图像，未经压缩的大小为640×480×24÷8=921 600(字节)。

可见，位图图像所需的存储空间较大。因此，在多媒体中使用的图像一般都要经过压缩来减少存储量。

5.2.2 数字图像的常见格式

在多媒体计算机中，可以处理的图像文件格式有很多，位图图像可以存储为许多种文件格式。现在大多数的图像应用程序都提供了“另存为”选项，用于将图像保存为通用的图像格式。以不同格式存储同一幅图像，其质量、大小差异有时很大，对多媒体制作来说，应力求在保证图像质量的前提下，尽可能减小图像文件的大小。常用的图像格式转换工具有ACDSee、Mspaint和Photoshop等。每种图像格式都有各自的特点，下面主要介绍几种常用的图像格式。

(1) BMP格式

位图(Bitmap，BMP)是Windows操作系统中的标准图像文件格式，在Windows下运行的所有图像处理软件都支持这种格式，是一种通用的图形格式。随着Windows操作系统的流行及Windows应用程序的不断开发，BMP位图格式被广泛应用。这种格式的特点是包含的图像信息较丰富，一个文件存放一幅图像，几乎不进行压缩，当然也可以使用行程长度编码(RLC)进行无损压缩，但由此导致了它与生俱生来的缺点——占用磁盘空间过大。所以，目前BMP在单机上比较流行。

(2) GIF格式

图形交换格式(Graphics Interchange Format，GIF)主要是用来交换图片的，是20世纪80年代由美国一家著名的在线信息服务机构CompuServe针对当时网络传输带宽的限制而开发出来的。

GIF格式的特点是压缩比高，磁盘空间占用较少，所以这种图像格式迅速得到了广泛的应用。最初的GIF只是简单地用来存储单幅静止图像(称为GIF 87a)，随着技术发展，可以同时存储若干幅静止图像进而形成连续的动画，使之成为当时为数不多的支持2D动画的格式之一(称为GIF 89a)，而在GIF 89a图像中可指定透明区域，使图像具有非同一般的显示效果，这更使GIF风光十足。目前Internet上大量采用的彩色动画文件多为这种格式的文件，也称为GIF 89a格式文件。

此外，考虑到网络传输过程中的实际情况，GIF图像格式还增加了渐显方式，也就是说，在图像传输过程中，用户可以先看到图像的大致轮廓，然后随着传输过程的继续而逐步看清图像中的细节部分，从而适应了用户的“从朦胧到清楚”的观赏心理。目前Internet上大量采用的彩色动画文件多为这种格式的文件。

但GIF有一个小小的缺点，即不能存储超过256色的图像。尽管如此，这种格式仍在网络上被广泛采用，这与GIF图像文件短小、下载速度快、可用许多具有同样大小的图像文件组成动画等特点是分不开的。

(3) JPEG格式

JPEG也是常见的一种图像格式，它由联合照片专家组(Joint Photographic Experts Group)开发并命名为ISO 10918-1，JPEG仅仅是一种俗称而已。JPEG文件的扩展名为.jpg或.jpeg，其压缩技术十分先进，采用有损压缩方式去除冗余的图像和彩色数据，获得极高的压缩率的同时能展现十分丰富生动的图像，换句话说，就是可以用最少的磁盘空间得到较好的图像质量。

同时 JPEG 还是一种很灵活的格式，具有调节图像质量的功能，允许用不同的压缩比例对这种文件压缩，压缩比约为 20：1，是有损压缩，但人类视觉无法分辨失真。比如最高可以把 1.37 MB 的 BMP 位图文件压缩至 20.3 KB。当然，可以在图像质量和文件尺寸之间找到平衡点。

由于 JPEG 优异的品质和杰出的表现，它的应用也非常广泛，尤其是在网络和光盘读物上得到广泛的采用，并成为网络上最受欢迎的图像格式之一。

(4) JPEG 2000 格式

JPEG 2000 同样是由 JPEG 组织负责制定的，它有一个正式名称叫做 ISO 15444，与 JPEG 相比，它是具备更高压缩率以及更多新功能的新一代静态影像压缩技术。

JPEG 2000 作为 JPEG 的升级版，其压缩率比 JPEG 高 30%左右。与 JPEG 不同的是，JPEG 2000 同时支持有损和无损压缩，而 JPEG 只能支持有损压缩。无损压缩对保存一些重要图片是十分有用的。JPEG 2000 的一个极其重要的特征在于它能实现渐进传输，这一点与 GIF 的“渐显”相似，即先传输图像的轮廓，然后逐步传输数据，不断提高图像质量，让图像由朦胧到清晰显示，而不必是像现在的 JPEG 一样，由上到下慢慢显示。

此外，JPEG 2000 还支持所谓的“感兴趣区域”特性，可以任意指定影像上感兴趣区域的压缩质量，还可以选择指定的部分先解压缩。JPEG 2000 和 JPEG 相比优势明显，且向下兼容，因此取代传统的 JPEG 格式指日可待。

JPEG 2000 可应用于传统的 JPEG 市场，如扫描仪、数码相机等，亦可应用于新兴领域，如网路传输、无线通信等。

(5) TIFF 格式

TIFF(Tag Image File Format)是 Mac 中广泛使用的图像格式，是由 Aldus 和微软公司联合开发，最初是为跨平台存储扫描图像的需要而设计的。它的特点是图像格式复杂、存储信息多。正因为它存储的图像细微层次的信息非常多，图像的质量也得以提高，故而非常有利于原稿的复制。

该格式有压缩和非压缩两种形式，其中压缩可采用 LZW 无损压缩方案存储。但由于 TIFF 格式结构较为复杂，兼容性较差，因此有些软件可能不能正确识别 TIFF 文件(现在绝大部分软件都已解决这个问题)。目前在 Mac 和 PC 上移植 TIFF 文件也十分便捷，因而 TIFF 现在也是计算机上使用最广泛的图像文件格式之一。

(6) PSD 格式

PSD(Photoshop Document)是著名的 Adobe 公司的图像处理软件 Photoshop 的专用格式。PSD 其实是 Photoshop 进行平面设计的一张“草稿图”，它里面包含有各种图层、通道、遮罩等多种设计的样稿，以便于下次打开文件时可以修改上一次的设计。在 Photoshop 所支持的各种图像格式中，PSD 的存取速度比其他格式快很多，功能很强大。由于 Photoshop 越来越被广泛地应用，所以这种格式的应用也非常广泛。

(7) PNG 格式

PNG(Portable Network Graphics)有四个特点：① 一种新兴的网络图像格式，PNG 是目前最不失真的格式，它汲取了 GIF 和 JPEG 两者的优点，存储形式丰富，兼有 GIF 和 JPEG 的色彩模式；② 能把图像文件压缩到极限以利于网络传输，但又能保留所有与图像品质有关的信息。因为 PNG 是采用无损压缩方式来减少文件的大小，这一点与牺牲图像品质以换取高压缩率的 JPEG 有所不同；③ 显示速度很快，只需下载 1/64 的图像信息就可以显示出低分辨率的预览图像;④ 支持透明图像的制作,透明图像在制作网页图像的时候经常用到。

PNG的缺点是不支持动画应用效果,如果在这方面能有所加强,基本可以替代GIF和JPEG。Macromedia公司的Fireworks软件的默认格式就是PNG。现在,越来越多的软件开始支持这一格式,这种格式在网络上也越来越流行。

(8) SWF格式

利用Flash可以制作出一种后缀名为SWF(Shockwave Format)的动画,这种格式的动画图像能够用比较小的体积来表现丰富的多媒体形式。在图像的传输方面,不必等到文件全部下载下来才能观看,而是边下载边观看,因此特别适合网络传输,特别是在传输速率不佳的情况下,也能取得较好的效果。目前,SWF已被大量应用于Web网页进行多媒体演示与交互性设计。此外,SWF动画是基于矢量技术制作的,因此不管将画面放大多少倍,画面都不会因此而有任何损害。综上所述,SWF格式作品以其高清晰度的画质和小巧的体积,受到越来越多网页设计者的青睐,成为网页动画和网页图片设计制作的主流,目前已成为网上动画的标准。

(9) SVG格式

可缩放的矢量图形(Scalable Vector Graphics, SVG)是目前最火热的图像文件格式之一。它是由World Wide Web Consortium(W3C)联盟进行开发的,严格来说,应该是一种开放标准的矢量图形语言,可设计出高分辨率的Web图形页面。用户可以直接用代码来描绘图像,也可以用任何文字处理工具打开SVG图像,通过改变部分代码使图像具有互交功能,并可以随时插入到HTML中并通过浏览器来观看。

SVG提供了GIF和JPEG无法具备的优势:可以任意放大图形显示,但绝不会以牺牲图像质量为代价;文字在SVG图像中保留可编辑和可搜寻的状态;SVG格式文件比JPEG和GIF格式的文件要小很多,因而下载速度也很快。可以相信,SVG的开发将会为Web提供新的图像标准。

(10) DICOM格式

医学数字影像和通信标准(Digital Imaging and Communications in Medicine,DICOM)是由美国放射学会(ACR)和全美电子厂商联合会(NEMA)在参考了其他相关国际标准的基础上联合制定的标准。它从最初的1.0版本到1988年推出的2.0版本,再到1993年发布的DICOM标准3.0,现已发展成为医学影像信息学领域的国际通用标准。

DICOM标准中涵盖了医学数字图像的采集、归档、通信、显示及查询等几乎所有信息交换的协议。DICOM标准的推出与实现,大大简化了医学影像信息交换的实现,推动了远程放射学系统、图像管理与通信系统的研究与发展,并且由于DICOM的开放性与互联性,使得与其他医学应用系统(如HIS、RIS等)的集成成为可能。

(11) 其他非主流的图像格式

① PCX格式。PCX格式是ZSOFT公司在开发图像处理软件Paintbrush时开发的一种格式,这是一种经过压缩的格式,占用磁盘空间较少。由于该格式出现的时间较长,并且具有压缩及全彩色的功能,所以现在仍比较流行。

② DXF格式。DXF(Autodesk Drawing Exchange Format)是AutoCAD中的矢量文件格式,它以ASCII码方式存储文件,在表现图形的大小方面十分精确。许多软件都支持DXF格式的输入与输出。

③ WMF格式。WMF(Windows Metafile Format)是Windows中常见的一种图元文件格式,属于矢量文件格式。它具有文件短小、图案造型化的特点,整个图形常由各个独立的组

成部分拼接而成,其图形往往较粗糙。

④ EMF 格式。EMF(Enhanced Metafile)是微软公司为了弥补使用 WMF 的不足而开发的一种 Windows 32 位扩展图元文件格式,也属于矢量文件格式,其目的是使图元文件更加容易被接受。

⑤ FLIC(FLI/FLC)格式。FLIC 格式由 Autodesk 公司研制而成,FLIC 是 FLC 和 FLI 的统称。FLI 是最初的基于 320×200 分辨率的动画文件格式,而 FLC 则采用更高效的数据压缩技术,所以具有比 FLI 更高的压缩比,其分辨率也有了不少提高。

⑥ EPS 格式。EPS(Encapsulated PostScript)是 PC 用户较少见的一种格式,而苹果 Mac 机的用户则用得较多。它是用 PostScript 语言描述的一种 ASCII 码文件格式,主要用于排版、打印等输出工作。

⑦ TGA 格式。TGA(Tagged Graphics)文件是由美国 Truevision 公司为其显卡开发的一种图像文件格式,已被国际上的图形、图像工业接受。TGA 的结构比较简单,属于一种图形、图像数据的通用格式,在多媒体领域有着很大影响,是计算机生成图像向电视转换的一种首选格式。

5.2.3 数字图像处理与应用

1. 图像处理的概念

图像处理是指使用计算机对来自照相机、摄像机、传真机、扫描仪、医用 CT 机、X 光机等的图像进行去噪、增强、复原、分割、提取特征、压缩、存储、检索等的操作处理。

2. 图像处理的目的与方法

通常经图像信息输入系统获取的源图像信息中都含有各种各样的噪声和畸变,在很多情况下并不能直接用于多媒体项目中,必须先根据需要进行编辑处理。图像处理的目的是:使图像更清晰或者具有某种特殊的效果,使人或计算机更易于理解;有利于图像的复原与重建;便于图像的分析、存储、管理、检索以及图像内容与知识产权的保护等。

图像处理是对图像进行增强、变换、转换、压缩和识别等操作的总称。下面简单介绍几种常用的图像处理方法。

(1) 编码压缩。

在计算机上处理图像信号的前提是先把图像数字化成二进制数值。由于数字化后的图像数据量很大,不便于存储和传输,因此在多媒体系统中图像信息必须经过编码压缩处理。

(2) 图像增强。

图像增强的目的是为了改善图像的视觉效果、工艺的适应性,便于人与计算机的分析和处理,以满足图像复制或再现的要求。图像增强的内容包括色彩变换、灰度变换、图像锐化、噪声去除、几何畸变校正和图像尺寸变换等。简单地说,就是对图像的灰度和坐标进行某些操作,从而改善图像质量。目前常用的图像增强方法根据其处理的空间不同,可分为两类:

① 基于图像域的方法:直接在图像所在的空间进行处理,也就是在像素组成的图像域里直接对像素进行操作。

② 基于变换域的方法:在图像的变换域间接对图像进行处理。

(3) 图像恢复。

图像恢复的目的是改善图像质量,但与图像增强相比,图像恢复以其保真度为前提,力求保持图像的本来面目。所以图像恢复的作用是从畸变的图像中恢复出真实图像。

(4) 图像编辑。

图像编辑的目的是将原始图像加工成各种可供表现用的图像形式,包括图像剪裁、缩放、旋转、翻转和综合叠加等。

(5) 图像格式转换。

为了适应不同应用的需要,多媒体系统中的图像以多种格式进行存储。图像格式转换可通过工具软件来实现。

3. 常用的图像编辑软件

具有图像编辑功能的软件有很多,比如 Windows 自带的画图软件 Mspaint、ACDSee 和 Photoshop 等。有些软件甚至可以进行专业级的编辑制作,如美国 Adobe 公司的 Photoshop,集图像扫描、图像编辑、绘图、图像合成及图像输出等多种功能于一体,是一个流行的图像处理工具。

Windows 自带的画图软件 Mspaint 的使用非常方便。

① 选择"开始→程序→附件→画图"命令,可以启动画图应用程序。

② Mspaint 画图程序的使用方法十分简单,利用其可以设计出简单的位图作品。

③ 使用该画图程序的"另存为"命令,可以很方便地把 BMP 格式的图像转化成 JPG、TIF 或 PNG 等格式的图像。

4. 数字图像处理的应用

图像是人类获取和交换信息的主要来源,因此,图像处理的应用领域必然涉及到人类生活和工作的方方面面。随着人类活动范围的不断扩大,图像处理的应用领域也将随之不断扩大。

(1) 航天和航空技术方面

数字图像处理技术在航天和航空技术方面的应用,除了 JPL 对月球、火星照片的处理之外,另一方面的应用是在飞机遥感和卫星遥感技术中。许多国家每天派出很多侦察飞机对地球上有兴趣的地区进行大量的空中摄影。对由此得来的照片进行处理分析,以前需要雇用几千人,而现在改用配备有高级计算机的图像处理系统来判读分析,既节省人力,又加快了速度,还可以从照片中提取人工所不能发现的大量有用情报。从 20 世纪 60 年代末以来,美国及一些国际组织发射了资源遥感卫星(如 LANDSAT 系列)和天空实验室(如 SKYLAB),由于成像条件受飞行器位置、姿态、环境条件等影响,图像质量总不是很高。因此,以如此昂贵的代价进行简单直观的判读来获取图像是不合算的,必须采用数字图像处理技术。如 LANDSAT 系列陆地卫星,采用多波段扫描器(MSS),在 900 km 高空对地球每一个地区以 18 天为一周期进行扫描成像,其图像分辨率大致相当于地面上十几米或 100 m 左右(如 1983 年发射的 LANDSAT-4,分辨率为 30 m)。这些图像在空中先处理(数字化、编码)成数字信号存入磁带中,在卫星经过地面站上空时,再高速传送下来,然后由处理中心分析判读。这些图像无论是在成像、存储、传输过程中,还是在判读分析中,都必须采用很多数字图像处理方法。现在世界各国都在利用陆地卫星所获取的图像进行资源调查(如森林调查、海洋泥沙和渔业调查、水资源调查等)、灾害检测(如病虫害检测、水火检测、环境污染检测等),资源勘察(如石油勘查、矿产量探测、大型工程地理位置勘探分析等)、农业规划(如土壤营养、水份和农作物生长、产量的估算等)、城市规划(如地质结构、水源及环境分析等),我国也陆续开展了以上诸方面的一些实际应用,并获得了良好的效果。在气象预报和对太空其他星球研究方面,数字图像处理技术也发挥了相当大的作用。

(2) 生物医学工程方面

数字图像处理在生物医学工程方面的应用十分广泛,而且很有成效。除了上面介绍的CT技术之外,还有一类是对医用显微图像的处理分析,如红细胞、白细胞分类,染色体分析,癌细胞识别等。此外,在X光肺部图像增晰、超声波图像处理、心电图分析、立体定向放射治疗等医学诊断方面都广泛地应用图像处理技术。

(3) 通信工程方面

当前通信的主要发展方向是声音、文字、图像和数据结合的多媒体通信。具体地讲是将电话、电视和计算机以三网合一的方式在数字通信网上传输。其中以图像通信最为复杂和困难,因图像的数据量十分巨大,如传送彩色电视信号的速率达100 Mbps以上。要将这样高速率的数据实时传送出去,必须采用编码技术来压缩信息的比特量。在一定意义上讲,编码压缩是这些技术成败的关键。除了已应用较广泛的熵编码、DPCM编码、变换编码外,目前国内外正在大力开发研究新的编码方法,如分行编码、自适应网络编码、小波变换图像压缩编码等。

(4) 工业和工程方面

在工业和工程领域中图像处理技术有着广泛的应用,如自动装配线中检测零件的质量、并对零件进行分类,印刷电路板疵病检查,弹性力学照片的应力分析,流体力学图片的阻力和升力分析,邮政信件的自动分拣,在一些有毒、放射性环境内识别工件及物体的形状和排列状态,先进的设计和制造技术中采用工业视觉等等。其中值得一提的是研制具备视觉、听觉和触觉功能的智能机器人,将会给工农业生产带来新的激励,目前已在工业生产中的喷漆、焊接、装配中得到有效的利用。

(5) 军事公安方面

在军事方面图像处理和识别主要用于导弹的精确末制导,各种侦察照片的判读,具有图像传输、存储和显示的军事自动化指挥系统,飞机、坦克和军舰模拟训练系统等;公安业务图片的判读分析、指纹识别、人脸鉴别、不完整图片的复原,以及交通监控、事故分析等。目前已投入运行的高速公路不停车自动收费系统中的车辆和车牌的自动识别都是图像处理技术成功应用的案例。

(6) 文化艺术方面

目前这类应用有电视画面的数字编辑,动画的制作,电子图像游戏,纺织工艺品设计,服装设计与制作,发型设计,文物资料照片的复制和修复,运动员动作分析和评分等等,现在已逐渐形成一门新的艺术——计算机美术。

(7) 机器人视觉

机器视觉作为智能机器人的重要感觉器官,主要进行三维景物理解和识别,是目前处于研究之中的开放课题。机器视觉主要用于军事侦察、危险环境的自主机器人,邮政、医院和家庭服务的智能机器人,装配线工件识别、定位,太空机器人的自动操作等。

(8) 视频和多媒体系统

目前,电视制作系统广泛使用的图像处理、变换、合成,多媒体系统中静止图像和动态图像的采集、压缩、处理、存储和传输等。

(9) 科学可视化

图像处理和图形学紧密结合,形成了科学研究各个领域新型的研究工具。

(10) 电子商务

在当前呼声甚高的电子商务中,图像处理技术也大有作为,如身份认证、产品防伪、水印技术等。总之,图像处理技术应用领域相当广泛,已在国家安全、经济发展、日常生活中充当越来越重要的角色,对国计民生的作用不可低估。

5.2.4　计算机图形及应用

计算机图形是一种抽象化的图像,又称为矢量图形,是由一个指令集来描述的。矢量图的基本组成部分称为图元,它是图形中具有一定意义的较为独立的信息单位。例如,一个圆、一个矩形等。一个图形是由若干个图段组成的,而一个图段则是由若干个图元组成的。图形若是平面的就是二维图形,若在三维空间内就是三维图形即立体图形,主要用于工程图、白描图、图例、卡通漫画和三维建模等。大多数 CAD 和 3D 造型软件使用矢量图作为基本的图形存储格式。在多媒体计算机中,常用的图形文件格式有 DWG、IGES、3DS 和 WMF 等。在三维图形上增加着色和光照效果、材质感(纹理)等因素,就称为真实感图形。如图 5-7 所示为由 AutoCAD 软件绘制的机械零件图。

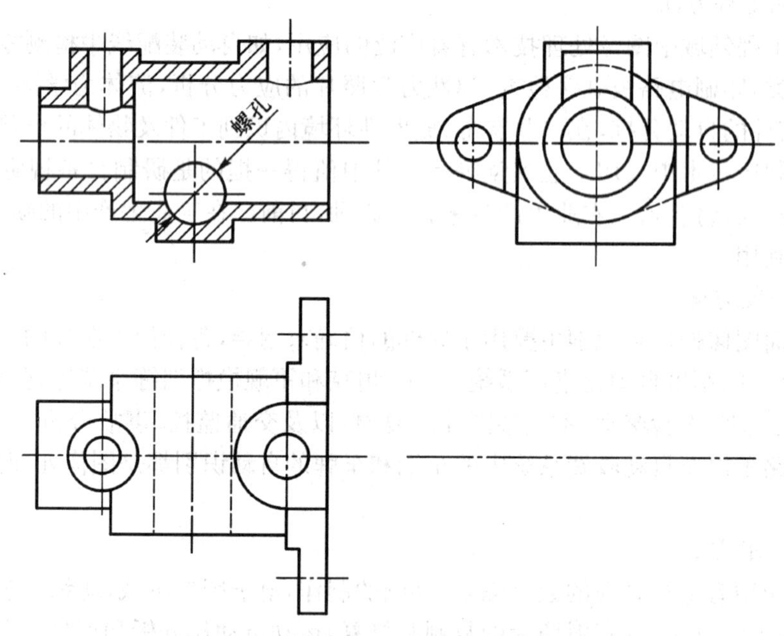

图 5-7　由 AutoCAD 绘制的机械零件图

Adobe 公司的 Freehand 和 Illustrator、Corel 公司的 CorelDRAW 是众多矢量图形设计软件中的代表,而 Flash MX 制作的动画也是矢量图形动画,其他的绘图软件还有工程机械等领域常用的 AutoCAD 以及三维绘图软件 3DS 等。

图形的输入常采用图形扫描、图形选择输入、菜单选择输入等几种方法:

(1) 图形的扫描输入由数字化仪来实现。

(2) 图形选择输入是使用鼠标在计算机中图形库内选择某个图形,作为用户所需要的图形。

(3) 菜单选择输入是通过鼠标选择计算机屏幕上的菜单命令来驱动一个绘图软件。

对矢量图形的处理有平移、缩放、旋转、变换和裁剪等。

图形的输出常采用显示器显示、打印机按位图打印和绘图仪绘制等三种方式。一般来说,打印机只能打印幅面较小的图形,而绘图仪可绘制较大幅面的图纸,因此一些工程设计图形就需要用绘图仪来绘制。

计算机图形学狭义上是研究基于物理定律、经验方法以及认知原理，使用各种数学算法处理二维或三维图形数据，生成可视数据表现的科学。广义上来看，其不仅包含了从三维图形建模、绘制到动画的过程，同时也包括了对二维矢量图形以及图像视频融合处理的研究。目前，计算机图形学经过将近40年的发展，已进入了较为成熟的发展期。以此学科为基础发展的新技术如VR(虚拟现实)、3D打印、AR(增强现实)及全息投影等为包括计算机辅助设计与加工，影视动漫，军事仿真，医学图像处理，气象、地质、财经和电磁等的科学可视化各个领域带来新的视觉盛宴。另一方面，由于这些领域应用的推动，也给计算机图形学的发展提供新的发展机遇与挑战。

5.3　数字声音及应用

声音是多媒体作品中最能触动人们的元素之一，人通过听觉器官收集到的信息占利用各种感觉器官从外界收集到的总信息量的20%左右，充分利用声音的魅力是制作优秀多媒体作品的关键。目前，多媒体计算机对声音处理的功能越来越强，并且声音媒体成为多媒体计算机中必不可少的信息载体之一。

5.3.1　数字声音的获取

1. 数字声音的获取方法

声音经过输入设备，例如话筒、录音机或CD激光唱机等设备将声波变换成一种模拟的电压信号，再经过模数转换(包括取样和量化)把模拟信号转换成计算机可以处理的数字信号，这个过程称为声音的数字化。

(1) 模拟信号和数字信号。

语音信号是最典型的连续信号，它不仅在时间上连续，而且在幅度上也是连续的。在一定时间里，时间“连续”是指声音信号的时间有无穷多个，幅度“连续”是指幅度的数值有无穷多个。把在时间和幅度上都是连续的信号称为模拟信号。

数字信号指一个数据序列，是把时间和幅度都用离散的数字表示的信号。实际上，数字信号来源于模拟信号，是模拟信号的一个小子集，是取样得到的。它的特点是幅值被限制在有限个数值之内，不是连续的而是离散的，即幅度只能取有限的几个数值。

(2) 声音信息数字化。

把每隔一段特定的时间从模拟信号中测量一个幅度值的过程，称为取样(Sampling)。取样得到的幅度可能是无穷多个，因此幅度还是连续的。如果把信号幅度取值的数目加以限定，这种信号就称为离散幅度信号。取样后，对幅度进行限定和近似的过程称为量化(Measuring)。把时间和幅度都用离散的数字表示，则模拟信号就转化为了数字信号。图5-8所示为声音信号数字化过程。

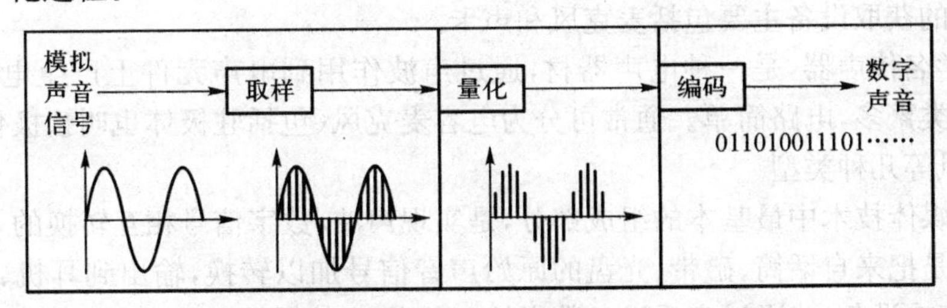

图5-8　声音信号数字化过程

声音进入计算机的第一步就是数字化,数字化实际上就是取样和量化。取样和量化过程所用的主要部件是模数转换器,即模拟信号到数字信号的转换器(Analog To Digital Converter,ADC)。如果在间隔相等的一小段时间内取样一次,称为均匀取样(Proportional Sampling),单位时间内的取样次数称为取样频率(Sampling Frequency);如果幅度的划分是等间隔的,就称为线性量化(Linear Measuring)。

取样频率的高低是由奈奎斯特理论(Nyquist Theory)和声音信号本身的最高频率决定的。奈奎斯特理论指出:取样频率不应低于声音信号最高频率的两倍。这样就能把以数字信号表达的声音还原成原来的声音,这叫无损数字化(Lossless Digitization)。当然,取样频率越高,数字化的音频质量也就越高,取样定理表示为:$f_s \geqslant 2f$,其中 f_s 是被采集信号的最高频率。

当然,两倍于最高频率的取样频率是数字化声音再现声音的必要条件,而非充分条件,它还与幅度的量化级别有关,量化级别越高,越能反映音量不同的声音。如果量化成256个幅度,在计算机中就需要8位二进制数表示。用以表示量化级别的二进制数据的位数,称为取样精度(Sampling Precision),也叫量化位数、样本位数、位深度,用每个声音样本的位数(bit或b)表示。如果每个声音样本用16位表示,就能表示65 536种不同的幅度,它的精度是输入信号的1/65 536。样本位数越多,声音的质量越高,而需要的存储空间也越大;位数越少,声音的质量越低,需要的存储空间越小。

取样时的声道数有单声道和双声道两种。单声道为声音记录只产生一个波形数据;双声道为声音记录产生两个波形数据。双声道能产生立体声的听觉效果,但它的数据存储量为单声道的数据存储量的两倍。因此未经压缩的数字声音的数据率为:

数据率(bps)=取样频率(Hz)×量化位数(bit)×声道数

一个声音文件如果不采用压缩技术,它的大小应为:

文件的字节数=数据率×时间÷8=取样频率×量化位数×声道数×时间÷8

其中,时间的单位是秒(s)。例如,一个声音文件中的声音取样频率为44.1 kHz,每个取样点的量化位数用8位,录制立体声(双声道)节目,声音播放时间为1 min,不采用压缩技术,生成的WAV文件大小为:44 100×8×2×60÷8=5 292 000(字节)。

模拟的声音信号转变成数字形式进行处理的好处是显而易见的:声音存储质量得到了加强;数字化的声音信息使计算机能够进行识别、处理和压缩;以数字形式存储的声音重放性能好,复制时没有失真;数字声音的可编辑性强,易于进行效果处理;数字声音能进行数据压缩,传输时抗干扰能力强;数字声音容易与其他媒体相互结合(集成);数字声音为自动提取"元数据"和实现基于内容的检索创造条件。

2. 数字声音的获取设备

数字声音的获取设备主要包括麦克风和声卡。

麦克风,学名传声器,是一种电声器材,通过声波作用到电声元件上产生电压,再转为电能。麦克风种类繁多,电路简单。通常可分为电容麦克风(包括驻极体也叫预极化)、动圈麦克风、铝带麦克风等几种类型。

声卡是多媒体技术中最基本的组成部分,是实现声波/数字信号相互转换的一种硬件。声卡的基本功能是把来自话筒、磁带、光盘的原始声音信号加以转换,输出到耳机、扬声器、扩音机、录音机等声响设备,或通过音乐设备数字接口(MIDI)使乐器发出美妙的声音。

5.3.2 数字声音的压缩编码及常见格式

1. 数字声音的压缩编码

将量化后的数字声音信息直接存入计算机将会占用大量的存储空间。在多媒体音频信号处理中,一般需要对数字化后的声音信号进行压缩编码,使其成为具有一定字长的二进制数字序列,以减少音频的数据量,并以这种形式在计算机内传输和存储。在播放这些声音时,需要经解码器将二进制编码恢复成原来的声音信号播放。

声音信号能进行压缩编码的基本依据主要有三点:

(1) 声音信号中存在着很大的冗余度,通过识别和去除这些冗余度,便能达到压缩的目的。

(2) 音频信息的最终接收者是人,人的视觉和听觉器官都具有某种不敏感性。舍去人的感官所不敏感的信息对声音质量的影响很小,在有些情况下,甚至可以忽略不计。例如,人耳听觉中有一个重要的特点,即听觉的"掩蔽"。它是指一个强音能抑制一个同时存在的弱音的听觉现象。利用该性质,可以抑制与信号同时存在的量化噪音。

(3) 对声音波形采样后,相邻采样值之间存在着很强的相关性。

按照压缩原理的不同,声音的压缩编码可分为三类,即波形编码、参数编码和混合型编码。

① 波形编码

这种方法主要利用音频采样值的幅度分布规律和相邻采样值间的相关性进行压缩,目标是力图使重构的声音信号的各个样本尽可能地接近于原始声音的采样值。这种编码保留了信号原始采样值的细节变化,即保留了信号的各种过渡特征,因而复原的声音质量较高。波形编码技术有脉冲编码调制(PCM)、自适应增量调制(ADM)和自适应差分脉冲编码调制(ADPCM)等。

② 参数编码

参数编码是一种对语音参数进行分析合成的方法。语音的基本参数是基音周期、共振峰、语音谱、声强等,如能得到这些语音基本参数,就可以不对语音的波形进行编码,而只需记录和传输这些参数就能实现声音数据的压缩。这些语音基本参数可以通过分析人的发音器官的结构及语音生成的原理,建立语音生成的物理或数学模型通过实验获得。得到语音参数后,就可以对其进行线性预测编码(Linear Predictive Coding, LPC)。

③ 混合型编码

混合型编码是一种在保留参数编码技术的基础上,引用波形编码准则去优化激励源信号的方案。混合型编码充分利用了线性预测技术和综合分析技术,其典型算法有:码本激励线性预测(CELP)、多脉冲线性预测(MP-LPC)、矢量和激励线性预测(VSELP)等。

波形编码可以获得很高的声音质量,因而在声音编码方案中应用较广。

2. 声音文件的常见格式

数字化后的声音信息,常被称为声音文件。声音文件可以以不同的格式被存储在计算机中,声音文件的格式作为一种声音的识别方法,显然在数据进行编辑和播放之前文件的结构必须是已知的,然后选择相应的播放器进行编辑成播放文件。常见的声音文件格式见表5-2。

表5-2 声音文件常见格式及扩展名

文件格式	文件扩展名
WAV文件	.wav
CD文件	.cda
MIDI文件	.mid ,.rmi
Audio文件	.mp3,.mp2,.mp1,.mpa,.abs
DVD文件	.vob

下面介绍几种常见的声音文件。

(1) WAV文件

WAV文件即波形文件,其扩展名是". wav",它是微软公司专门为Windows设计的波形声音文件存储格式,被Windows平台及其应用程序所支持,它来源于对声音模拟波形的取样,是最早的数字音频格式。用不同的取样频率对声音的模拟波形进行取样,可以得到一系列离散的取样点,以不同的量化位数把这些取样点的值转换为二进制数,这就产生了声音的WAV文件。WAV格式支持多种压缩算法,支持多种音频位数、取样频率和声道,标准格式的WAV文件和CD格式文件一样,也是取用44.1 kHz的取样频率,16位量化位数,因此WAV的音质与CD相差无几,也是目前计算机上广为流行的声音文件格式,几乎所有的音频编辑软件都"认识"WAV格式。

WAV文件的大小是由取样频率、量化位数和声道数决定的,即

WAV文件的字节数=取样频率(Hz)×量化位数×声道数×时间(s)÷8。

例如,采用44.1 kHz的取样频率对声音波形进行取样,每个取样点的量化位数用16位,录制1 s的立体声(双声道)节目,生成的WAV文件大小为:

$$44\,100\times16\times2\times1\div8=176\,400(\text{字节})$$

从这个例子可以看出,WAV文件对存储空间需求太大,不便于交流和传播。

(2) CD文件

CD是光盘的一种存储格式,专门用来记录和存储音乐。它可以提供高质量的音源,而且无需硬盘存储声音文件,声音直接通过光盘由光盘驱动器中特定芯片处理后发出,可以说CD音轨是近似无损的,它的声音基本上忠于原声,因此CD被称为当今世界上音质最好的音频格式之一。CD唱盘也是利用数字技术(取样技术)制作的,只是CD唱盘上不存在数字声波文件的概念,而是利用激光将"0"和"1"数字位转换成微小的信息凹凸坑制作在光盘上,通过光盘驱动器读出其内容,再经过数模转换变成模拟信号后输出并播放。

在大多数播放软件的"打开文件类型"中,都可以看到.cda格式,这就是CD音轨。CD光盘可以在CD唱机中播放,也能用计算机里的各种播放软件来重放。一个CD音频文件就是一个.cda文件,它只是一个索引信息,而没有包含声音信息本身,所以不论CD音乐的长短,在计算机上看到的"*.cda"文件都是44字节长。需要注意的是,不能直接复制CD格式的"*.cda"文件到硬盘上播放,需要使用像EAC这样的音轨软件把CD格式的文件转换成WAV 格式文件,这个转换过程如果光盘驱动器质量过关而且EAC的参数设置得当的话,得到的可以说是基本上无损音频。

(3) MIDI文件

乐器数字接口(Musical Instrument Digital Interface,MIDI)是由世界上主要电子乐器制

造厂商联合建立起来的一个通信标准，用于音乐合成器(Music Synthesizers)、乐器(Musical Instruments)和计算机等电子设备之间信息与控制信号交换的一种标准协议，其扩展名为.mid或.rmi。

使用MIDI文件格式存储的音乐(如钢琴曲)不是音乐本身，而是给MIDI设备或其他装置让它们发出声音或执行某个动作的指令。MIDI文件格式存储的是一套指令(即命令)，由这一套命令来指挥MIDI设备，如声卡如何再现音乐。MIDI文件重放的效果完全依赖于声卡的档次。

对于MIDI标准文件来说，不需要取样，不用存储大量的模拟信号信息，只记录了一些命令，一个MIDI文件每存1 min的音乐只用5 KB～10 KB，因此MIDI文件较小，消耗存储空间小。同时，MIDI采用命令处理声音，容易编辑，是作曲家和音乐家的最爱。另外，MIDI可以作为背景音乐，与其他媒体一起使用可以加强演示效果，比如流行歌曲的业余表演，游戏音轨以及电子贺卡等。由于MIDI文件存储格式缺乏重现真实自然声音的能力，如语音，因此它不能用在除了音乐之外的其他含有语音的歌曲当中。

(4) MP1/MP2/MP3文件

动态图像专家组(Moving Picture Experts Group，MPEG)始建于1988年，是专门负责为CD建立视频和音频压缩标准的。MPEG音频文件指的是MPEG标准中的声音部分，即MPEG音频层。MPEG音频文件根据压缩质量和编码复杂程度的不同可分为三层，MPEG Audio Layer 1/2/3分别与MP1、MP2和MP3这三种声音文件相对应。MPEG音频编码具有很高的压缩率，MP1和MP2的压缩率分别为4∶1和6∶1～8∶1，而MP3的压缩率则高达10∶1～12∶1，也就是说1 min CD音质的音乐未经压缩需要10 MB存储空间，而经过MP3压缩编码后只有1 MB左右，同时其音质基本不失真。

简单地说，MP3就是一种音频压缩技术，由于这种压缩方式的全称叫MPEG Audio Layer 3，所以人们把它简称为MP3。正是因为MP3具有体积小、音质高的特点，使得MP3格式几乎成为网上音乐的代名词。每分钟音乐的MP3格式只有1 MB左右大小，这样每首歌的大小只有3 MB～5 MB。使用MP3播放器对MP3文件进行实时的解压缩(解码)，这样，高品质的MP3音乐就播放出来。时下的MP3最常见的支持格式是MP3和WMA。

(5) MP4文件

MP3问世不久，就凭借较高的压缩比(12∶1)和较好的音质创造一个全新的音乐领域，然而MP3的开放性却最终不可避免地导致版权之争。在这样的背景下，文件更小、音质更佳，同时还能有效保护版权的MP4就应运而生了。MP3和MP4之间其实并没有必然的联系：MP3是一种音频压缩的国际技术标准，而MP4却是一个商标的名称；其次，它们采用的音频压缩技术也不同，MP4采用的是美国电话电报公司所研发的采用“知觉编码”的a2b音乐压缩技术，压缩比成功地提高到15∶1，最高可达到20:1，且不影响音乐的实际听感，同时MP4在加密和授权方面也做了特别设计，它有如下特点：

① 每首MP4乐曲就是一个扩展名为“. exe”的可执行文件。在Windows系统里直接双击就可以运行播放，十分方便，但MP4的这个特点也有致命缺陷——容易感染计算机病毒。

② 更小的体积，更好的音质。由于采用先进的a2b音频压缩技术，MP4文件的大小仅为MP3文件的3/4左右，从这个角度来看，MP4更适合在网上传播，而且音质也更胜一筹。

③ 独特的数字水印。MP4采用了名为SOLANA的数字水印技术，可方便地发现和追踪盗版行为。而且，任何针对MP4的非法解压行为都可能导致MP4原文件的损毁。

④ 支持版权保护。MP4乐曲还内置了包括与作品版权持有者相关的文字、图像等版权说明,既可说明版权,又表示了对作者和演唱者的尊重。

⑤ 比较完善的功能。MP4可独立调节左右声道音量控制,内置波形/分频动态音频显示和音乐管理器,可支持多种彩色图像、网站链接及无限制的滚动显示文本。

(6) WMA(Windows Media Audio)文件

WMA格式由微软公司开发,音质要强于MP3格式,更远胜于RA格式,它和日本YAMAHA公司开发的VQF格式一样,是以减少数据流量但保持音质的方法来达到比MP3压缩率更高的目的,WMA的压缩率一般都可以达到18∶1左右。WMA的另一个优点是:内容提供商可以通过DRM(Digital centers Management)方案(如Windows Media centers Manager7)加入防复制保护。这种内置了版权保护的技术可以限制播放时间和播放次数甚至播放的机器等,有效地抵制了盗版。另外,WMA还支持音频流(Stream)技术,适合在网络上在线播放,只要安装了Windows操作系统就可以直接播放WMA音乐,而无需安装额外的播放器。新版本的Windows Media Player增加了直接把CD光盘转换为WMA声音格式的功能,在Windows XP操作系统中,WMA是默认的编码格式,WMA这种格式在录制时可以对音质进行调节。同一格式的声音文件,音质好的可与CD媲美,压缩率较高的可用于网络广播,在网络上比较流行。

(7) Real Audio文件

Real Audio主要适用于在线音乐欣赏。有的下载站点会提示根据Modem速率选择最佳的Real(简称R)文件。现在R文件格式主要有以下几种:RA(Real Audio)、RM(Real Media,Real Audio G2)、RMX(Real Audio Secured),等等。这些格式的特点是:可以随网络带宽的不同而改变声音的质量,在保证大多数人听到流畅声音的前提下,可使带宽较好的听众获得较好的音质。

(8) VOC文件

VOC文件是新加坡著名的多媒体公司Creative Labs开发的声音文件格式,多用于保存Creative Sound Blaster系列声卡所采集的声音数据,被Windows平台和DOS平台所支持。在DOS程序和游戏中常会遇到这种文件,它是随声卡一起产生的数字声音文件,与WAV文件的结构相似,可以通过一些工具软件方便地转换。

5.3.3 数字声音的编辑与应用

把模拟声音信号转换为数字音频,就是利用计算机来对声音进行编辑处理。音频编辑在音乐后期合成、多媒体音效制作、视频声音处理等方面发挥着至关重要的作用,它是修饰声音素材的最主要途径。常用的音频处理软件有Windows系统自带的录音机和媒体播放机以及Gold Wave、Cool Edit、Ulead公司出品的Audio Editor等。

1. 常用的编辑软件

(1) 录音机。

录音机如图5-9所示,是Windows提供的播放工具,可以利用它录音,其功能基本与生活中使用的录音机相同。录音后,生成WAV存储格式的文件。它的使用局限性很大,而且它只能播放WAV格式的文件。为计算机配备声卡和话筒后,就可以使用录音机录制声音。其主要功能的使用步骤如下:

① 打开录音机。选择"开始→程序→附件→娱乐→录音机"命令。

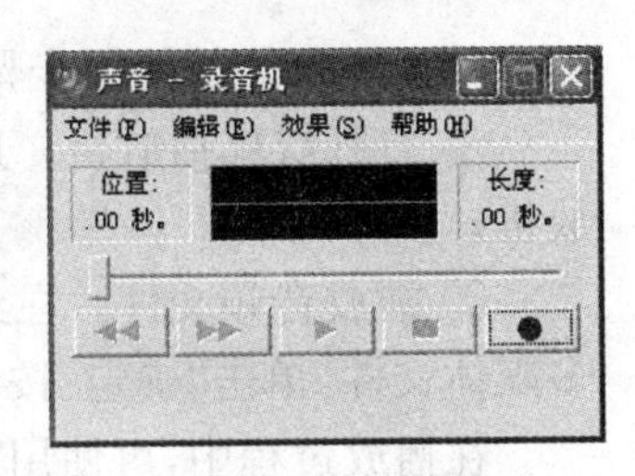

图5-9　录音机

② 播放音频文件。选择"文件→打开"命令找到文件位置即可播放,但只能播放WAV文件,在播放过程中可以通过"效果"菜单提高或降低音量,进行加速或减速以及增加回音等。

③ 录制声音。单击"录音"按钮开始录音,当录音结束时,单击"停止"按钮,此时在窗口右侧的"长度"框中显示所录制声音文件的时间长度;单击"播放"按钮可直接听取刚录制的声音。

④ 保存声音文件:选择"文件→保存"命令即可完成保存工作。

如果选择"文件→另存为"命令,单击"更改"按钮,打开"声音选定"对话框,可进行声道、取样频率、量化位数和格式等属性的设置,如图5-10所示。

此外,利用录音机的"编辑"菜单,还可以进行诸如插入声音、混音等有趣的操作。

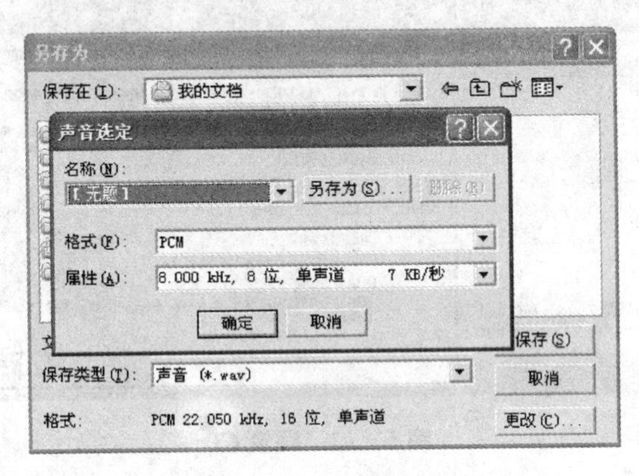

图5-10　录制声音

(2) 媒体播放机。

媒体播放机(Media Player)是由Windows提供的多媒体播放机,可用于接收音频、视频和混合型多媒体文件。如图5-11所示是Windows Media Player 10.0的运行界面。

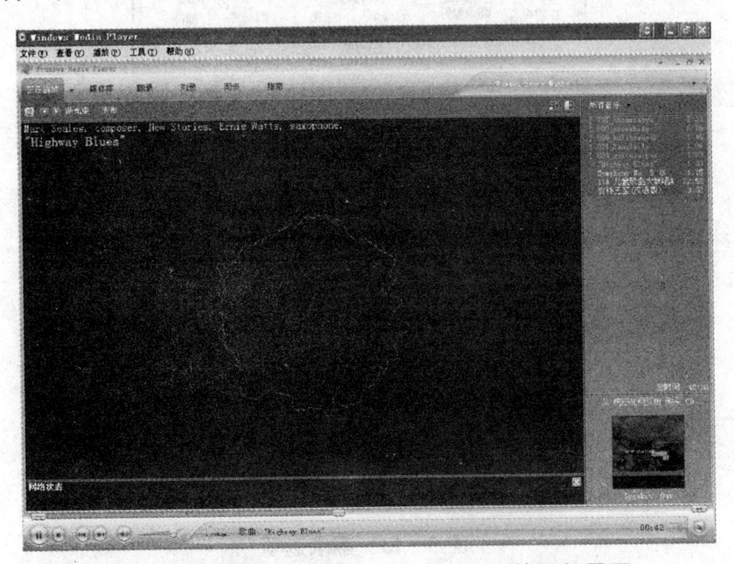

图5-11　Windows Media Player 10.0的运行界面

其主要功能的使用步骤如下：

① 打开媒体播放机。选择“开始→程序→附件→娱乐→媒体播放机”命令，打开媒体播放机。

② 播放音频文件。在菜单栏的空白处右击，选择“文件｜打开”命令，选定存储介质上的多媒体文件，单击“确定”按钮即可播放。

在播放过程中，可使用“音量控制”滑块调节音量大小，并可以随时使用“暂停”和“停止”按钮控制播放过程。

在 Windows Media Player 10.0 版本中，还可以将音频 CD 翻录成 Windows Media 音频文件或 MP3 格式的文件，如图 5-12 所示。

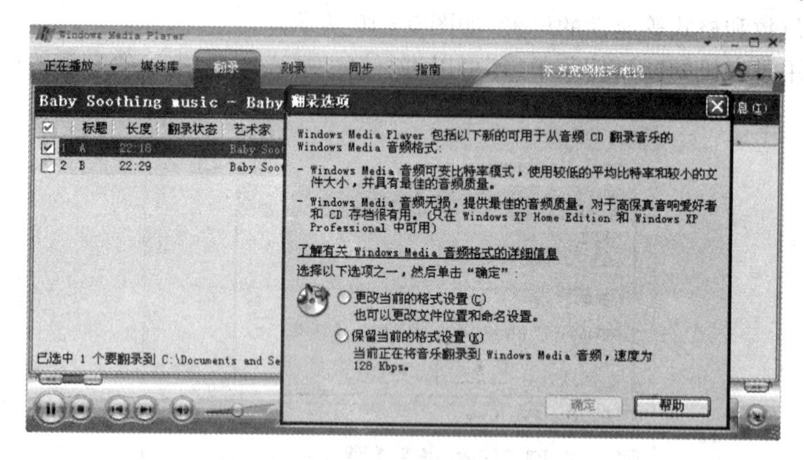

图 5-12　翻录 CD

当选择“工具→选项→翻录音乐”命令时，会弹出如图 5-13 所示的“选项”对话框，选择设置后，单击“确定”按钮，关闭该对话框，然后单击“应用”按钮，即可完成 CD 的翻录。

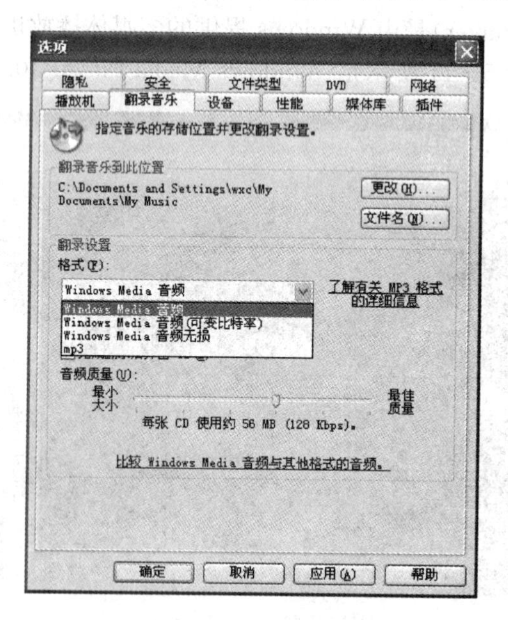

图 5-13　翻录选项

(3) 千千静听

国产“千千静听”软件是时下比较流行的音频播放软件，其界面如图 5－14 所示。它适用于听音乐，支持同步歌词滚动显示和拖动定位播放，并且支持歌词下载和歌词编辑功能。其最大优点就是可以转化文件格式。凡是可以用千千静听播放的音频文件都可以进行格式转换，具体的操作方法是：打开需要进行转换的音频文件，随后在播放列表中右击该文件并选择“转换格式…”命令，此时会弹出一个对话框，在“输出格式”后的下拉列表中可以选择转换后的文件格式，单击“配置”按钮，即可进行编码质量的设定，其他选项一般保存默认设置即可，界面如图 5－15 所示。最后单击“立即转换”按钮，即可进行文件格式转换，到保存的目标文件夹中就可以找到自己需要的文件了。

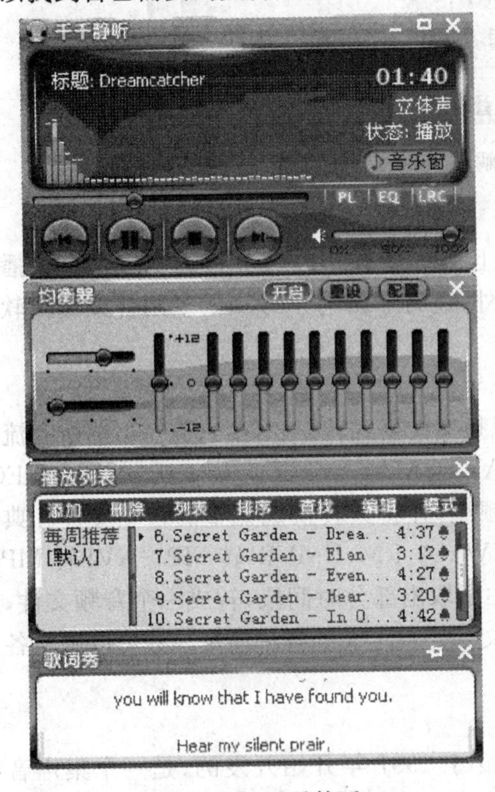

图 5－14　千千静听

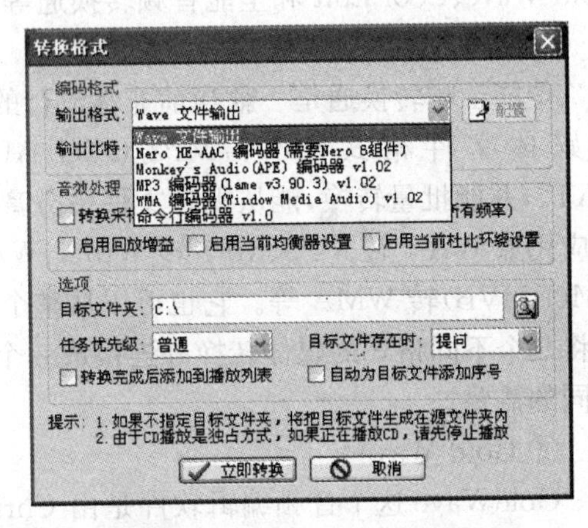

图 5－15　“转换格式”对话框

(4) 豪杰解霸

豪杰超级解霸是豪杰公司聚焦于 IPTV 领域后再次推出的网络多媒体互动娱乐服务系统。它集音视频播放器为一体，使超级解霸以一个整体形象出现于用户面前。如图 5－16 所示，豪杰解霸具有卡拉 OK 功能，对 MTV 或具有立体声的音乐可以将原唱消除，从而可以用于卡拉 OK；可以播放 VCD、DVD 影碟的音频部分；融合进 CD 播放的功能，成为一个同时具有压缩、解压功能的全能音频播放器。除此之外，它还具有读 TXT 文本文件的功能（只支持中文，英文读字母，不能读单词，需要注意的是其安装方式一定要选为巨型模式，而不能采用默认的中等模式，并且在安装过程中一定要选中“文本朗读语音库”）。

豪杰超级解霸 3500 是豪杰解霸系列软件最新版。其支持的音频文件格式有：CD 文件（＊.cda）、MIDI 文件（＊.mid，＊.rmi）、Movie 文件（＊.mpg，＊.dat，＊.mpa）、Audio 文件（＊.mp3，＊.mp2，＊.mp1，＊.mpa，＊.abs）、AC3 文件（＊.ac3）、DVD 文件（＊.vob）、WAVE 文

件(*.wav)、MPG4文件(*.mp4)、RM文件(*.rm，*.ram)、WMA文件(*.wma)、Mp3pro文件(*.mp3)。支持的碟片格式有:DVD光碟伴音、VCD光碟伴音、MP3音乐光碟、CD音乐光碟。利用这一软件可以方便地实现利用MP3格式转换器将各种音频文件转换成MP3或WAV文件;还可以利用MP3数字CD抓轨功能将光盘驱动器中CD格式的音乐文件以MP3的形式抓轨并保存到硬盘上。

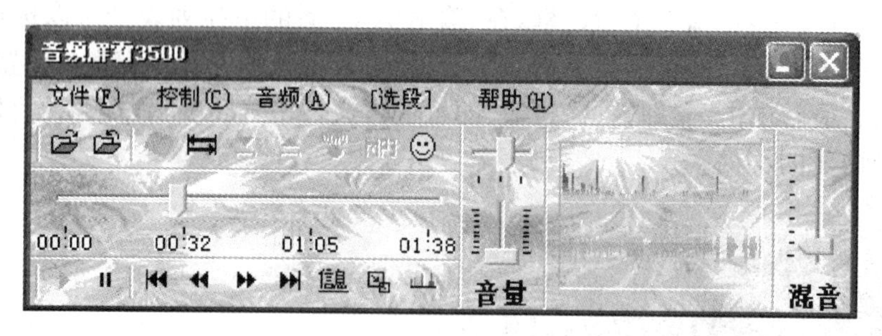

图5-16　音频解霸3500

(5) 其他处理软件

除了以上常见的播放器以外，还有可以在网上在线播放和收听节目的RealPlayer播放器、专门用于播放MP3的Winamp播放器等。另外，还有非常易学好用的专用音频编辑软件Gold-Wave、Cool Edit和全能音频转换通等。

① 全能音频转换通

全能音频转换通是一款当前非常流行的音/视频文件格式转换软件，它支持目前所有流行的媒体文件格式(MP3/MP2/OGG/APE/WAV/WMA/AVI/RM/RMVB/ASF/MPEG/DAT)，并能批量转换，能从视频文件中分离出音频流，并将其转换成完整的音频文件。典型的应用如WAV转MP3、MP3转WMA、WAV转WMA、RM(RMVB)转MP3、AVI转MP3、RM(RMVB)转WMA等。它也可以从整个媒体中截取出部分时间段，转成一个音频文件，或者将几个不同格式的媒体转换并连接成一个音频文件。自定义的各种质量参数可以满足各种不同的需要。

② Gold Wave

GoldWave这个音频编辑软件是由Chris Craig于1997年开始开发的，是一个集声音编辑，播放、录制和转换于一体的音频工具，是标准的绿色软件，不需要安装且体积小巧(压缩后只有0.7 MB)，将压缩包的几个文件释放到硬盘下的任意目录里，直接单击GoldWave. exe图标就开始运行。可打开的音频文件相当多，包括WAV、OGG、VOC、AIF、AFC、AU、SND、MP3、VOX、AVI、MOV、APE等格式的音频文件，也可以从CD、VCD、DVD或其他视频文件中提取声音。该软件内含丰富的音频处理特效，从一般特效如多普勒、回声、混响、降噪到高级的公式计算(利用公式在理论上可以产生任何想要的声音)。

选择"文件"菜单中的"打开"命令，指定一个将要进行编辑的文件，GoldWave马上显示出这个文件的波形状态和软件运行主界面，如图5-17所示。

整个主界面分为四个部分:最上面是菜单栏和快捷工具栏，中间是波形显示，下面是文件属性，右面是控制器。主要操作集中在占屏幕比例最大的波形显示区域内，如果是立体声文件，则分为上、下两个声道，可以分别或统一对它们进行操作。

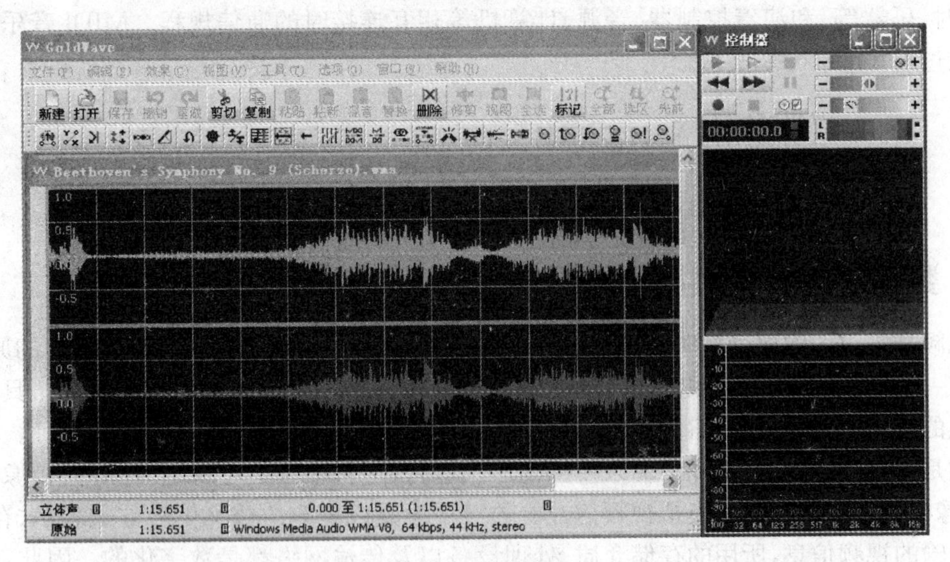

图 5 - 17　GoldWave

③ Cool Edit

Cool Edit 也是在国内具有广泛的用户群和较高人气的一个录音软件。它的优势在于集合了单轨录音和多轨录音两种模式(尽管一些多轨录音软件也可以进行单轨音频编辑,但却没有 Cool Edit 方便),也就是说通过简单的一个按钮就可以进行单轨和多轨模式的切换,并且在两方面都做得十分出色。不少用 Flash 设计动画和用 Authorware 制作多媒体光盘的用户喜欢用 Cool Edit 进行音效处理和人声录制。

2. 计算机合成声音

(1) 语音合成

语音合成(Speech Synthesis)是运用语言学和自然语言相关知识,使计算机模仿人的发声,自动生成语音的过程。目前主要是按照文本(书面语言)进行语音合成,这个过程称为文语转换(Text—To—Speech,TTS),其过程如图 5 - 18 所示。

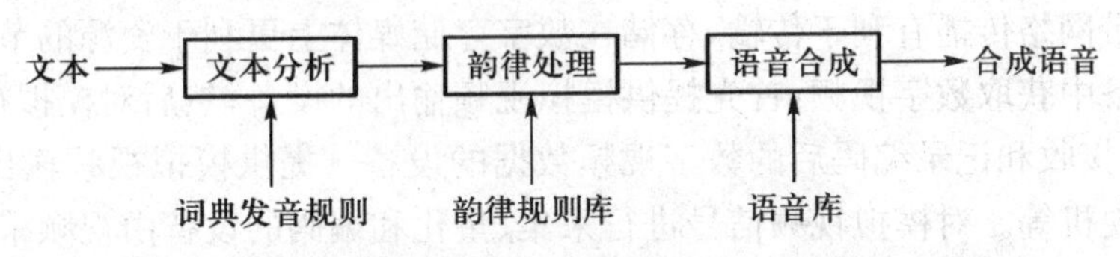

图 5 - 18　语音合成过程

计算机语音合成主要应用于:股票交易、航班动态查询、电话报税等业务;有声 E-mail 服务;CAI 课件或游戏解说词的自动配音;文稿校对、语言学习、语音秘书、自动报警、残疾人服务等。

(2) 音乐合成

音乐是使用乐器演奏而成的,而音乐的基本单元是一些音符,音符具有音调、音色、音强和旋律等属性。所以在计算机中合成音乐时要模仿许多乐器生成各种不同音色的音符,要实现这一功能必须有一个称为音乐合成器(Music Synthesizer)的部件,即音源,一般 PC 的声卡都带有音源。

MIDI 是计算机中描述乐谱的一种标准描述语言,规定了乐谱的数字表示方法(包括音符、定时、乐器等)和演奏控制器、音源、计算机等相互连接时的通信规程。MIDI音乐的制作与播放过程如图5-19所示。

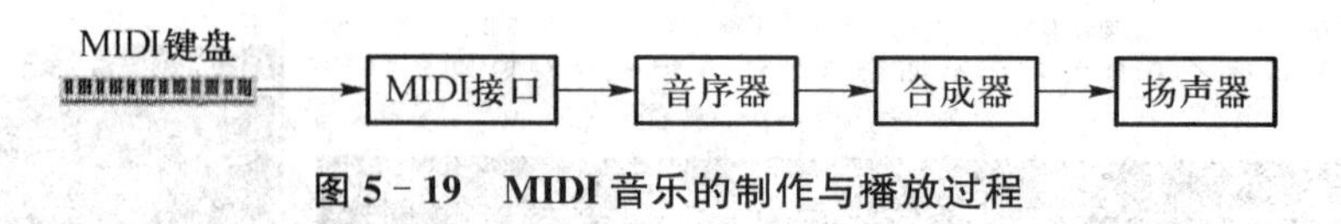

图5-19 MIDI音乐的制作与播放过程

5.4 数字视频及应用

视频是一组图像序列按时间顺序的连续展示,是利用人类视觉暂留(视觉惰性)的原理,通过播放一系列的图像,使人眼产生运动的感觉。它是一种信息量最丰富、直观、生动、具体的承载信息的媒体。按照视频的存储与处理方式不同,可分为模拟视频和数字视频两种。模拟视频指的是视频的记录、存储和传输以模拟的形式进行,通常在普通电视上看到的、摄像机录制的、录像机播放的信号都是模拟视频信号。数字视频是以离散的数字信号方式表示、存储、处理和传输的视频信息,所用的存储介质、处理设备以及传输网络都是数字化的。因此,要使计算机能够对视频进行处理,必须把模拟视频信号进行数字化,形成数字视频信号。

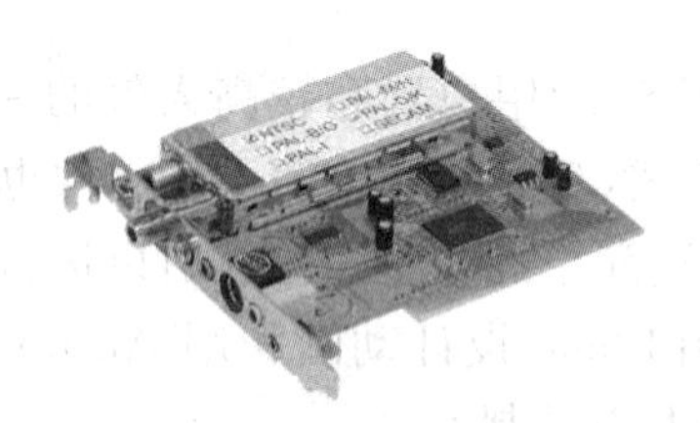

图5-20 视频采集卡

5.4.1 数字视频的获取

数字视频与模拟视频相比有很多优点。例如,以离散的数字信号形式记录视频信息,使得视频在复制和传输时不会造成质量下降,用数字化设备编辑处理,使其更易于进行编辑修改,通过数字化宽带网络传播有利于传输,存储在数字存储媒体上更利于资源的节省。

从模拟设备中获取数字视频:首先提供模拟视频输出的设备;然后对模拟视频信号进行采集的设备;最后接收和记录编码后的数字视频数据的设备。提供模拟视频输出的设备有录像机、摄像机、电视机等。对模拟视频信号进行采集、量化和编码的设备由视频采集卡来完成,再由计算机接收和记录编码后的数字视频数据。

在这一过程中起主要作用的是视频采集卡,如图5-20所示。它不仅提供接口以连接模拟视频设备和计算机,而且具有把模拟信号转换成数字信号的功能。视频采集卡是安装在计算机扩展槽上的一个板卡。它可以汇集多种视频源的信息,对被捕捉和采集到的模拟视频进行数字化、冻结、存储、输出及其他处理操作,如编辑、修整、裁剪、按比例绘制、像素显示调整、缩放、压缩等。视频采集卡一般都配有硬件驱动程序以实现PC对视频采集卡的控制和数据通信。根据不同的视频采集卡所要求的操作系统环境,各有不同的驱动程序。只有把采集卡插入了PC的主板扩展槽并正确安装了驱动程序以后才能正常工作,如图5-21所示。

摄像头(Camera)是一种可以在线获取数字视频的设备,它利用光电技术采集影像,然后通过内部电路转换成能够被计算机所处理的数字信号,作为一种视频输入设备,摄像头被广泛

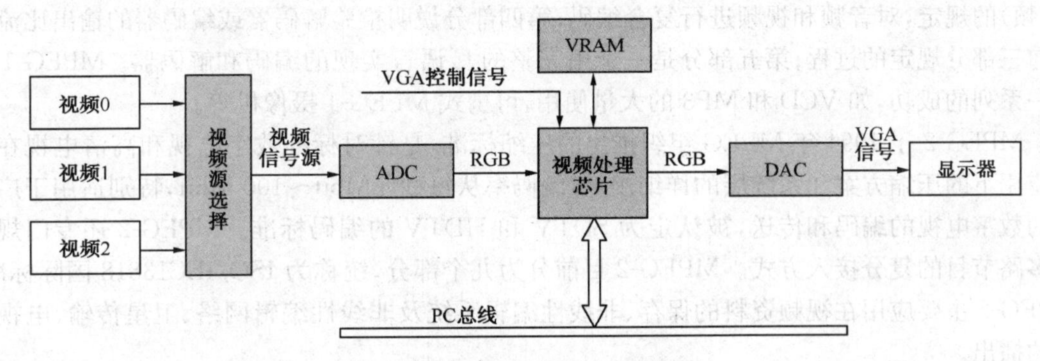

图 5-21　视频采集卡工作原理图

的运用于视频会议、远程医疗及实时监控等方面。

数字摄像机就是 DV(Digital Video)，数码摄像机进行工作的基本原理简单说就是光-电-数字信号的转换与传输，通过感光元件将光信号转变成电流，再将模拟电信号转变成数字信号，并由专门的芯片进行处理和过滤后得到的视频信息。数字摄像机以数字形式记录的视频信号，如能通过接口卡与 PC 相连接，将信号输入计算机硬盘，就可方便地进行摄像后编辑和多种特技处理，即可获取在线视频，又可获取离线视频。按使用用途可分为：广播级机型、专业级机型、消费级机型；按存储介质可分为：光盘式、硬盘式、存储卡式等。

5.4.2　数字视频的压缩编码及常见格式

1. 数字视频的压缩编码

视频压缩比是指压缩后的数据量与压缩前的数据量之比。由于视频是连续的静态图像，因此其压缩编码算法与静态图像的压缩算法有某些共同的地方，但是运动的视频还有其本身的特性，因此在压缩是还要考虑其运动特性，这样才能达到高效果压缩的目的。

自从 19 世纪 40 年代第一台电视机问世以来，视频技术的研究与应用已经有近 60 年的历史。当前电视技术均为模拟视频技术，经过几十年的发展和完善，已经十分成熟。世界通行的模拟电视制式主要有：PAL(欧洲、中国)、NTSC(北美、日本)和 SECAM(法国)。随着计算机技术近 20 年的发展，特别是 90 年代以来互联网的广泛应用，多媒体数字视频技术已经成为了当前信息科学中十分活跃的研究方向。数字化技术的引用使得对视频信号的捕获、处理、压缩和存储都有了革命性的进步，特别是在视频数据的压缩和存储方面。

国际电信联合会(ITC)于 1990 年正式提出了 ITU-TH261 建议，这是第一个关于使用化视频图像压缩编码的国际标准提议。20 世纪 90 年代中，IUT 在该建议上又提出了 MPEG1、MPEG2、MPEG4、H.263 和 JPEG2000 等压缩标准。这些标准的制定和颁布，极大地促进了数字视频压缩与编码技术的研究和实用化。视频编码技术在近年得到迅速发展和广泛应用，并日渐成熟，视频编码技术是多个视频编码国际化标准的制定与应用，即国际标准化组织 ISO 和国际电工委员会 IEC 制定了关于静态图像的编码标准 JPEG，国际电信联盟 ITU-T 制定了关于电视、电话会议的视频编码标准 H261、H.263 及 H.264、ISO/TEC 制定了关于活动图像的编码标准 MPEG-1、MPEG-2、MPEG-4 等。这些标准图像编码算法融合了各种性能优良的图像编码方法，代表目前编码的水平。

MPEG-1 标准于 1993 年 8 月公布，用于传输 1.5Mbps 数据传输的数据储存媒体运动图像及其伴音的编码。该标准包括五部分：第一：说明如何根据第二部分(视频)以及第三部分

(音频)的规定,对音频和视频进行复合编码;第四部分说明检验解码器或编码器的输出比流符合前三部分规定的过程;第五部分是一个用完整的C语言实现的编码和解码器。MPEG-1取得一系列的成功,如VCD和MP3的大量使用,可携式MPEG-1摄像机等。

MPEG-2于1994年MPEG组织推出的压缩标准,是针对标准数字电视和高清电视在各种应用下的压缩方案和系统层的详细规定,编码率从每秒3 Mbit～100 Mbit,特别适用于广播级的数字电视的编码和传送,被认定为SDTV和HDTV的编码标准。MPEG-2还专门规定了多路节目的复分接入方式。MPEG-2目前分为九个部分,统称为ISO/IEC13818国际标准。MPEG-2主要应用在视频资料的保存、非线性编辑系统及非线性编辑网络、卫星传输、电视节目的播出。

MPEG-4标准专家组成立于1993年,经过7年的研究在2000年正式成为国际标准。该标准旨在为视频、音频数据的通信、存储和管理提供一个灵活的框架与一套开放的编辑工具。MPEG-4与MPEG-1、MPEG-2的比较,MPEG-1、MPEG-2都是采用第一代压缩编码技术,着眼与图像信号的统计特性来设计的编码器,属于波形编码的范畴。第一代编码方案把视频序列按时间先后分为一系列帧,每一帧有分成宏块以进行运动补偿和编码。这样编码的缺陷:① 将图像固定的分为相同大小的快,在高压缩比的情况在会出现严重的块效应,及马赛克效应;② 不能对图像内容进行访问、编辑和回访等操作;③ 不能充分利用人视觉系统的特性。MPEG-4代表基于模型/对象的第二代压缩编码技术,它充分利用人眼的视觉特性,抓住图像信息传输的本质,从轮廓、纹理思路出发,支持基于视觉内容的交换功能,这适应多媒体信息的应用由播放型转向内容的访问、检索及操作的发展趋势。

MPEG-4为支持基于内容编码而提出AV对象的概念,在MPEG-4中所见的视音频已不再是过去的MPEG-1、MPEG-2中图像帧的概念,而是一个个视听场景(AV场景)。不同的AV场景由不同的AV对象组成。AV对象是听觉、视觉或者视听内容的表达单元,其基本单位是原始AV对象,它可以是自然的或者合成的声音、图像。原始AV对象具有高效编码,高效存储与传输以及可以交互操作的特性,它又可进一步组成复合AV对象。因此,MPEG-4标准的基本内容就是对AV对象进行高效组织、存储与传输。MPEG-4不仅可以提供高效压缩,同时也可以实现更多更好的多媒体内容互动及全方位地存取,它采用开放性的编码系统,可以随时加入新的编码算法模块,同时也可以根据不同应用需求现场配置解码器,以支持多种多样的多媒体应用。

2. 视频文件的常见格式

视频文件的常见格式主要包括AVI、ASF、RM、RMVB、MOV、DAT、FLIC、MPEG、DivX、WMV等。

(1) AVI格式

AVI(Audio Video Interleaved)是一种音频视像交错记录的数字视频文件格式。1992年初,微软公司推出了AVI技术及其应用软件VFW(Video for Windows)。在AVI文件中,运动图像和伴音数据以交错的方式存储,并独立于硬件设备。按这种方式组织音频和视像数据可使得读取视频数据流时能更有效地得到连续的信息。AVI格式的视频文件在获取、编辑以及播放音频/视频流的应用软件中被广泛使用,对压缩方法没有限制,分为非压缩和压缩两种格式,前者通用性很好,但文件庞大,后者压缩比大时,画面质量不太好,最大的缺点是不适合在网络上对视频流的实时播放。

而DV-AVI格式中的DV是Digital Video Format的缩写,是由索尼、松下、JVC等多家厂商联合提出的一种家用数字视频格式。目前非常流行的数码摄像机就是使用这种格式记录视频数据的，它可以通过计算机的IEEE-1394端口传输视频数据到计算机，也可以将计算机中编辑好的视频数据回录到数码摄像机中。这种视频格式的文件扩展名一般是.avi，所以习惯地称它为DV-AVI格式。

(2) ASF格式

ASF(Advanced Streaming Format)是由微软公司推出的一种高级流媒体格式，是针对AVI文件的网络实时播放而开发的，因此是一个可以在Internet上实现实时播放的标准，可以直接使用Windows系统自带的Windows Media Player对其进行播放。它使用MPEG-4的压缩算法，压缩率和图像的质量都很不错。ASF应用的主要部件是服务器和NetShow播放器，由独立的编码器将媒体信息编译成ASF流，然后发送到NetShow服务器，再由NetShow服务器将ASF流发送给网络上所有的NetShow播放器，从而实现单路广播、多路播放的特性，这种原理基本上和Real Player系统相同。ASF格式可以应用于互联网上视频直播(WebTV)、视频点播(VOD)、视频会议等，它的主要优点有：本地或网络回放、可扩充的媒体类型、部件下载以及良好的可扩展性。

(3) RM和RMVB格式

RM(Real Media)格式是Real Networks公司开发的一种流媒体视频文件格式，主要包含Real Audio、Real Video和Real Flash三部分。Real Media(包括Real Video和Real Audio)可以根据网络数据传输的不同速率制定不同的压缩比率，从而实现在低速率的Internet上进行视频文件的实时传送和播放，与微软公司的流媒体技术相当，它已在互联网上得到广泛应用。这种格式的另一个特点是，用户使用Real Player或Real One Player播放器可以在不下载音频/视频内容的条件下实现在线播放。

RMVB格式是一种由RM视频格式升级延伸出的新视频格式，它的先进之处在于RMVB视频格式打破了原先RM格式那种平均压缩取样的方式，在保证平均压缩比的基础上合理利用比特率资源，就是说静止和动作场面少的画面场景采用较低的编码速率，这样可以留出更多的带宽空间，而这些带宽会在出现快速运动的画面场景时被利用。这样在保证静止画面质量的前提下，大幅度地提高运动图像的画面质量，从而图像质量和文件大小之间就达到微妙的平衡。

(4) MOV格式

MOV文件原是美国Apple公司开发的一种视频格式，默认的播放器是Apple公司的QuickTime Player，也使用有损压缩技术以及音频信息与视频信息混排技术，具有较高的压缩比率和较完美的视频清晰度等特点，但是其最大的特点还是跨平台性，即不仅能支持Mac操作系统，同样也能支持Windows操作系统。一般认为MOV格式文件的图像质量较AVI格式的要好。

(5) DAT格式

DAT文件是一种为VCD及卡拉OK CD专用的视频文件格式，也采用MPEG压缩、解压缩。计算机配备视频卡或安装解压缩程序(如超级解霸)就可以进行播放。

(6) FLIC格式

FLIC文件采用的是无损压缩方法，画面效果十分清晰，在人工或计算机生成的动画方面使用该格式较多。播放这种格式的文件一般需要Autodesk公司提供的MCI(多媒体控制接口)驱动和相应的播放程序AAPlay。

(7) MPEG格式

运动图像专家组(Moving Picture Expert Group,MPEG)格式,家里常看的VCD、SVCD、DVD就是这种格式。MPEG文件格式是运动图像压缩算法的国际标准,它采用了有损压缩方法从而减少运动图像中的冗余信息。MPEG的压缩方法说得更加深入一点就是保留相邻两幅画面绝大多数相同的部分,而把后续图像中和前面图像有冗余的部分去除,从而达到压缩的目的。目前MPEG格式有三个压缩标准,分别是MPEG-1、MPEG-2和MPEG-4。另外,MPEG-7与MPEG-21仍处在研发阶段。

MPEG文件是计算机上的全屏幕运动视频标准文件格式,目前已日益普及。该格式文件使用MPEG压缩,可用于1 024×768分辨率下,以帧频24、25或30播放有128 000种颜色的全屏幕运动视频图像,并配以CD音质的伴音信息。

(8) DivX格式

DivX格式是由MPEG-4衍生出的另一种视频编码(压缩)标准,即通常所说的DVDrip格式。它采用MPEG-4的压缩算法,同时又综合MPEG-4与MP3各方面的技术,通俗地说,就是使用DivX压缩技术对DVD盘片的视频图像进行高质量压缩,同时用MP3或AC3对音频进行压缩,然后再将视频与音频合成并加上相应的外挂字幕文件而形成的视频格式,其画质直逼DVD并且体积只有DVD的数分之一。

(9) WMV格式

WMV(Windows Media Video)也是微软公司推出的一种采用独立编码方式并且可以直接在网上实时观看视频节目的文件压缩格式。WMV格式的主要优点有:本地或网络回放、可扩充的媒体类型、可伸缩的媒体类型、多语言支持、环境独立性、丰富的流间关系以及扩展性等。

5.4.3 数字视频的编辑与应用

视频处理是指使用相关的硬件和软件在计算机上对视频信号进行接收、采集、编码、压缩、存储、编辑、显示和回放等多种处理操作。视频处理的结果使一台多媒体计算机作为一台电视机来观看电视节目,也可以使计算机中的VGA显示信号编码为电视信号,在电视机上显示计算机的处理数据的结果。另外,也可以通过接收、采集、压缩、编辑等处理将视频信号存储为视频文件,供多媒体计算机系统使用。

1. 常用的播放软件

(1) Windows系统自带的Media Player媒体播放机

Windows Media Player是一种通用的媒体播放机,可用于接收目前最流行格式制作的音频、视频及混合型的多媒体文件,还支持流媒体文件的播放(扩展名为.asf的流媒体)。

Windows Media Player是基于DirectShow的,可以播放的文件类型包括:Windows Media(即以前称为NetShow的)、ASF、MPEG-1、MPEG-2、WAV、AVI、MIDI、VOD、AU、MP3和QuickTime文件。

Windows Media Player 10版本还引入了"数字媒体广场",允许从可以选择的在线商店中探索、下载、租借或者播放流式音乐和视频。除此之外,该版本还支持广泛的精选设备,包括对当前便携式音乐播放器的控制。

(2) RealPlayer播放器

RealPlayer是由RealNetWorks推出的一种音、视频综合的播放系统,如图5-22所示。它是一个网上在线收听收看实时音频、视频和Flash动画的最佳工具,可以观看数千小时的实况和预先录制的剪辑，可以观看体育比赛、新闻、访谈、音乐、讲座及其他节目。

图 5-22 RealPlayer 播放器

RealNetworks 于 2008 年推出 RealPlayer 11 版本，支持播放在各种在线媒体视频，包括 Flash、FLV 格式或者 MOV 格式等，并且在播放过程中能够录制视频。同时还加入了在线视频的“一键下载”功能到浏览器中，支持 IE 和 Firefox，这样便能够下载 YouTube、MSN、Google Video 等在线视频到本地硬盘来离线观看，而且还加入了 DVD/VCD 视频刻录的功能。

(3) 暴风影音播放器

暴风影音作为对 Windows Media Player 的补充和完善，提供和升级了系统对流行的影音文件和流的支持，支持所有格式的文件，包括 Real、QuickTime、MPEG-2、MPEG-4 (DivX/XviD/3ivx、MP4、AVC/H264 等)、AC3/DTS、ratDVD、VP3/6/7、Indeo、XVD、Theora、OGG/OGM、Matroska、APE、FLAC、TTA、AAC、MPC、Voxware、3GP/AMR、TTL2 等格式。配合最新版本的 Windows Media Player 可完成大多数流行影音文件、流媒体、影碟等的播放，而无需其他专用软件。如图 5-23 所示为暴风影音的运行界面。

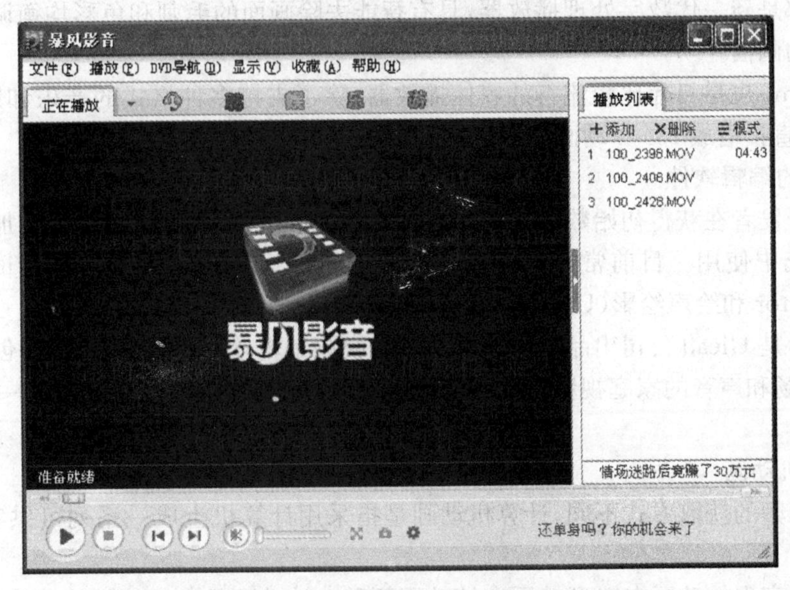

图 5-23 暴风影音运行界面

其主要操作步骤为：

① 选择“开始→所有程序→暴风影音”程序项命令，或双击桌面快捷方式，启动暴风影音应用程序。

② 播放视频文件。选择“文件→打开”命令打开在存储介质上指定位置的多媒体文件，或者选择“打开 URL”选项，选择网络上的多媒体文件。

在播放的过程中需要字幕时，可以通过按 F10 键手动载入字幕。

(4) 超级解霸播放器

超级解霸 3500 是豪杰解霸系列软件的最新版本，采用全新编码的影音解决方案，支持多达近 150 种的主流媒体文件的播放。其主要支持的视频格式文件有 RM、MPG、DAT、MPV、M1V、M2V、VBS、VOB 等，同时超级解霸网络版播放器支持在线播放，全面兼容各种格式，新支持 WMV、WMA、ASF、MOV 等多种格式的文件，支持 RM 格式文件的播放。

其主要操作步骤为：

① 选择“开始→所有程序→超级解霸→超级解霸”命令，或双击桌面快捷方式，启动超级解霸应用程序。

② 播放视频文件。选择“文件|打开”命令打开在存储介质上指定位置的多媒体文件，或者选择“打开 URL”选项，选择网络上的多媒体文件。

③ 除此之外，在播放 DVD 或 VCD 光盘时，将光盘插入光盘驱动器，选择“自动搜索播放光盘”选项，即可自动播放该光盘上的视频文件。

在看到 DVD、VCD 中的精彩部分时，可以用轻松单击几个超级解霸界面上的按钮就可以实现精彩片断的截取，并制作自己的精彩视频文件，也可以从影音文件中分离声音数据，轻松把卡拉 OK 制成 CD 或 MP3，还可随意提取电视电影主题曲。

(5) 其他视频播放器

金山影霸播放器 KingPlayer 是一套集音频、视频播放于一体的媒体播放软件。PowerDVD 是一个 DVD 播放器，具有卓越的影音效果和广泛的硬件支持能力，支持多种播放制式和多种视频文件格式。

东方影都是新一代数字处理播放器，具有智能去除画面的毛刺和色彩均衡调节功能，可以看到超逼真的画面。

QuickTime 也是目前比较流行的媒体播放器，除了支持多种格式的音乐和影像文件的播放外，还可以直接播放 Flash 动画。

2. 常用的编辑软件

有许多开发者在获得初始数字化视频之后，会对这些视频文件进行编辑或加工，然后在多媒体应用系统中使用。目前常用的视频编辑软件有 Premiere、Video For Windows、Digital Video Productor 和绘声绘影(Ulead Video Studio)等。

绘声绘影是 Ulead 公司出品的一个消费级的视频编辑软件，用户可以轻松创建带有标题、视频滤镜、转场和声音的家庭视频作品，与其他的软件不同的是：绘声绘影带有一个直观的、基于步骤的接口。

3. 计算机动画

与数字视频的获取方式不同，计算机动画是指采用计算机生成一系列可供实时演播的连续画面。

用计算机实现的动画有造型动画和帧动画两种。帧动画是由一幅幅连续的画面组成的图像或图形序列。造型动画则是对每一个活动的对象分别进行设计，赋予每个对象一些特征（形状、大小、颜色等），然后用这些对象组成完整的画面。

目前，计算机动画技术已经相当成熟，出现许多动画制作工具，这些工具一般都是在计算机上使用的软件，如 Autodesk 公司开发的二维动画制作和播放软件 Animator(pro)、三维动画制作软件，如 3D Studio(MAX)等。

计算机制作动画时，只要做好主动作画面，其余中间画面都可以由计算机内插完成。三维动画的制作的过程一般包括以下几步骤：

① 按照动画的脚本对景物进行造型；

② 确定景物的颜色；

③ 设置灯光和布置摄像机的位置；

④ 描述和设置动画的运动要求；

⑤ 图像绘制；

⑥ 输出动画结果。

本章小结

本章通过对文本、数字声音、图形、图像、数字视频及处理等内容的介绍，详细阐述了与数字媒体相关的基本知识。当前，数字媒体的发展不仅仅是互联网和 IT 行业的事情，它将成为全产业未来发展的驱动力。展望未来，数字媒体的发展将通过影响消费者行为深刻地影响各个领域的发展，消费业、制造业等都受到来自数字媒体的强烈冲击。数字媒体将成为集公共传播、信息、服务、文化娱乐、交流互动于一体的多媒体信息终端。

习题与自测题

一、选择题

1. 对GB2312标准中的汉字而言,下列________码是唯一的。

   A. 输入码　　B. 输出字形码　　C. 机内码　　D. 数字码

2. 静止图像压缩编码的国际标准有多种,下面给出的图像文件类型采用国际标准的是________。

   A. BMP　　B. JPG　　C. GIF　　D. TIF

3. 声音信号的数字化过程有采样、量化和编码三个步骤,其中第二步实际上是进行________转换。

   A. A/A　　B. A/D　　C. D/A　　D. D/D

4. 视频(video)又叫运动图像或活动图像(motion picture),以下对视频的描述错误的是________。

   A. 视频内容随时间而变化

   B. 视频具有与画面动作同步的伴随声音(伴音)

   C. 视频信息的处理是多媒体技术的核心

   D. 数字视频的编辑处理需借助磁带录放像机进行

5. 图像压缩编码方法很多,以下________不是评价压缩编码方法优劣的主要指标。

   A. 压缩倍数的大小　　B. 压缩编码的原理

   C. 重建图像的质量　　D. 压缩算法的复杂程度

6. 为了与使用数码相机、扫描仪得到的取样图像相区别,计算机合成图像也称为________。

   A. 位图图像　　B. 3D图像

   C. 矢量图形　　D. 点阵图像

7. 下列________图像文件格式是微软公司提出在Windows平台上使用的一种通用图像文件格式,几乎所有的Windows应用软件都能支持。

   A. GIF　　B. BMP　　C. JPG　　D. TIF

8. 下列汉字输入方法中,属于自动识别输入的是________。

   A. 把印刷体汉字使用扫描仪输入,并通过软件转换为机内码形式

   B. 键盘输入

   C. 语音输入

   D. 联机手写输入

9. 下列说法中错误的是________。

   A. 计算机图形学主要是研究使用计算机描述景物并生成其图像的原理、方法和技术

   B. 用于描述景物形状的方法有多种

   C. 树木、花草、烟火等景物的形状也可以在计算机中进行描述

   C. 利用扫描仪输入计算机的机械零件图是矢量图形

10. 在数字音频信息获取过程中,正确的顺序是________。

    A. 模数转换、采样、编码　　B. 采样、编码、模数转换

    C. 采样、模数转换、编码　　D. 采样、数模转换、编码

二、填空题

1. 黑白图像或灰度图像只有________个位平面,彩色图像有三个或更多的位平面。
2. 计算机按照文本(书面语言)进行语音合成的过程称为________,简称TTS。
3. 模拟视频信号要输入PC机进行存储和处理,必须先经过数字化处理。协助完成视频信息数字化的插卡称为________
4. 为了在因特网上支持视频直播或视频点播,目前一般都采用________媒体技术。
5. DVD-Video采用________标准,把高分辨率的图像经压缩编码后存储在高密度的光盘上。

三、判断题

1. JPEG是目前因特网上广泛使用的一种图像文件格式,它可以将许多张图像保存在同一个文件中,显示时按预先规定的时间间隔逐一进行显示,从而形成动画的效果,因而在网页制作中大量使用。 (　　)
2. UCS/Unicode中的汉字编码与GB 2312-80、GBK标准以及GB 18030标准都兼容。 (　　)
3. Windows平台上使用的AVI是一种音频/视频文件格式,AVI文件中存放的是未被压缩的音视频数据。 (　　)
4. 声卡中的数字信号处理器(DSP)在完成数字声音编码、解码及编辑操作中起着重要的作用。 (　　)
5. 视频信号数字化时,亮度信号的取样频率可以比色度信号的取样频率低一些,以减少数字视频的数据量。 (　　)

【微信扫码】
习题解答 & 相关资源

第6章　数据库原理

【微信扫码】
本章导学 & 拓展阅读

随着信息技术的发展，信息已经成为社会上各行各业的重要资源。数据是信息的载体，数据库是互相关联的数据集合。数据库能利用计算机保存和管理大量复杂的数据，快速而有效地为多个不同的用户和应用程序提供数据，帮助人们有效利用数据资源。以数据处理为研究对象的数据库技术数据库技术自20世纪60年代中期产生以来，无论是在理论方面还是在应用方面都已变得相当重要和成熟，成为了计算机科学的重要分支。数据库技术是计算机领域发展最快的学科之一，也是应用很广、实用性很强的一门技术。目前，数据库技术已从第一代的网状、层次数据库系统，第二代的关系数据库系统，发展到以面向对象模型为主要特征的第三代数据库系统。

计算机技术的飞速发展及其应用领域的扩大，特别是计算机网络和因特网的发展，基于计算机网络和数据库技术的管理存储系统、各类应用系统得到了突飞猛进的发展。如事务处理系统(TPS)、地理信息系统(GIS)、联机分析系统(OLAP)、决策支持系统(DSS)、企业资源计划(ERP)、客户关系管理(CRM)、数据仓库(DW)及数据挖掘(DM)等系统都是以数据库技术作为其重要的支撑的。可以说，只要有计算机的地方，就在使用着数据库技术。因此，数据库技术的基本知识和基本技能正在成为信息社会人们的必备知识之一。

本章介绍数据、数据库和数据模型的基本概念、数据库系统基本原理、典型的医学数据库系统和数据库新技术。

6.1　数据库系统概述

6.1.1　数据库的产生和发展

数据库技术自20世纪60年代末诞生以来，表现出强劲的发展势头和旺盛的生命力，已成为计算机科学最为活跃最为实用的分支之一。基于数据库技术设计开发的各种信息管理系统已经成为现代生活的基础性设施，遍布工作生活的各个领域。从银行储蓄系统、ATM自动取款机、大型超市购物系统、火车票飞机票购票系统、校园一卡通系统、图书馆信息系统、微信微博、QQ即时通讯、淘宝购物到企业资源计划系统(ERP)、电子政务系统(e-Government)、地理信息系统(GIS)等无不构建于数据库之上。在医学领域，数据库技术的应用也极为普遍，国家卫生信息“十二五”规划提出，要建立居民健康数据库和电子病历数据库，医院信息系统(HIS)、电子病历系统(EMR)、实验室检验系统(LIS)、医学图像档案系统(PACS)、医疗保险系统、区域卫生信息平台、药品零售企业GAP、药品生产企业GMP等也都是以数据库技术为核心来构建的。可以说，数据库系统建设的规模、数据量的大小、应用范围等已经成为衡量一个国家、地区、单位和部门信息化程度和管理水平的重要标志。

利用计算机进行数据管理的历史虽然不长，但发展迅速，尤其是自数据库技术应用以来，计算机处理数据的能力和范围大为提高。计算机数据管理技术经历了人工管理、文件系统和数据库系统三个阶段。

6.1.2 数据库系统的基本概念

在系统地学习数据库课程之前，先介绍一些数据库最常用的基本概念：数据(Data)、数据库(Database, DB)、数据库管理系统(Database Management System, DBMS)、数据库系统(Database System, DBS)。

1. 数据

(1) 数据的定义。

数据(Data)是用来记录信息的可识别的符号，是信息的具体表现形式。

(2) 数据的表现形式。

数据是数据库中存储的基本对象，数据在大多数人的第一印象中就是数字。数字只是其中一种最简单的表现形式，是对数据的一种传统和狭义地理解。按广义的理解来说，数据的种类有很多，如文字、图形、图像、声音、视频、语言以及医院的患者资料等都是数据，都可以转化为计算机可以识别的标识，并以数字化后的二进制形式存入计算机。

2. 数据库

数据库(DataBase, DB)，顾名思义，是存放数据的“仓库”，这个“仓库”存储在计算机设备上，而且数据是按照一定的格式存放的。人们借助计算机技术和数据库技术科学地保存和管理大量复杂的数据，以便能方便而充分地利用这些宝贵的信息资源。

所谓数据库是指长期储存在计算机内的，有组织的，可共享的数据集合。数据库中的数据按一定的数据模型组织、描述和存储，具有较小的冗余度、较高的数据独立性和易扩展性，并可以为各种用户共享。

3. 数据库管理系统

数据库管理系统(DataBase Management System, DBMS)是数据库系统的一个重要组成部分。它是位于用户与操作系统之间的数据管理软件，如Access、SQL Sewer、Oracle等，都是常用的数据库管理系统。它主要包括以下几个方面的功能：

(1) 数据定义功能。

DBMS提供了数据定义语言(Data Definition Language, DDL)，可以方便地对数据库中的数据对象进行定义。

(2) 数据操纵功能。

DBMS还提供数据操纵语言(Data Manipulation Language, DML)，用户使用DML可实现对数据库中数据的基本操作，如查询、插入、删除、修改等。

(3) 数据库的运行管理。

在建立、运行和维护数据库时，由数据库管理系统统一管理、统一控制，保证安全性、完整性、多用户对数据的并发使用及发生故障后的系统恢复。

(4) 数据库的建立和维护功能。

数据库的建立和维护功能包括：数据库初始数据的输入、转换功能；数据库的转存、恢复功能；数据库的管理重组织功能和性能监视、分析功能等。这些功能通常是由一些实用程序完成的。

4. 数据库系统

数据库系统(DataBase System, DBS)是指在计算机系统中引入数据库后的系统，一般由数据库、数据库管理系统(及其应用开发工具)、数据库应用系统、数据库管理员、应用程序员和用户组成,如图6-1所示。

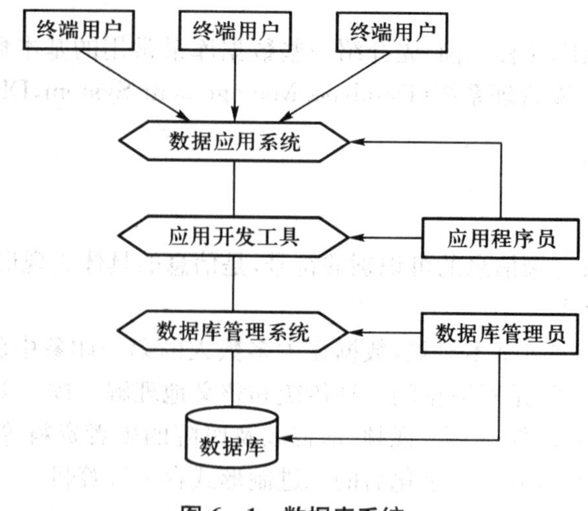

图6-1 数据库系统

6.1.3 数据模型

数据模型是一组描述数据、数据之间的联系、数据的语义和完整性约束的概念工具的集合。很多数据模型还包括一个操作集合,这些操作用来说明对数据库的存取和更新。数据模型是数据库系统的重要基础,它决定了数据库系统的结构、数据定义语言和数据操纵语言、数据库设计方法、DBMS软件的设计与实现。

1. 数据模型概述

数据模型(Data Model)是现实世界数据特征的抽象,是用来描述数据的一组概念和定义。数据库是某个部门所涉及数据的有机集合,它不仅要反映数据本身的内容,而且要反映数据之间的联系。由于计算机不能直接处理现实世界中的具体事物,所以人们必须事先把具体事物转换成计算机能够处理的数据。为了把现实世界中的具体事物抽象、组织为某一DBMS支持的数据模型,人们通常首先把现实世界中的客观对象抽象为概念模型(不依赖于具体计算机系统和DBMS的一种信息结构),然后把概念模型转换为某一DBMS支持的数据模型,这一过程如图6-2所示。

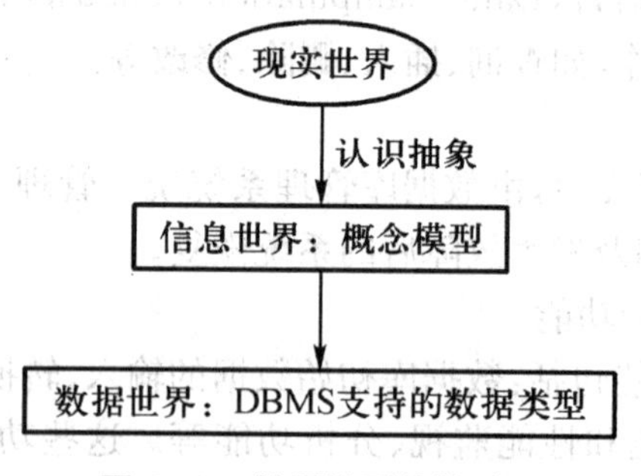

图6-2 数据模型转换过程

数据模型按不同的应用层次可划分为两类:一类是概念数据模型,又称概念模型,它是一种面向客观世界、面向用户的模型,主要用于数据库设计。例如,E-R模型、扩充的E-R模型等属于概念模型；另一类是逻辑数据模型，常称为逻辑模型，它是一种面向数据库系统的模型，主要用于DBMS的实现，如层次模型、网状模型、关系模型均属于这类模型。

2. 数据模型的基本组成

(1) 数据结构。

数据结构规定了如何把基本的数据项组织成较大的数据单位，以描述数据的类型、内容、性质和数据之间的相互关系。它是数据模型最基本的组成部分，规定了数据模型的静态特性。在数据库系统中通常按照数据结构的类型来命名数据模型，例如，采用层次型数据结构、网状型数据结构、关系型数据结构的数据模型分别称为层次模型、网状模型和关系模型。

(2) 数据操作。

数据操作是指一组用于指定数据结构的任何有效的操作或推导规则。数据库中主要的操作有查询和更新(插入、删除、修改)两大类。数据模型要给出这些操作确切的含义、操作规则和实现操作的语言。因此，数据操作规定了数据模型的动态特性。

(3) 数据的约束条件。

数据的约束条件是一组完整性规则的集合，它定义了给定数据模型中数据及其联系所具有的制约和依存规则，用以限定兼容的数据库状态的集合和可容许的状态改变，以保证数据库中数据的正确性、有效性和兼容性。

数据结构、数据操作和数据的约束条件是数据模型的三大要素，其中数据结构是刻画一个模型性质最重要的要素。

3. 概念模型

概念模型是从现实世界到数据世界的一个中间层次，是数据库设计人员进行数据库设计的重要工具，也是数据库设计人员和用户之间进行交流的语言。因此，概念模型应具有丰富的语义表达能力和直接模拟现实世界的能力，并且应具有直观、自然、语义丰富、易被用户理解的特点。长期以来，在数据库设计中广泛使用的概念模型当属E-R数据模型。

E-R数据模型(Entity-Relationship Data Model)，即实体-联系数据模型，是P.P.S. Chen于1976年提出的一种语义数据模型。用E-R数据模型描述现实世界，不必考虑信息的存储结构、存取路径和存取效率以及如何在计算机中实现。所以该模型是面向现实世界，而不是面向机器的实现。它与传统数据模型相比更便于直接描述现实世界，并且具有直观、自然、语义丰富、易于面向传统数据模型转换等优点。因此，尽管目前只有少数几个DBMS直接支持E-R数据模型，但E-R数据模型在数据库的设计中得到广泛使用。

E-R数据模型中的基本概念介绍如下。

(1) 实体

实体(Entity)是客观存在的且可以区别的事物，现实世界由各种各样的实体组成。实体可以是有生命的，也可以是无生命的；可以是具体的，也可以是抽象的概念。例如，患者、医生、病历等都是实体。所以，实体具有客观存在和可区分的基本特征。

在数据库设计中，人们常常关心具有相同性质的实体的集合。这种具有相同性质的一类实体的集合称为实体集(Entity Sets)，如所有患者的集合组成患者实体集。实体集中各个实体是借助实体标识符(称为关键词)加以区别的。例如，可以定义医院的“医生”为一实体集，而医院中每个医生都是该实体集的成员。

(2) 属性

实体集中各个实体具有的描述性的性质称为实体的属性(Attribute),例如,实体集"医生"的属性有工号、姓名、科室等。一个具体的实体属性由属性名和属性值组成,如李红的"性别"(属性名)为"女"(属性值)。

(3) 联系

联系(Relationship)是指实体与实体之间的关系。一般来说,实体与实体之间的联系有以下三种:

① 一对一联系(1∶1)。若对实体集A中每一个实体,实体集B中至多只有一个实体与之联系,相应地,对实体集B中每一个实体,实体集A中也至多只有一个实体与之联系,则称实体集A与实体集B之间具有一对一联系,记为1∶1。例如,一个科室只有一个科主任,一个科主任只负责一个科室,则科主任和科室之间具有一对一的联系。

② 一对多联系(1∶N)。若对实体集A中的每一个实体,实体集B中有N个实体($N\geqslant 0$)与之联系,而对实体集B中的每一个实体,实体集A中至多只有一个实体与之联系,则称实体集A与实体集B有一对多的联系,记为1∶N。例如,一个科室有若干个医生,而一个医生只能属于一个科室,则科室和医生之间具有一对多的联系。

③ 多对多联系(M∶N)。若对实体集A中的每一个实体,实体集B中有N个实体($N\geqslant 0$)与之联系,反过来,对实体B中的每一个实体,实体集A中有M个实体($M\geqslant 0$)与之联系,则称实体集A与实体集B之间存在多对多的联系,记为M∶N。例如,一个医生可以给多个患者看病,而一个患者可以有多位就诊医生,则医生和患者之间具有多对多的联系。

可以用图形来表示两个实体之间的三种联系,如图6-3所示。

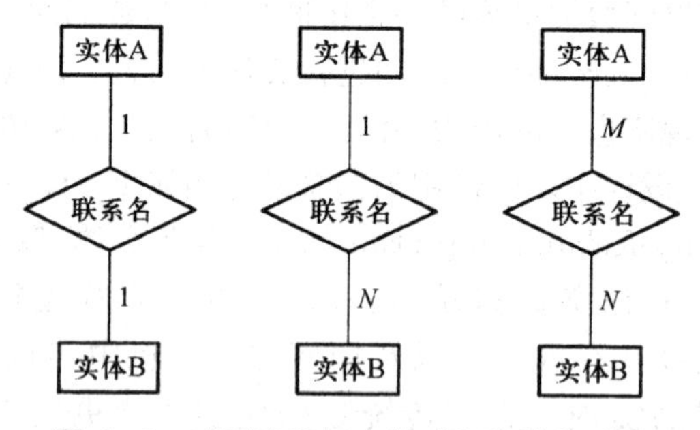

图6-3　对现实世界中的对象的抽象过程

一般用E-R图来表示实体联系模型。在E-R图中,常用的符号有以下几种:

- 矩形。表示实体,在矩形框内写上实体的名称。
- 菱形。表示实体间联系,在菱形框内写上联系的名称。
- 无向边。把菱形和有关实体连接起来,在无向边的旁边标上1、M、N、P等表示联系的类型。
- 椭圆形。表示实体或联系的属性,在椭圆内写上联系的名字。

4. 层次模型

层次模型是按照层次结构的形式组织数据库数据的数据模型,即用树形结构表示实体集与实体集之间的联系。层次模型是数据库中最早的一种数据模型系统。1968年IBM公司推出了世界上第一个基于层次模型的DBMS——信息管理系统(Information Management System,IMS)。

层次模型是用树形结构表示各类实体以及实体之间的联系的，其中的结点满足两个条件：① 有且仅有一个结点没有双亲结点，这个结点称为根结点；② 根结点以外的其他结点有且仅有一个双亲结点。

5. 网状模型

自然界中实体间的联系更多的是非层次关系，用层次模型表示非树形结构是很不直接的，网状模型则可以克服这一弊病。网状模型的典型代表是 DBTG 系统，也称 CODASYL 系统。这是 20 世纪 70 年代数据系统语言研究会 CODASYL（Conference On Data Systems Language）下属的数据库任务组（Data Base Task Group，DBTG）提出的一个系统方案。

网状模型是一种比层次模型更具普遍性的结构，去掉了层次模型的两个限制，允许多个结点没有双亲结点，允许结点有多个双亲结点，此外还允许两个结点之间有多种联系（称之为复合联系）。因此，网状模型可以更直接地描述现实世界，而层次模型实际上是网状模型的一个特例。

6. 关系模型

关系模型是目前最重要的一种模型。美国 IBM 公司的研究员 E. F. Codd 在 1970 年发表题为“大型共享系统的关系数据库的关系模型”的论文中首次提出了数据库系统的关系模型。自 20 世纪 80 年代以来，计算机厂商推出的数据库管理系统（DBMS）几乎都支持关系模型，非关系系统的产品也大都加上了关系接口。数据库领域当前的研究工作都是以关系方法为基础的，本书的重点也将放在关系模型上。这里只简单介绍一下关系模型，6.2 节将对其进行详细介绍。

6.2 关系数据库系统

关系数据库目前是各类数据库中最重要、最流行的数据库。自 20 世纪 80 年代以来，计算机厂商推出的数据库管理系统产品几乎都是关系型数据库，非关系系统的产品也大都加上了关系接口。数据库领域当前的研究工作都是以关系方法为基础的。

6.2.1 关系数据库概述

关系数据库系统是支持关系模型的数据库系统。关系模型由关系数据结构、关系操作集合和完整性约束三部分组成。

1. 关系数据结构

关系模型中的数据结构单一，就是关系，即二维表。概念模型中的实体及实体间的联系在关系数据库中都可用关系表示。例如，目前正在推广的医院信息管理系统中的电子病历就经常用到三个表：医生（工号，姓名，科室）、患者（病历号，姓名，性别，年龄）、病历（病历号，医生工号，医嘱）。

2. 关系操作集合

既然关系模型是基于坚实的数学基础，则关系操作与数学就有着紧密的联系。关系操作均采用了数学集合论方式，即操作的对象和结果都是集合。关系模型中常用的关系操作包括以下两类。

① 查询操作：选择、投影、连接、除、并、交、差等。

② 更新操作：增加、删除、修改。

3. SQL

介于关系代数和关系演算之间的语言结构化查询语言(Structured Query Language, SQL),是由IBM公司在研制System R时提出的,SQL不仅具有丰富的查询功能,而且具有数据定义和数据控制功能,是集数据查询(DQL)、数据定义(DDL)、数据操纵(DML)和数据控制(DCL)于一体的关系数据语言。它充分体现了关系数据语言的特点和优点,是关系数据库的标准语言。

6.2.2 关系数据结构

1. 关系模式

关系模式是对关系的描述,那么一个关系需要描述哪些方面呢?

关系实质上是一张二维表,表的每一行为一个元组,每一列为一个属性。一个元组就是该关系所涉及的属性集的笛卡尔积的一个元素。关系是元组的集合,也就是笛卡儿积的一个子集。因此关系模式必须指出这个元组集合的结构,即它由哪些属性构成、这些属性来自哪些域以及属性与域之间的映象关系?

关系模式通常可以简记为R(U)或R(A1,A2,…,An)。其中,R为关系名;A1,A2,…,An为属性名。而域名及属性向域的映像常常直接说明为属性的类型、长度。

2. 关系数据库

在一个给定的现实世界领域中,相应于所有实体及实体之间的联系的关系的集合构成一个关系数据库。

关系数据库也有型和值之分。关系数据库的型也称为关系数据库模式,是对关系数据库的描述,它包括若干域的定义以及在这些域上定义的若干关系模式。关系数据库的值也称为关系数据库,是这些关系模式在某一时刻对应的关系的集合。关系数据库模式与关系数据库通常统称为关系数据库。

6.2.3 关系操作

关系的查询表达能力很强,是关系操作中最主要的部分。查询操作可以分为:选择、投影、连接、除、并、差、交、笛卡尔积等,其中选择、投影、并、差、笛卡尔积是五种基本操作。

6.2.4 关系的完整性

1. 实体完整性(Entity Integrity)

一个基本关系通常对应现实世界的一个实体集。例如,学生关系对应于学生的集合。现实世界中的实体是可区分的,即它们具有某种唯一性标识,相应地,关系模型中以主码作为唯一性标识。主码中的属性即主属性不能取空值,所谓空值就是“不知道”或“无意义”的值。如果主属性取空值,就说明存在某个不可标识的实体,即存在不可区分的实体,这与现实世界的应用环境相矛盾,因此这个实体一定不是一个完整的实体。

实体完整性规则:若属性A是基本关系R的主属性,则属性A不能取空值。

实体完整性规则规定基本关系的所有主属性都不能取空值,而不仅是主码整体不能取空值。例如,病人就诊关系“病历(病历号,医生工号,医嘱)”中,(病历号,医生工号)为主码,则“病历号”和“医生工号”两个属性都不能取空值。

2. 参照完整性(Referential Integrity)

现实世界中的实体之间往往存在某种联系,在关系模型中实体及实体间的联系都是用关系来描述的,这样就自然存在着关系与关系间的引用。

【例1】 病历和患者可以用下面的关系表示,其中主码用下划线标识。

患者(病历号,姓名,性别,年龄)

病历(病历号,医生工号,医嘱)

这两个关系之间存在着属性的引用,即病历关系引用患者关系的主码"病历号"。显然,病历关系中的病历号必须是确实存在的患者的病历号,即病历关系中有该病历的记录。这也就是说,病历关系中的某个属性的取值需要参照患者关系的属性取值。

3. 用户定义的完整性(User-Defined Integrity)

实体完整性和参照性适用于任何关系数据库系统。除此之外,不同的关系数据库系统根据其应用环境的不同,往往还需要一些特殊的约束条件。用户定义的完整性就是针对某一具体关系数据库的约束条件,它反映某一具体应用所涉及的数据必须满足的语义要求。例如,某个属性必须取唯一值、某个非主属性不能取空值、某个属性有一定的取值范围等。关系模型应提供定义和检验这类完整性的机制,以便用统一的系统的方法处理它们,而不要由应用程序承担这一功能。

6.3 关系数据库标准语言 SQL

结构化查询语言(Structured Query Language,SQL)是一种介于关系代数与关系演算之间的语言。尽管 SQL 被称为"查询语言",但是除了数据查询(Data Query)外,它还有许多其他功能,如数据定义(Data Definition)、数据操纵(Data Manipulation)和数据控制(Data Control)等。SQL 是一个综合的、通用的、功能极强同时又简洁易学的关系数据库语言,目前已成为关系数据库的标准语言。不同的 DBMS 实现 SQL 的方法在一些细节上可能有所不同,或只支持整个语言的一个子集。本节介绍 SQL 的基本结构和概念。

6.3.1 SQL 概述

SQL 是由 Boyce 和 Chamberlin 提出的。1974 年他们为 IBM 公司 San Jose Research Laboratory 研制的关系数据库管理系统原型系统 System R 设计了一种查询语言,当时称为 SEQUEL(Structure English Query Language,SQL)。由于它功能丰富,语句采用英语表示,简洁易学,使用方法灵活,受到了用户及计算机工业界的欢迎。经各公司不断修改、扩充和完善,SQL 最终发展成为关系数据库的标准语言。

SQL 由以下几部分组成:

① 数据定义语言(DDL):SQL DDL 提供定义、修改、删除关系模式的命令,也提供定义和删除索引及视图的命令,如 CREATE、DROP、ALTER 等,

② 交互式数据操纵语言(DML):SQL DML 包括基于关系代数与元组关系演算的查询语言,还包括在数据库中插入、删除、修改元组的命令,如 SELECT、INSERT、UPDATE、DELETE 等。

③ 完整性控制(Integrity):SQL DDL 还提供定义数据库中的数据必须满足的完整性约束条件的命令,破坏完整性约束条件的更新将被禁止。

④ 事务控制(Transaction Control):SQL 还提供定义事务控制的命令,如 COMMIT、

ROLLBACK 等。

⑤ 权限管理(Authorization):SQL DDL 提供对关系或视图访问权限进行说明的命令,如 GRANT、REVOKE 等。

⑥ 嵌入式 SQL 和动态 SQL(Enbeded SQL and Dynamic SQL):嵌入式 SQL 和动态 SQL 用于某种通用编程语言中,如 C、C++、Java、PL/I、COBOL、PASCAL 和 FORTRAN 中。

本节内容涉及 SQL 数据操纵和数据定义的基本特性和用法,重点介绍数据查询功能。

6.3.2 数据定义

关系数据库由模式、外模式和内模式组成,即关系数据库的基本对象是表、视图和索引。因此,SQL 的数据定义功能包括定义表、定义视图和定义索引,如表 6-2 所示。由于视图是基于基本表的虚表,索引是依附于基本表的,因此 SQL 通常不提供修改视图定义和修改索引定义的操作。用户如果想修改视图定义或索引定义,只能先将它们删除,然后再重建。不过有些关系数据库产品如 Oracle 允许直接修改视图定义。

表 6-2 SQL 的数据定义语句

操作对象	操作方式		
	创 建	删 除	修 改
表	CREATE TEBLE	DROP TABLE	ALTER TABLE
视图	CREATE VIEW	DRP VIEW	
索引	CREATE INDEX	DROP INDEX	

本节只介绍如何定义基本表和索引,视图的概念及定义可参阅其他数据。

下面以一个医院信息管理系统中的电子病历系统为例,说明 SQL 语句的各种用法。

医院信息管理系统中的电子病历系统的数据库包括三个表:

(1) "患者"(Patient):由病历号(Pno)、姓名(Pname)、性别(Psex)、年龄(Page)四个属性组成,可记为:Patient(Pno,Pname,Psex,Pbirth),其中 Pno 为主码。

(2) "医生"(Doctor):由工号(Dno)、姓名(Dname)、科室(Dpart)三个属性组成,可记为:Doctor(Dno,Dname,Dpart),其中 Dno 为主码。

(3) "病历"(PH):由病历号(Pno)、医生工号(Dno)、医嘱(Dad)三个属性组成,可记为:PH(Pno,Dno,Dad),其中(Pno,Dno)为主码。

1. 定义、删除和修改基本表

(1) 定义基本表

建立数据库最重要的一步骤就是定义基本表。SQL 语言使用 CREATE TABLE 语句定义基本表,其一般格式如下:

```
CREATE TABLE  <表名>(<列名><数据类型>[列级完整性约束条件]
              [<列名><数据类型>[列级完整性约束条件]…]
              [表级完整性约束条件>]);
```

其中,＜表名＞是所要定义的基本表的名字,它可以由一个或多个属性(列)组成。建表的同时通常还可以定义与该表有关的完整性约束条件,这些完整性约束条件被存入系统的数据字典中,当用户操作表中数据时由 DBMS 自动检查该操作是否违背这些完整性约束条件。如果完整性约束条件涉及到该表的多个属性列，则必须定义在表级上，否则既可以定义在列级上，也可以定义在表级上。

【例2】 建立一个“患者”表Patient，它由病历号(Pno)、姓名(Pname)、性别(Psex)、年龄(Page)四个属性组成，其中病历号属性不能为空，并且其值是唯一的。

```
CREATE TABLE Patient
      (Pno CHAR(5)  NOT NULL UNIQUE,
      Pname CHAR(20),
      Psex CHAR(1),
      Page INT);
```

系统执行上面的CREATE TABLE语句后，就在数据库中建立一个新的空“患者”表Patient。

(2) 删除基本表

当不再需要某个基本表时，可以删除它。删除表的格式为：

```
DROP TABLE <表名>;
```

基本表一旦被删除，表中数据和在此表上建立的索引都将自动被删除，而建立在此表上的视图虽然仍保留，但已无法引用。因此，执行删除操作一定要格外小心。

(3) 修改基本表

随着应用环境和应用需求的变化，有时需要修改已建立好的基本表，包括增加新列、增加新的完整性约束条件、修改原有的列定义或删除已有的完整性约束条件等。SQL语言用ALTER TABLE语句修改基本表，其一般格式为：

```
ALTER TABLE <表名>
      [ADD  <新列名><数据类型 ><列级完整性约束条件>]
      [DROP  <完整性约束名>]
      [MODIFY   <列名><数据类型>];
```

其中，“表名”是要修改的基本表的名字，ADD子句用于增加新列和新的列级完整性约束条件，DROP子句用于删除指定的完整性约束条件，MODIFY子句用于修改原有的列定义，包括修改列名和数据类型。

【例3】 向Patient表增加“就诊时间”列，其数据类型为日期型。

```
ALTER TABLE Patient ADD Ptime DATE
```

不论基本表中原来是否已有数据，新增加的列一律为空值。

SQL没有提供删除属性列的语句，用户只能间接实现这一功能，即先将原表中要保留的列及其内容复制到一个新表中，然后删除原表，并将新表重命名为原表名。

6.3.3　数据查询

建立数据库的目的是为了查询数据，因此，可以说数据库查询是数据库的核心操作。SQL语言提供了SELECT语句进行数据库的查询，该语句具有灵活的使用方式和丰富的功能。查询语句的基本部分是一个SELECT—FROM—WHERE查询块：

SELECT 〈属性列表〉
FROM 〈基本表〉(或视图)
[WHERE <条件表达式>]

其含义是,根据WHERE子句中的条件表达式,从基本表中找出满足条件的元组,并按SELECT子句中指出的属性,选出元组中的分量形成结果表。实际上,SELECT子句所完成的功能类似于关系代数中的投影运算,而WHERE子句的功能类似于关系代数中的选择运算。

【例4】 在表Patient中全体患者的病历号、姓名等信息。

```
SELECT Pno,Pname,Psex,Page
FORM Patient;
```

用SELECT子句指定结果表中的属性。但是,这种一一列出所有属性的方法太繁琐了,可用通配符"*"简化表示。

```
SELECT *
FORM Patient;
```

【例5】 查询所有患者的病历号和姓名。

```
SELECT Pno,Pname
FROM Patient;
```

【例6】 对上例的查询结果用中文表示列标题,即用"病历号"表示Pno,用"姓名"表示Pname。

```
SELECT Pno AS 病历号,Pname AS 姓名
FROM Patient;
```

【例7】 查询所有患者的姓名及出生年份。

```
SELECT Pname,2017-Page
FROM Patient;
```

【例8】 查询患者的姓名、出生年份和性别,要求用小写字母表示所有性别。

```
SELECT Pname,'Year of Birth:',2010 - Page,ISLOWER(Pex)
FROM Patient;
```

【例9】 查询儿科(Child)全体医生的所有信息。

```
SELECT *
FROM Doctor
WHERE Dpart='Child'
```

【例10】 查询所有年龄在20岁以上的患者的姓名及年龄。

```
SELECT Pname,Page
FROM Patient
WHERE Page>20
```

6.3.4 数据更新

SQL中数据更新有以下三种类型的操作。

① 插入数据:即插入元组到表中。

② 删除数据:即从表中删除元组。

③ 修改数据:即修改某个元组的某些字段的值。

执行数据更新操作的语句只改变数据库的状态，不返回执行结果。

1. 插入数据

格式如下：

INSERT
INTO ＜表名＞[(＜属性列 1＞[,＜属性列 2＞]…)]
VALUES (＜常量 1＞[,＜常量 2＞]…)

其功能是将新元组插入指定表中。其中，新记录属性列 1 的值为常量 1，属性列 2 的值为常量 2，…。INTO 子句的作用是指定要插入数据的表名及属性列，属性列的顺序可以与表定义中的顺序不一致。如果没有指定属性列，表示要插入的是一条完整的元组，新插入的记录必须在每个属性列上均有值，且属性列属性与表定义中的顺序一致。如果只指定部分属性列，插入的元组在其余属性列上取空值，但必须注意的是，在表定义时说明了 NOT NULL 的属性列不能取空值，否则会出错。VALUES 子句的作用是提供值的个数和值的类型，在值的个数与值的类型上必须与 INTO 子句匹配。

【例 11】 将一个新患者记录(病历号:2006025;姓名:刘文;性别:女;年龄:24)插入到 Patient 表中。

```
INSERT
INTO Patient
VALUES('2006025','刘文','女',24);
```

本例中 INTO 子句没有指定属性列，表明要插入一条完整记录。这种方法固然省事、方便，但存在一种潜在危险，即当表结构有修改时，比如增加或删除一个属性，就可能出问题。

2. 删除数据

删除数据的一般格式为：

DELETE
FROM 表名
[WHERE 条件];

【例 12】 删除患者“刘文”。

```
DELETE
FROM Patient
WHERE Pname='刘文';
```

如果 PH 表中有“刘文”的就诊记录，则删除将破坏数据库的一致性，这属于表级完整性问题。如果 Patient 和 PH 之间定义了参照完整性，则这一操作将受到限制。

3. 修改数据

修改数据的语句格式为：

UPDATE 表名
SET 列名 1=表达式 1 [, 列名 2=表达式 2]…
[WHERE 条件];

【例 13】 将“王飞”从 Neuro 科室调整到 Der 科室。

```
UPDATE Doctor
SET Dpart='Der'
WHERE Dname='王飞';
```

6.4 关系数据库设计

6.4.1 数据库设计的特点

数据库设计是指对于一个给定的应用环境,根据一个单位的信息需求、处理需求和数据库的支撑环境,利用数据模型和应用程序模拟现实世界中该单位的数据结构和处理活动的过程。数据库设计包括静态特性设计和动态特性设计两个方面,静态特性设计又称数据模型设计或数据库结构设计,动态特性设计则是指数据库结构基础上的应用程序开发。具体设计过程中一般是结构设计在前,应用设计在后。

6.4.2 数据库设计概述

1. 数据库设计目标

数据库设计是指对于一个给定的应用环境,根据一个单位的信息需求、处理需求和数据库的支撑环境,利用数据模型和应用程序模拟现实世界中该单位的数据结构和处理活动的过程。数据库设计的主要目标有:

(1) 最大限度地满足用户的应用功能需求。主要是指用户可以将当前与可预知的将来应用所需要的数据及其联系,全部准确地存放在数据库中。

(2) 获得良好的数据库性能。即要求数据库设计保持良好的数据特性以及对数据的高效率存取和资源的合理使用,并使建成的数据库具有良好的数据共享性、独立性、完整性及安全性等。

2. 数据库设计方法

大型数据库设计是涉及多学科的综合性技术,也是一项庞大的软件开发工程。因此要求从事数据库设计的人员应具备多方面的专业技术和知识。除了具备计算机科学的基础知识之外,还必须具备软件工程的原理和方法,掌握程序设计的技巧和方法,具备数据库的基本知识和数据库设计技术,同时还必须具备应用领域的专业知识,才能设计出符合具体应用领域要求的数据库应用系统。

数据库设计方法按设计过程形式化分类有以下几种。

(1) 直观设计法。凭数据库设计人员对整个系统的了解和认识,以及平时所积累的经验和设计技巧,完成对数据库系统的设计任务。该方法比较适合于简单的程序设计过程,具有周期短、效率高、操作简便、易于实现等优点。

(2) 规范化设计法。规范化设计法将数据库设计分为若干阶段,明确规定各阶段的任务,采用"自顶向下、分层实现、逐步求精"的设计原则,结合数据库理论和软件工程设计方法,实现设计过程的每一细节,最终完成整个设计任务。常用的规范化设计方法主要有:基于3NF的数据库设计方法、基于实体联系的设计方法、基于视图概念的数据库设计方法等。

(3) 计算机辅助设计法。依靠辅助设计工具(如PowerDesigner),结合数据库理论进行设计。

下面主要围绕规范化设计法,深入分析和介绍其具体设计过程。

3. 数据库设计的步骤

数据库设计过程具有一定的规律和标准。在设计过程中,通常采用"分阶段法",即"自顶向下、分层实现、逐步求精"的设计原则。将数据库设计过程分解为若干相互依存的阶段,称之为步骤。每一阶段采用不同的技术、工具解决不同的问题，从而将一个大的问题局部化，减少局部问题对整体设计的影响及依赖，并利于多人合作。

数据库设计一般分为需求分析、概念结构设计、逻辑结构设计、数据库物理设计、数据库实施、数据库运行和维护六个阶段。数据库设计的过程如图 6－4 所示。

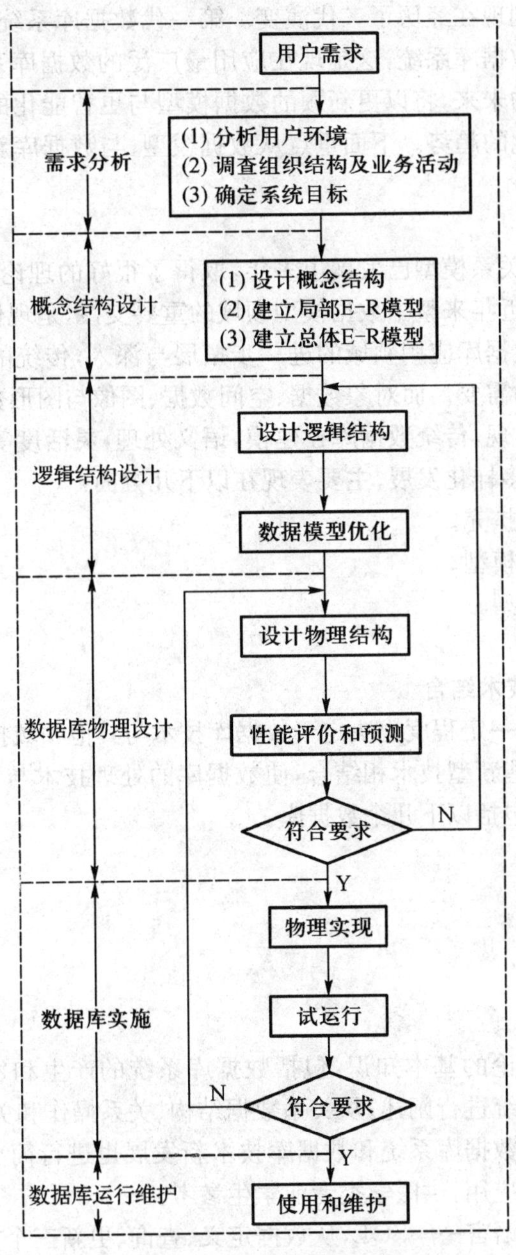

图 6－4　数据库设计过程

6.5　数据库技术新发展

随着社会进步与技术发展，特别是信息化系统普遍应用的今天，各行业对数据处理需求在广度与深度方面较之以前有了很大变化，从而对数据库技术提出更高的要求，促进了数据库技术的发展。新的数据模型,新的数据库系统,新的应用领域都应运而生,使整个数据库技术领域呈现出新气象。

6.5.1 数据库系统发展特点

数据库技术从产生到现在经历了三代演变。第一代数据库系统是层次与网状数据库;第二代数据库系统是关系数据库系统,这是现在应用最广泛的数据库系统。第三代数据库系统代表着数据库技术发展的未来,将以更新颖的数据模型与更智能化的数据管理能力来满足数据库应用多元化与复杂化的趋势。下面重点从数据模型、与数据库新技术等方面描述数据库发展的特点。

1. 数据模型的发展

传统的层次、网状与关系模型已发展了多年,取得了很好的理论研究成果与数据库产品,特别是关系模型,几乎是近年来整个数据模型领域的重要支撑,是现代管理信息系统数据存储处理的关键所在。随着数据库应用领域的进一步拓展与深入,传统的数据模型已逐渐不能满足实际工作对数据处理的需要。而对象数据、空间数据、图像与图形数据、声音数据、关联文本数据及海量仓库数据等出现,传统数据库在建模,语义处理,灵活度等方面都无法适应。为满足发展需要,数据模型向多样化发展,主要表现在以下几方面:

(1) 传统关系模型的扩充。

(2) 发展出新的数据模型。

(3) 面向对象数据模型。

(4) XML 数据模型。

2. 数据库技术与新技术结合

数据库技术的发展在一定程度也决定于数据库技术与其他领域技术的结合。随着一些新技术的出现,数据库与这些新型技术相结合,使数据库的处理技术与可用性焕然一新,形成了各种新型数据系统,主要包括以下几个数据库:

(1) 分布式数据库。

(2) 并行数据库。

(3) 主动数据库。

本章小结

本章介绍了数据库理论的基本知识,包括数据库系统的产生和发展、相关概念及数据模型。重点对关系数据库系统进行阐述,从关系数据结构、关系操作和关系完整性等方面进行了详细介绍。对典型的医学数据库系统和数据库技术新发展也进行简要的阐述,并且给出了几种典型的医学数据库系统应用,供医学类专业学生参考。

对于关系数据库标准语言——SQL,从数据定义、查询、更新三个方面介绍了 SQL 的基本应用。在对关系数据库进行讲述的基础上,从关系规范化的角度对关系数据库设计的流程进行了详细地讲解,包括五个主要步骤:需求分析、概念结构设计、逻辑结构设计、物理设计和数据库的运行和维护。

作为医药类院校的学生,随着计算机及网络在医药卫生领域的普及,掌握相关的数据库知识是非常必要的。本章可以作为学习数据库知识的入门,如有更高层次的需求,可以参阅数据库相关的专业书籍。

习题与自测题

一、选择题

1. 数据库管理系统是位于(　　)之间的一层管理软件。
   A. 硬件和软件　　B. 用户和操作系统
   C. 硬件和操作系统　　D. 数据库和操作系统
2. 层次模型必须满足的一个条件是(　　)。
   A. 每个结点均可以有一个以上的父结点
   B. 有且仅有一个结点,无父结点
   C. 不能有结点,无父结点
   D. 可以有一个以上的结点,无父结点
3. SQL 属于(　　)数据库语言。
   A. 关系型　　B. 网状型　　C. 层次型　　D. 面向对象型
4. Select 语句执行的结果是(　　)。
   A. 数据项　　B. 视图　　C. 表　　D. 元组
5. 任何一个满足 2NF 的关系模式都不存在(　　)。
   A. 主属性对码的部分依赖　　B. 非主属性对码的部分依赖
   C. 主属性对码的传递依赖　　D. 非主属性对码的传递依赖
6. 下列模型中用于数据库设计阶段的是(　　)。
   A. E-R 模型　　B. 层次模型　　C. 关系模型　　D. 网状模型
7. Access 表中字段的数据类型不包括(　　)。
   A. 文本　　B. 备注　　C. 通用　　D. 日期/时间
8. 匹配任何单个字母的通配符是(　　)。
   A. #　　B. !　　C. ?　　D. [ ]

二、填空题

1. 一个数据库的数据模型由______、______和______三部分组成。
2. SQL 的全称为______。
3. 数据库中的数据应保持______独立性和______独立性。
4. 关系的规范化应在数据库设计的______阶段进行。
5. SQL 语句中创建基本表的语句是______。

三、判断题

1. 数据管理技术经历了人工管理、文件系统和计算机管理三个阶段。(　　)
2. 关系模型由关系数据结构、关系操作集合和完整性约束三部分组成。(　　)
3. 为了减少冗余,关系的范式应该分解得越细越好。(　　)
4. 数据流图是在概念结构设计中产生的。(　　)
5. Access 是 Microsoft Office 的套装软件之一,是一种关系数据库管理系统软件。(　　)

四、简答题

1. 试述文件系统和数据库系统的区别和联系。

2. 试述数据、数据库、数据库管理系统、数据库系统的概念。
3. 什么是层次模型？什么是网状模型？
4. 举例说明实体完整性规则和参照完整性规则。
5. 理解并给出下列术语的定义：函数依赖，完全函数依赖，部分函数依赖码，1NF，2NF，3NF，BCNF。
6. 数据库系统的生命周期分为哪几个阶段？每个阶段的主要任务是什么？
7. 试述将E－R图转换为关系模型的转换规则。

五、应用题

1. 某百货公司有若干连锁商店，每家商店经营若干产品，每家商店有若干职工，每个职工只服务于一家商店。试画出百货公司的E－R模型，并给出每个实体、联系的属性。
2. 假设有学生选课关系模式SC(Sno，Cno，Grade)，其中Sno表示学号，Cno表示课程号，Grade表示成绩，那么Sno→Cno正确吗？为什么？
3. 假定老师表 R_1 和学生表 R_2 如下表所示，计算 $R_1 \Join R_2$。

表 R_1

导师编号	导师姓名
D001	王飞
D002	牛强

表 R_2

学　号	姓　名	导师编号
20090601	牛欣然	D001
20090602	王子越	D002
20090603	贾穆汉	D003

【微信扫码】
习题解答 & 相关资源

【微信扫码】
本章导学 & 拓展阅读

第7章　医院信息系统

7.1　医院信息系统概述

医院是信息高度密集的系统，诊疗护理工作过程就是医疗信息的处理过程。医院管理过程更是收集、处理、分析和利用信息的过程。医院信息是医院这个复杂系统在运行过程中的状态、特征及其变化的客观反映，具有范围大、数量广、涉及面广、变化快以及连续动态发展的特点，对医院技术建设与学术发展，培养人才，提高医疗质量、科研水平和医院的知名度，均有重要意义。因此，医院信息系统(Hospital Information System，HIS)成为医院信息化建设发展当中应用较早、发展最快、普及面较广的一个领域，也是近年来我国医院计算机应用领域中最广泛和最活跃的一个分支。2012年版《医院信息系统基本功能规范》(以下简称"2012版规范")给出如下定义：医院信息系统是指利用计算机软硬件技术、网络通信技术等现代化手段，对医院及其所属各部门的人流、物流、财流进行综合管理，对在医疗活动各阶段中产生的数据进行采集、存储、处理、提取、传输、汇总、加工生成各种信息，从而为医院的整体运行提供全面的、自动化的管理及各种服务的信息系统。医院信息系统是现代化医院建设中不可缺少的基础设施与支撑环境。

医院自身的目标、任务和性质决定了医院信息系统是各类信息系统中最复杂的系统之一。"2012版规范"根据数据流量、流向及处理过程，将整个医院信息系统划分为以下五部分：临床诊疗部分、药品管理部分、经济管理部分、综合管理与统计分析部分、外部接口部分。就一般情况而言，将面向医院的信息管理和面向病人的信息管理区分开来，前者称为医院管理信息系统(Hospital Management Information System，HMIS)，后者则称为临床信息系统(Clinical Information System，CIS)。

7.2　医院信息系统数据标准化

7.2.1　数据技术规范

随着生活水平的逐渐提高和我国医疗体系改革的进一步深化，人们对医疗服务需求和医院管理科学性要求也越来越高。医院信息系统作为现代化医院运营的技术支撑和基础设施是必不可少的，医院信息化水平成为现代化医院的标志之一；以信息化规范医疗行为，实时监控提高医疗质量，用信息化的建设提升医院科学管理水平是现代医院发展的必然趋势。2012版规范对医院信息系统的数据技术规范提出了以下要求：医院信息系统是为采集、加工、存储、检索、传递病人医疗信息及相关的管理信息而建立的人机系统。数据的管理是医院信息系统成功的关键。数据必须准确、可信、可用、完整、规范及安全可靠。并对整个业务数据的全流程提出了以下要求：

1. 数据输入

提供准确、快速、完整地数据输入手段，实现应用系统在数据源发生地一次性输入数据技术。

2. 数据共享

必须提供系统数据共享功能。

3. 数据通信

必须具备通过网络自动通信交换数据的功能,避免通过介质(软盘、磁带、光盘等)交换数据。

4. 数据备份

具备数据备份功能,包括自动定时数据备份、程序操作备份和手工操作备份。为防止不可预见的事故及灾害,数据必须异地备份。

5. 数据恢复

具备数据恢复功能,包括程序操作数据恢复和手工操作数据恢复。

6. 数据字典编码标准

数据字典包括国家标准数据字典、行业标准数据字典、地方标准数据字典和用户数据字典。为确保数据规范,信息分类编码应符合我国法律、法规、规章制度的有关规定,对已有的国标、行标及部标的数据字典,应采用相应的有关标准,不得自定义。使用允许用户扩充的标准,应严格按照该标准的编码原则扩充。在标准出台后应立即改用标准编码,如果因技术限制导致已经使用的系统不能更换字典,必须建立自定义字典与标准编码字典的对照表,并开发相应的检索和数据转换程序。

7.2.2 医疗行业数据标准

医疗行业的业务复杂性和敏感性决定了医院信息系统的数据标准一直是重要而迫切的需求。世界各国对医疗数据的标准进行了多年的研究和标准订立,以下给出部分国际标准作为参照。

1. 国际疾病分类(ICD)

国际疾病分类(International Classification of Disease,ICD),是根据疾病的病因、病理、临床表现和解剖位置等特征将疾病分门别类,把同类疾病分在一起使其成为有序的组合。目前的版本是第十次修订本,已更名为《疾病和有关健康问题的国际统计分类》,世界卫生组织还保留了ICD的简称。

(1) ICD发展简史。

ICD已有一百多年的发展历史,1891年国际统计研究所组织了一个对死亡原因分类的委员会,由耶克·佰蒂隆(Jacques Bertillon,1851—1922)任该委员会主席。1893年他在国际统计大会上提出了一个分类方案系统,即为ICD的第一版。1946年由世界卫生组织(WHO)做第六次修订时,首次引入了疾病分类,并强调继续保持按病因分类的哲学思想。1975年在日内瓦的第九次修改版本,即ICD 9,在全世界范围内得到广泛推广应用。1992年出版了第十次修改版本,其最大的变化是引进了字母,形成字母数字混合编码。我国卫生部早在1981年批准在北京协和医院成立世界卫生组织疾病分类合作中心。1987年发布文件,要求医院采用ICD 9作为疾病分类统计报告标准,并于1993年由国家技术监督局发布《中华人民共和国国家标准——疾病分类与代码》的国家标准,2002年开始在全国县级及县级以上医院和死因调查点正式推广使用ICD 10,如图7-1所示。ICD 10对医院信息的规范化起到了关键作用。

(2) ICD分类原理与方法。

ICD疾病分类是根据疾病的某些特征,按照一定的规则将疾病分门别类。例如,A00～

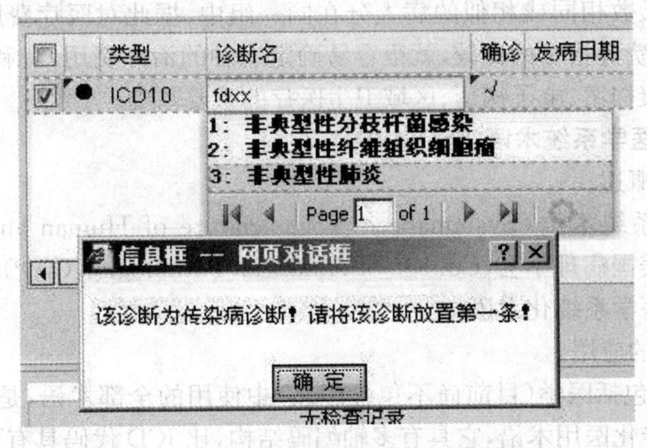

图7-1　基于ICD 10标准的临床疾病诊断

A09为肠道传染病，A15～A19为结核病等。

疾病分类的轴心是分类时所采用的疾病的某种特征。国际疾病分类ICD使用的疾病分类特性可以归纳为四大类，即病因、部位、临床表现（包括症状、体征、分期、分型、性别、年龄、急慢性、发病时间等）和病理。每一特征构成一个分类标准，形成一个分类轴心，因此国际疾病分类ICD是一个多轴心的分类系统。

(3) ICD的主要分类编码方法。

① 类目：为三位数编码，包括一个字母和两位数字。例如，A00表示霍乱；A01表示伤寒和副伤寒；A02表示其他沙门氏菌感染等。

② 亚目：为四位数编码，包括一个字母、三位数字和一个小数点。例如，A01.0表示伤寒。

③ 细目：为五位数编码，包括一个字母、四位数字和一个小数点。例如，S02.01表示顶骨开放性骨折。细目是选择性使用的编码，它提供一个与四位数分类轴心不同的新的轴心分类，其特异性更强。例如，S82.01表示髌骨开放性骨折。

双重分类（星号和箭号分类系统）：箭号表示疾病的原因，星号表明疾病的临床表现。例如，糖尿病并发视网膜病的编码是E10↓H36.0*，其中E10↓表示疾病由糖尿病引起的，H36.0*表示疾病部位在视网膜。

(4) 应用ICD的意义。

① ICD使得疾病名称规范化、标准化，这是医院临床信息管理的基础，也是电子病历等临床信息系统的应用基础。

② 便于疾病信息的学术交流，随着ICD的推广和普及，使得疾病信息可作为国内外医疗卫生统计的基础，以便国家卫生部门根据统计资料制定卫生政策，便于国际间的关于疾病信息的学术交流和统计分析。

③ 有利于医疗教学与研究，医院的病案是医疗教学和临床研究的基础，在教学与研究中所需的某种疾病的病案可以通过ICD编码准确获取，正确的疾病分类是打开病案宝库的钥匙。

④ 有利于医院管理，ICD是医院医疗和行政管理的基础，例如，按照病种进行归纳，了解各病种的就诊人数、住院人数、平均医疗费用、平均住院天数等。由于病案中还含有医疗人员的信息、各种检验信息，因而还可以对医疗资源利用进行分析，对医疗质量进行评估。

⑤ 有利于医疗保险，疾病分类是医疗经费控制的重要依据之一，通过ICD编码，将疾病性

质、医疗费用、住院天数相同或相似的病人分在同一组中,据此对医疗费用进行限定与管理。通过对疾病病种、收费等指标的比较,就很容易确定病种的治疗费用,有利于指定医疗保险费用,是远程医疗、健康档案、电子病历、区域卫生医疗的重要基础。

2. 人类与兽类医学系统术语(SNOMED)

(1) SNOMED概述。

人类与兽医学系统术语(Systematized Nomenclature of Human and Veterinary Medicine,SNOMED)是美国病理学会(College of American Pathologist,CAP)发展的、广泛用于描述病理检验结果的医学系统化术语。

(2) SNOMED的应用。

SNOMED试图包括医学(目前尚不包含中医)中使用的全部术语,是当前国际上使用最为广泛的大规模标准化医用术语,它具有多轴编码结构,比ICD代码具有更大的临床特性,对临床具有极为重要的意义。更重要的是,由于这些术语代码拥有医学知识表达的许多特征,又具开放式的数据结构,还可以灵活地进行搭配、组装,以表达更为复杂的概念和关系,乃至合成新的术语,所以它将适用于电子病历,并支持专家系统。标准化、规范地应用医学术语将有利于医学信息共享和提高医疗质量。

SNOMED已在40多个国家得到应用,其在整个电子病历的索引中表现出的卓越的全面性、多样性及术语学的可控性广为公认。

3. 医学主题词表(MeSH)

美国国家医学图书馆(National Library of Medicine,NLM)于1960年开发了医学主题词系统(Medical Subject Headings,MeSH)并编制出版了《医学主题词表》。该系统用于世界医学文献的索引,收集了1.6万多个主题词,并设立各种参照和注释,副主题词82个,主题词和副主题词是规范化词汇。MeSH是一部动态词表,为了保持与科学发展同步,每年都有一定数量的词汇增删变动。

MeSH主要由字顺表(Alphabetic List)、主题词树状结构表(Tree Structure)两大部分构成。MeSH形成了统一医学语言系统(Unified Medical Language System,UMLS)的基础。后者也是由NLM开发的,它为医学上描述性自然语言的结构化以及电子病历的实现提供新的途径。

4. 美国卫生信息传输标准(HL7)

美国卫生信息传输标准(Health Level Seven Standard for Electronic Data Exchange in Health care Environments,HL7)是1987年由美国国家标准局(ANSI)授权的标准开发机构Health Level Seven Inc. 研究开发的一个专门规范医疗机构用于临床信息、财务信息和管理信息的电子信息交换标准,由美国国家标准局批准颁布实施。HL7(Health Level Seven)中的Level Seven的意思是ISO-OSI第七层(应用层),HL7组织参考了国际标准组织(ISO)采用的开放式系统互联OSI(Open System Interconnection)的通信模式,将HL7纳为最高的一层,也就是应用层。

HL7的主要目的是发展和整合各型医疗信息系统间。例如,临床、检验、药店、保险、管理、行政及银行等各项电子资料的交换标准。它致力于发展一套联系独立医疗计算机系统的认可规格,确保医疗卫生系统如医院信息系统、检验系统、配药系统及企业系统等符合既定的标准与条件,使接收或传送一切有关医疗、卫生、财政与行政管理等资料或数据时,可达到及时、流畅、可靠且安全的目的。

5. 统一的医学语言系统(UMLS)

统一的医学语言系统(Unified Medical Language System,UMLS)是由美国政府投资,美国国立医学图书馆承担的、最重要的、规模最大的医学信息标准化项目。UMLS 试图帮助卫生专家和研究者从五花八门的信息资源中提取和集成电子生物医学信息,它可以解决类似概念的不同表达问题,可以使用户很容易地跨越在病案系统、文献摘要数据库、全文数据库之间的屏障。UMLS 的知识服务(Knowledge Services)功能还可以帮助数据的生成与索引服务。

Metathesaurus(UMLS 的一个产品)提供了对 MeSh(医学主题词表)、ICD - 9 - CM、SNOMED、CPT 和其他编码系统之间的交叉参照。UMLS 是医学术语研究的重要课题,SNOMED 为 UMLS 提供了最为广泛和最为重要的医学术语词条,是 UMLS 所包含的多个术语集中的一个,也许是最重要的一个。UMLS 的主要角色是一部拥有多种功能的电子化医学词典,使得许多不同源术语集中的相同语义拥有标准格式成为可能,但它本身并不是参考术语。

UMLS 本身不是标准,但是提供了标准和其他数据和知识资源之间的交叉参照,能帮助解决许多医学信息交换的问题,因此有极大的使用价值。

7.3　医院管理信息系统和临床信息系统

7.3.1　医院管理信息系统与临床信息系统的划分和演变过程

医院是信息最为密集的单位之一,数据的管理是医院信息系统成功的关键。医院的数据应该以病人医疗信息为核心,采集、存储、传输、汇总、分析与之相关的财务、管理、统计、决策等信息。因此,医院的信息可以根据医院业务数据的特点或根据数据的流向及处理过程进行分类。

国家卫生部根据医院数据的流量、流向及处理过程,将整个医院信息系统划分为以下五部分:临床诊疗部分、药品管理部分、经济管理部分、综合管理与统计分析部分以及外部接口部分。一般情况下,将临床诊疗部分划为临床信息系统,其余四部分划为医院管理信息系统。

1. 医院管理信息系统与临床信息系统的概述

临床信息系统是指利用计算机软硬件技术、网络通信技术对病人信息进行采集、存储、传输、处理、展现,为临床医护人员和医技科室的医疗工作服务,以提高医疗质量为目的的信息系统。临床信息系统是医院信息系统的核心。临床信息系统主要包括:电子病历系统(Electronic Medical Record,EMR)、医生工作站系统(Doctor Workstation System,DWS)、护理信息系统(Nurse Information System,NIS)、实验室信息系统(Laboratory Information System,LIS)、放射信息系统(Radiology Information System,RIS)、手术麻醉信息系统(Operating Anesthesiology Information System,OAIS)、重症监护信息系统(Intensive Care Unit,ICU)、医学影像存储与传输系统(Picture Archiving and Communication System,PACS)、临床决策支持系统(Clinical Decision Support System,CDSS)等。

医院管理信息系统(Hospital Management Information System, HMIS)是以事务管理为主要内容,以处理医院人、财、物等信息为主的管理系统,它的功能明确,数据易于结构化,其采集、处理方法简单而固定。例如医疗设备的管理,药品的库存、发放管理以及患者的医疗费用管理等。CIS 是以处理临床信息为主的,以医疗过程为主要内容,而医疗过程是一个基于医学知识、医疗经验的推理、决策的智能化过程。由于面对的患者个体性强，而重复性差，数据不易结构化，其采集及处理涉及医学知识的表达和应用，涉及医疗经验和决策支持等内容，因此较HMIS更为复杂和困难。

CIS与HMIS之间既相互区别，又相互关联。例如，住院登记属于HMIS，但它所采集的病人一般信息是CIS的信息基础；处方用药属于CIS，但是处方划价收费却又属于HMIS。就拿实验室信息系统(LIS)来说，在HMIS中主要侧重在"申请——检查——结果"的事务性过程中对数据的管理以及自动划价收费管理，而在CIS中更注重信息在临床诊断、治疗中的作用。在完整的LIS、PACS、NIS等信息系统中都会涉及HMIS和CIS这两方面的内容。例如：姓名、年龄、医技操作的项目、价格等属于HMIS的范畴；另外，对医学专业知识信息的采集、处理和智能分析属于CIS的范畴。

临床信息系统是一个依据医疗过程的知识和信息进行推理决策的智能化过程，个体性强、重复性差，医疗过程涉及知识的表达与应用，这些都远远超出传统的事务处理的难度。因此本章重点介绍临床信息系统。

2. 医院管理信息系统与临床信息系统的发展过程

早期的HIS主要是为了减轻医院为支付保险费用的工作量，以及支持自动处理庞大的药品数据和检验报告数据。自20世纪70年代起，美国不惜耗巨资率先组织对疾病诊断相关分组(Diagnosis Related Group System，DRGS)进行研究，并建立了按疾病诊断相关分组——预付款制度(DRGS-PPS)。其主要目的和作用在于指导医院和医务人员合理利用医疗卫生资源，控制医疗服务中的不合理消费，并通过控制平均住院日和住院费用来达到促使医院挖掘潜力，提高医院的质量、效益和效率，减少卫生资源的浪费。

从另一个角度来看，医院的核心竞争力来自于医疗和服务质量。因此，临床信息系统应运而生。CIS是以病人为中心的，为提高医疗质量的临床医疗信息管理系统，它的直接用户是医生、护士、医技人员。

韩国多年来也一直致力于医院信息工作。在政府的强力推动下，韩国95%的医院和诊所通过网络连接国家保险部门进行结算，三分之一的医院已经安装了PACS系统，绝大多数三级医院已经安装了医嘱录入系统。

20世纪的最后几年，随着我国医药卫生体制改革的深入、医院管理体制和运行机制改革的推行，促使医院从计划经济逐步向市场经济转轨。激烈的医疗市场竞争促进了医疗信息化建设，特别是城镇职工医疗保险制度，新的医疗诉讼规定促使了CIS在中国的启动。首先，医疗保险中的各种偿付规定。例如，保险基金偿付限额、按总额付费、按病种付费和被保险方案比例付费，都促使医院通过降低医疗成本，提高医疗质量来吸引参保病人。其次，医疗诉讼中"医疗行为举证倒置原则"将使医疗信息有可能公之于众。因此，加强对临床医疗信息的采集、存储、处理和利用，提高疗效，已刻不容缓，自然而然促使了CIS的启动。

"2012版规范"中已将医生工作站和和护士工作站列为临床信息系统的两个组成部分。目前，国内60%以上的医院都已经实现了CIS的全面应用，应用层次也在不断深入，逐步实现了无线床边，医学影像存储与传输、远程医疗等。但是目前在医疗卫生服务业，存在着医疗服务可及性差、医疗资源配置不均衡、卫生服务效率不高、医疗服务质量参差不齐、居民"看病难，看病贵"等问题。区域医疗卫生信息化是以信息网络、电子商务、电子支付、现代物流等现代服务支撑共性技术为基础，对传统医疗卫生服务模式进行改造创新，建立新型数字医疗卫生服务模式和业务流程，进而全面优化整合区域医疗卫生资源，建立区域医疗卫生信息系统，实现区域内各医疗卫生系统信息网上交换、区域内医疗卫生信息集中存储与管理和资源共享，从而提高医疗卫生服务效率和质量，降低医疗卫生服务成本。通过信息化手段，建立区域卫生共享医疗平台，实现以病人为中心信息的共享、流动与智能运用，并在医疗卫生服务整个环节中实现协同和整合，推动各医疗机构资源的灵活流动和机构优化，是未来医院信息系统的发展方向。如图7-2所示为医院信息化建设过程示意图。

图7-2 医院信息化建设过程示意图

7.3.2 临床信息系统基本范畴简介

临床信息系统(CIS)的基础是各个科室的业务处理，医务人员应用系统处理日常医疗工作中的信息传递、医疗文书书写等工作。从信息系统功能角度看，用于医院各个业务部门的系统应该紧紧围绕这些部门的工作内容，即以医疗业务工作为系统的主要功能，这些系统以临床应用为目标，逐步发展为专业化、智能化的系统。

这些系统主要包括以下内容。

1. 电子病历(EMR)

指在医院内全面记录关于病人健康状态、检查结果、治疗过程、诊断结果等信息的电子化、格式化的医疗文件。

2. 医生工作站(DWS)

指协助临床医生获取信息、处理信息的信息系统。“2012版规范”中，增加了医生工作站，并将其作为临床信息系统的构成部分。它将医院医生工作站分为“门诊医生工作站分系统”和“住院医生工作站分系统”。

3. 实验室信息管理系统(LIS)

指利用计算机技术实现临床实验室的信息采集、存储、处理、传输、查询，并提供分析及诊断支持的计算机软件系统。其中包括临床检验系统、微生物检验系统、试剂管理系统、实验室辅助管理系统等。

4. 护理信息系统(NIS)

指利用计算机软硬件技术、网络通信技术帮助护士对病人信息进行采集、管理，为病人提供全方位护理服务的信息系统。

5. 医学影像存储与传输系统(PACS)

指应用数字成像技术、计算机技术和网络技术对医学图像进行获取、显示、存储、传送和管理的综合信息系统。

6. 放射学信息系统(RIS)

指利用计算机技术对放射学科室数据信息,包括图片影像信息,完成输入、处理、传输、输出自动化的计算机软件系统。

7. 临床决策支持系统(CDSS)

指用人工智能技术对临床医疗工作予以辅助支持的信息系统,它可以根据收集到的病人资料,做出整合型的诊断和医疗意见,提供给临床医务人员参考。

8. 手术麻醉监护系统

包括麻醉深度、呼吸、血压、心肺等参数动态测定和报告。

9. ICU监护信息系统

包括对ICU室中的床边监护设备的数据实时采集、传输、存储,与HIS系统的信息共享、与EMR系统的无缝连接等。

10. 心电信息系统

包括常规心电图、移动心电图(床边机)、动态心电图、运动心电图、动态血压、食道调搏、心内电生理、心电向量、踏车试验、心室晚电位、心率变异、倾斜试验、晚电位等。

11. 脑电信息系统

包括常规脑电图、脑地形图等。

12. 血透中心管理系统

包括血液透析过程的数据测定、记录、病情观察、医嘱、LIS报告等。

13. 眼视光中心

包括各类眼科检查信息的采集、分析、存储、图文报告等。

14. 超声系统

指利用彩色多普勒血流成像仪、B超、A超等以超声原理研制的仪器辅助医生诊断疾病的系统。

15. 肺功能测定系统

指应用肺功能测定仪对肺容量、通气功能进行测定以及通气功能障碍类型的判断等协助医生测量肺功能的系统。

16. 晚电位检测系统

心室晚电位(VLP)是心室肌某部的局部电活动在体表记录到的信号,是一种无创伤性检查的新技术,在临床上常常用来筛选和预测急性心肌梗塞(AMI)是否可能发生室速或室颤。

17. 肌电图检测系统

包括高性能生物放大器并附皮肤阻抗测量、专业化的主系统设计、可编程的刺激器、高分辨波形监视和打印功能。

18. 内窥镜系统

包括支气管镜、胃镜、肠镜、膀胱镜等。

7.3.3 电子病历

电子病历(EMR)是临床信息系统的核心。临床信息系统主要处理和管理医疗过程中产生的信息,这些信息传统上采用手工书写,其中部分内容作为医疗工作的记录称为病历。当临床信息系统能够覆盖医院的整个医疗过程,其记录的关于病人健康状态、检查结果、治疗过程、诊断结果等信息的医疗文件全部电子化，能够完成代替纸张记录的信息时，就形成了电子病历。如图 7－3 所示。

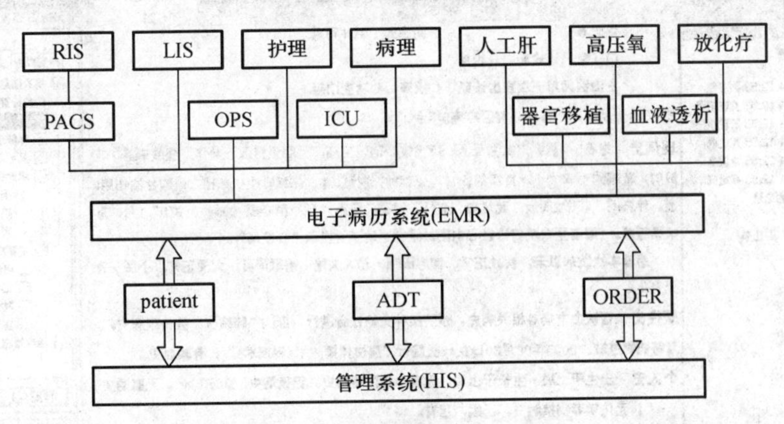

图 7－3　电子病历关联示意图

事实上，电子病历不仅仅是将现有纸张病历上的内容数字化并存储到光盘或磁盘中，而是建立一套完整医疗过程记录、信息处理、信息重现的信息系统。如图 7－4 所示，电子病历在录入病人医疗信息时，通常采用结构化录入方式，如图 7－5 所示。它除了在信息记录和处理上应该能够满足医疗工作的需要之外，还必须在安全性、可靠性、方便性等方面同样满足医疗的需求。

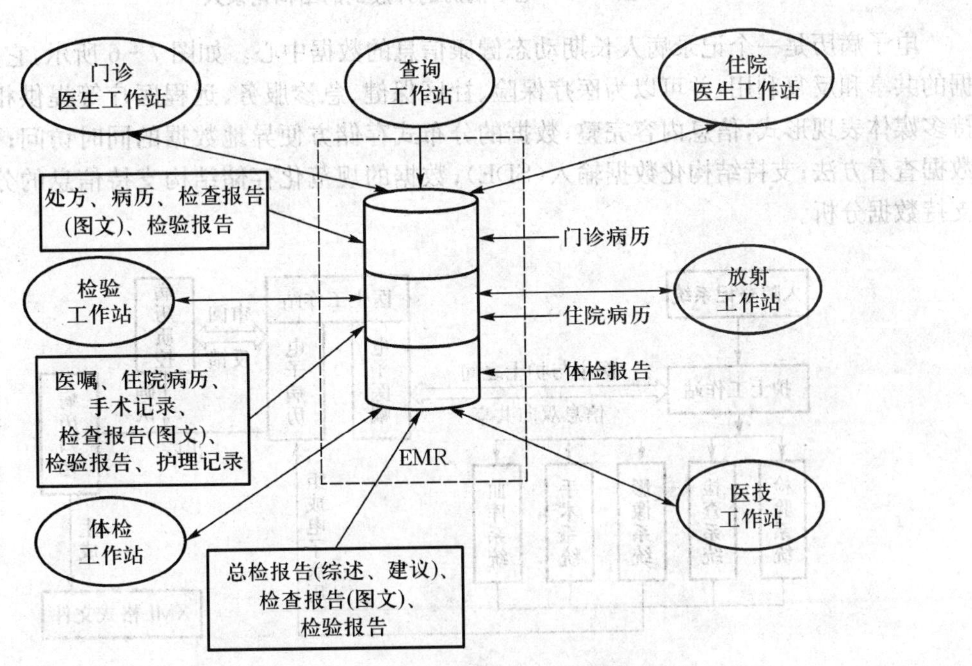

图 7－4　医疗电子病历与临床信息系统关系图

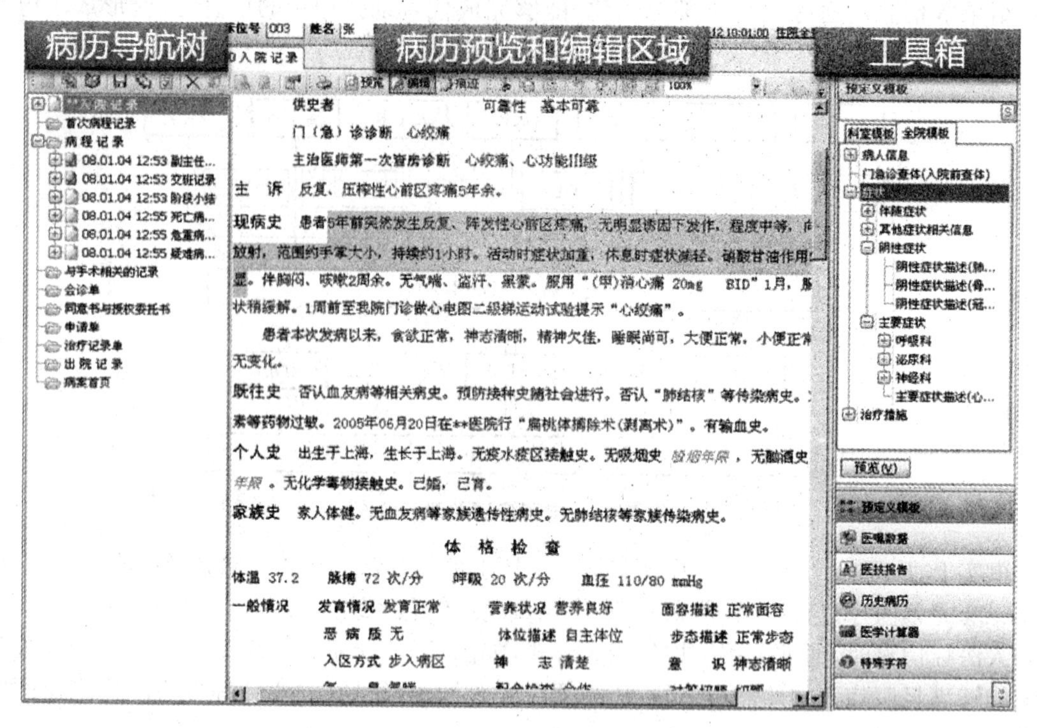

图 7-5　电子病历的开放式的结构化录入

电子病历是一个记录病人长期动态健康信息的数据中心。如图 7-6 所示,它支持信息数据的共享和反复利用,并可以为医疗保险、社区保健、急诊服务、远程医疗等提供相关信息;支持多媒体表现形式,信息内容完整;数据的分布式存储方便异地数据的同时访问;可采取多种数据查看方法;支持结构化数据输入(SDE);数据的规范化存储结构支持信息的分析与检索;支持数据分析。

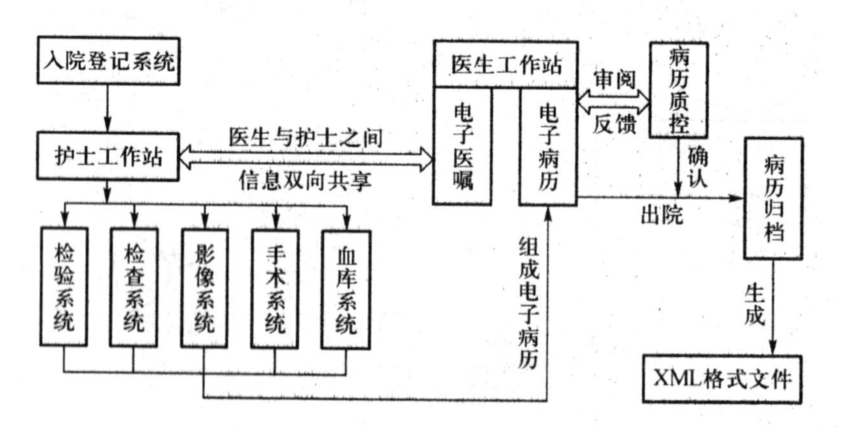

图 7-6　电子病历信息共享示意图

电子病历系统是 HIS 的核心层,电子病历系统实现病人信息的采集、加工、存储、传输、预警和服务,如图 7-7 所示。

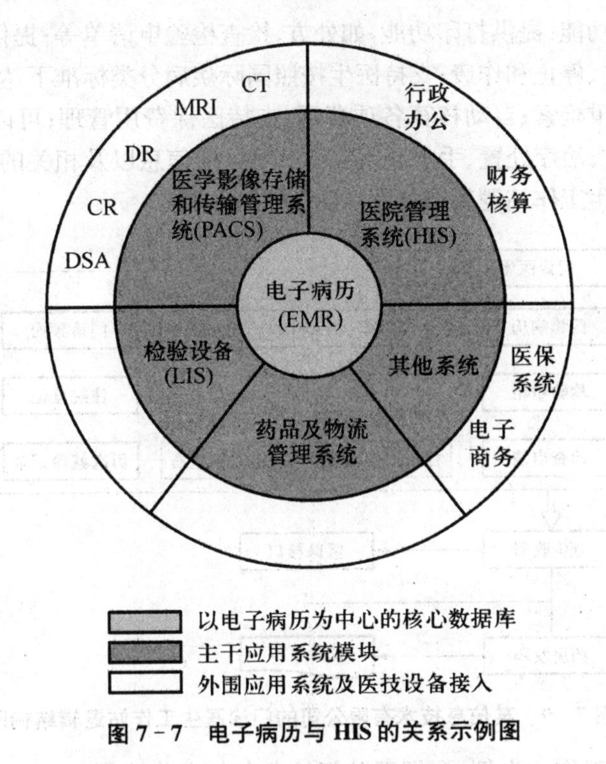

图 7－7　电子病历与 HIS 的关系示例图

综上所述，电子病历系统并不是一个独立于 HIS 的新系统，而是 HIS 的核心层，同时又是临床信息系统的核心。对医院信息系统的运作和发展起到关键作用。

7.3.4　医生工作站

医生工作站是协助医生完成日常医疗工作的信息处理系统，图 7－8 显示常用医生工作站主界面，其主要任务是处理病人记录、诊断、处方、检查、检验、治疗处置、手术和卫生材料等信息。例如：自动获取病人就诊卡号或住院号、病案号、姓名、性别、年龄、医保费用类别等的基本信息；获取与诊疗相关的病史资料、禁忌症、用药等信息；提供医院、科室、医生常用临床项目字典、

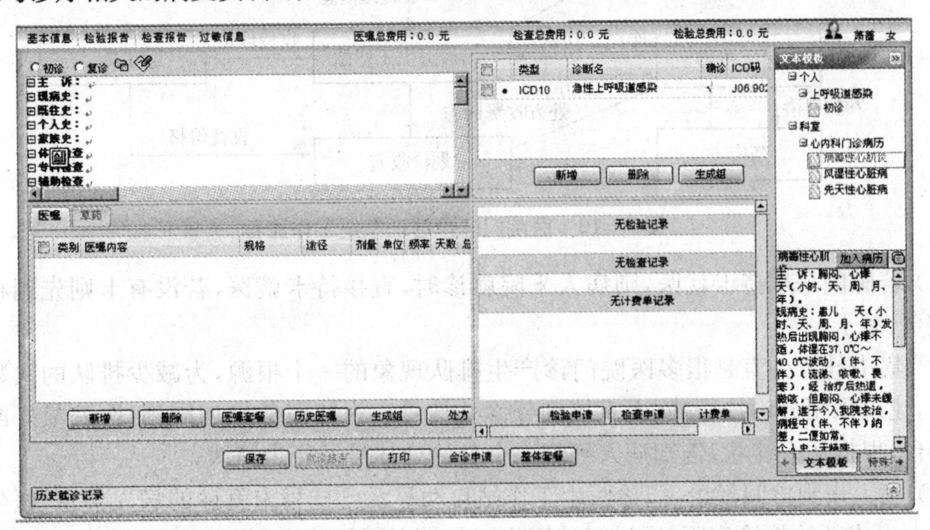

图 7－8　某信息技术有限公司的门诊医生工作站界面

医嘱模板及相应编辑功能;提供打印功能,如处方、检查检验申请单等;提供长期和临时医嘱处理功能,包括医嘱的开立、停止和作废;支持医生按照国际疾病分类标准下达疾病的诊断;支持疾病编码、拼音、汉字等多重检索;自动核算各项费用,支持医保费用管理;可以自动向有关部门传送检查、检验、诊断、处方、治疗处置、手术、转科、出院等诊疗信息以及相关的费用信息,保证医嘱指令顺利执行。门诊医生工作站逻辑结构图如图 7-9 所示。

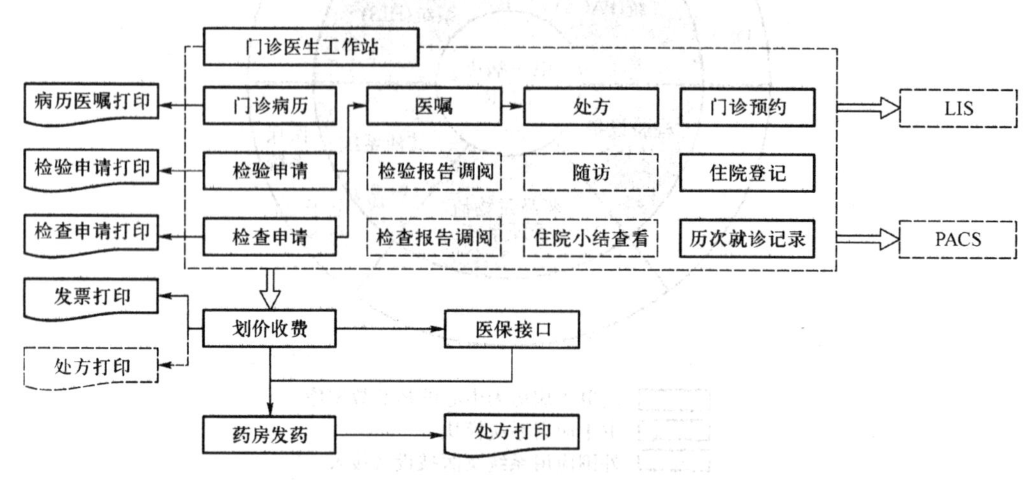

图 7-9 某信息技术有限公司的门诊医生工作站逻辑结构图

下面以加入医生工作站为例,介绍医院门诊业务信息化流程。

如图 7-10 所示,在采用门诊医生工作站的模式中,门急诊病人的信息录入主要由门诊医生进行操作。病人就诊具体流程如下:

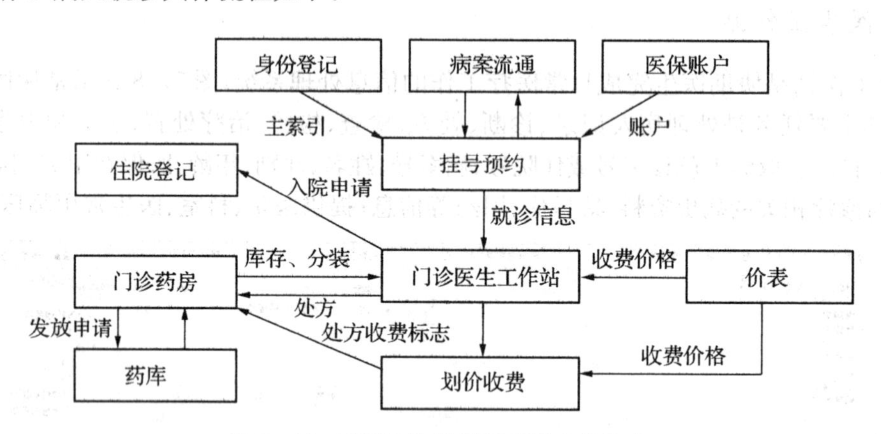

图 7-10 医院门急诊管理系统工作流程

(1) 若医院采用持卡就医,则病人来院就诊时,直接持卡就医,若没有卡则先到相应部门交预交金、制卡;

(2) 集中挂号一直是很多医院门诊产生排队现象的一个根源,为减少排队的次数和队伍的长度,建议采用分诊挂号,病人直接到分诊处挂号。为使服务更加周到,医院最好配有相应的咨询台,根据病人症状,告知病人到哪一个分诊处挂号及行走路线;

(3) 病人来到诊间候诊,门诊医生工作站自动显示已挂号未就诊的病人信息,医生据此为就诊病人生成新的就诊病历,通过门诊医生工作站书写门诊病历,开具检查/检验申请单、治疗单和处方等。申请单直接传至相关检查/检验科室,处方传至药房;

(4) 病人到门诊收费窗口，收费窗口通过病人ID号或就诊序号直接调用医生开单产生的计价信息，核实无误后收费，无卡病人进行现金结算，持卡病人的费用直接从预交金中划去。收费后病人到相应科室接受诊治；

(5) 根据医生传送的处方信息，无卡病人凭收据取药，持卡病人凭卡取药。发药药师复核处方，核对后台药师摆出的药品是否与屏幕上处方内容相一致，确认发药后减库存；

(6) 对有需要的病人门诊收费可进行结算处理，汇总病人本次就诊期间的所有划价收费信息，打印门诊收据。

7.3.5　实验室信息系统

医学领域的实验室信息系统(LIS)，是指利用计算机技术、网络技术实现临床实验室的信息采集、存储、处理、传输、查询，并提供分析及诊断支持的计算机软件系统，也可称为临床检验分系统，如图7-11所示。

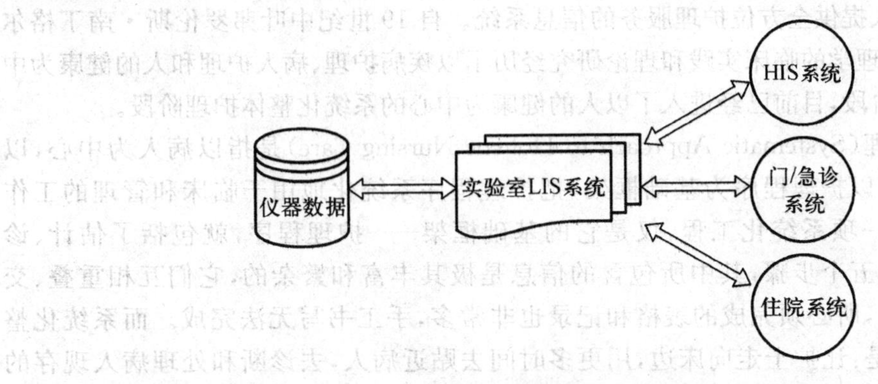

图7-11　实验室LIS系统

随着计算机技术的不断发展，LIS的信息输入、输出方式趋于多样化，数据分析处理的能力不断增强。LIS所涉及的内容也越来越多，数据信息包括受检者(病人或体检者)信息、标本信息、检验申请信息、检验结果和结论信息，以及实验室运作、管理的其他辅助信息。

LIS具有对实验室、检验科事务性管理的功能，可通过医院局域网接受申请、查询和传输病人的一般信息、录入和发送结果报告、打印统计报表等。

(1) LIS具有对检验申请的自动处理功能，通过阅读医生工作站、EMR传输来的申请单中的格式化信息，LIS能够根据检验申请项目、要求，自动给出当日的检验工作计划，安排标本采集人员工作，并对标本进行分组、排序，以充分、高效地利用实验室资源。当采集的标本送达接受处时，系统将自动给标本一个唯一的样本号，这个样本号与病人的标识号(例如条形码)形成关联，伴随整个检查过程，确保不出差错。

(2) LIS具有对标本的自动预处理功能，可以从住院电子医嘱和门诊医生站中直接提取检验项目，取消手工化验申请单。具有条形码识别功能的检验设备直接通过试管上的条形码读取医生申请的化验项目，当检验结果出来后可以保存在LIS服务器上，临床和门诊医生即可通过各自的医生工作站调阅病人的检验结果，还可以进行必要的数据分析。门诊病人马上可通过门诊导医台计算机的刷卡查询或打印各自的化验单。整个检验流程除了住院病人需要归档和门诊病人要带走的化验单外全部实现无纸化和自动化，工作量可以减少50%以上，缩短了检验结果的报告时间。

(3) LIS 具有自动分析能力,仪器内的微处理器可以控制检测分析过程中的各种参数,分析产生的数据经打印口打印,同时通过接口直接存入 LIS 服务器。

(4) LIS 可通过质量控制的标准样本和试剂管理,在后台完成质量控制操作,并对当天的样本进行一次或多次核准,确保检验结果的准确性。

(5) LIS 中具有的检验知识库,可根据检验产生的数据,结合病人的其他临床信息(如症状、体征、诊断、用药情况、既往检测数据等),对检验结果作出解释和结论。LIS 的数据可以传输到 HIS,也可以传输到其他医院或其他地区。

目前,在国外发达国家 LIS 已经普及,在国内已出现了一批专业化的 LIS 开发企业,据不完全统计,国内已有超过 5 000 家医院投资和安装了 LIS 的全部或部分软件。

7.3.6 护理信息系统

护理信息系统(NIS)是指利用计算机软硬件技术、网络通信技术,帮助护士对病人信息进行采集、管理,为病人提供全方位护理服务的信息系统。自 19 世纪中叶弗罗伦斯·南丁格尔创办护理学以来,护理学的临床实践和理论研究经历了以疾病护理、病人护理和人的健康为中心的三个主要发展阶段,目前已经进入了以人的健康为中心的系统化整体护理阶段。

系统化整体护理(Systematic Approach to Holistic Nursing Care)是指以病人为中心,以现代护理观为指导,以护理程序为基础框架,把护理程序系统化地用于临床和管理的工作模式。整体护理是一项系统化工程,仅是它的基础框架——护理程序,就包括了估计、诊断、计划、实施、评价五个步骤,其中所包含的信息是极其丰富和繁杂的,它们互相重叠、交叉,又互为因果联系,所必须完成的表格和记录也非常多,手工书写无法完成。而系统化整体护理的根本目的是:让护士走向床边,用更多时间去贴近病人,去诊断和处理病人现存的或潜在的所有健康问题。要解决这些问题,实现系统化整体护理只有采用现代化信息技术——护理信息系统。

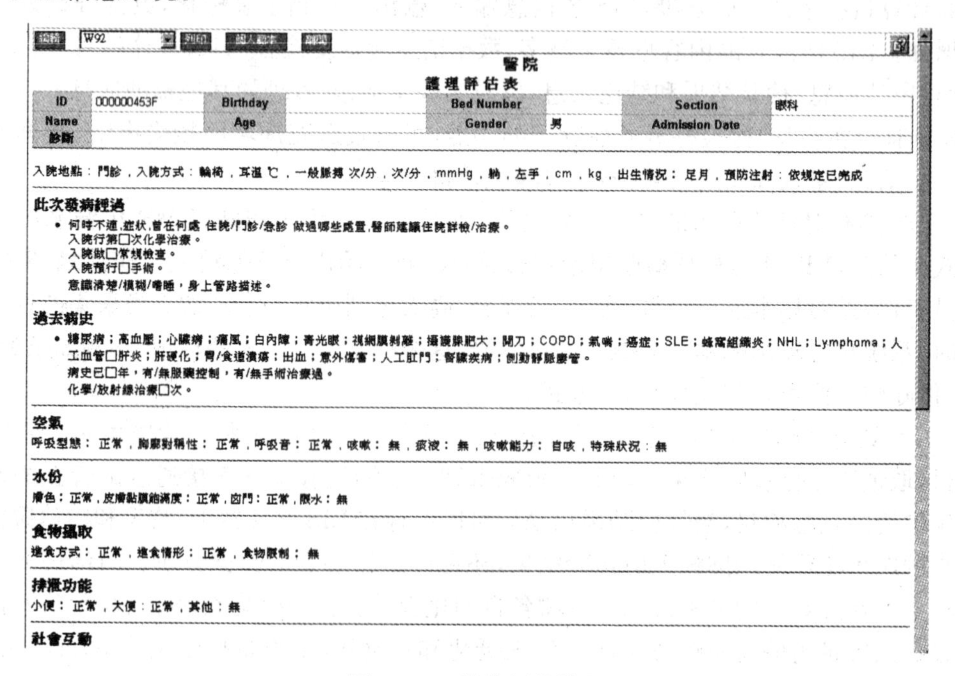

图 7-12　监护评估结果

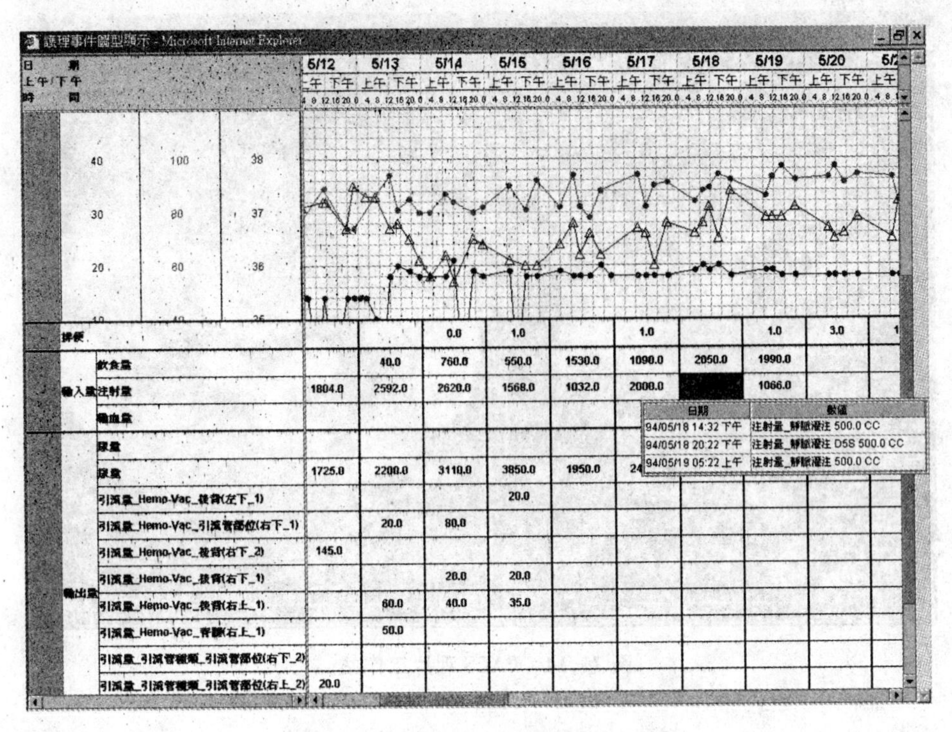

图 7-13　NIS 中之生命征象记录表

NIS 的基本功能包括：获取或查询病人的一般信息以及既往住院或就诊信息；实现对床位的管理和对病区一次性卫生材料消耗的管理；实现医嘱管理，包括医嘱的录入、审核、确认、打印、执行、查询；实现费用管理，包括对医嘱的后台自动计费、病人费用查询、打印费用清单和欠费催缴单；实现基本护理管理，包括录入、打印护理诊断、护理计划、护理记录、护理评价单、护士排班表等。从 NIS 的发展来看，它不仅可以采集、存储、提取临床信息，还可以利用这些信息和护理知识，对每一步护理过程提供决策支持。

7.3.7　医学影像存储与传输系统

医学影像存储与传输系统（PACS）应用数字成像技术、计算机技术和网络技术，对医学图像进行获取、显示、存储、传送和管理的综合信息系统。PACS 主要包括医学图像获取、大容量数据存储、图像显示和处理、数据库管理和图像传输等内容，支持 PACS 运行的重要网络标准和协议是 DICOM3.0。图 7-14 为 PACS 观片工作站。

PACS 产生于 20 世纪 80 年代，数字化成像设备如 CT、MRI 等在医院的普及、医学图像数量的剧增以及现代信息技术的发展，催生了 PACS。PACS 产生后，在发达国家迅速得到推广和应用，到 21 世纪初在我国也得到迅速的发展。

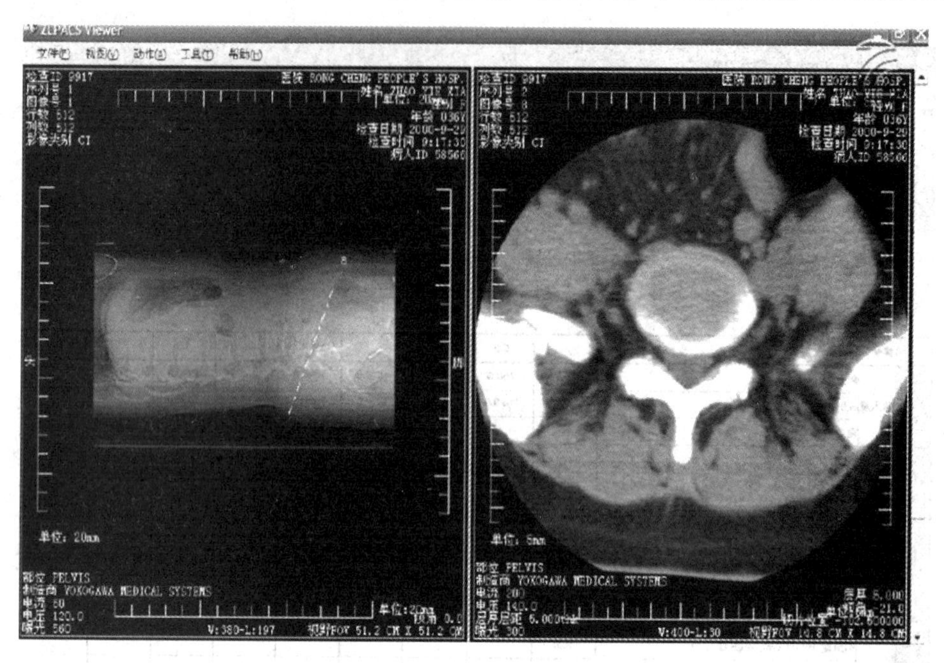

图7-14 PACS观片工作站

7.3.8 放射学信息系统

放射学信息系统(RIS)是指利用计算机技术对放射学科室的数据信息包括图片影像信息,完成输入、处理、传输、输出自动化的计算机软件系统。RIS的基本功能包括:病人登记、检查预约、病人跟踪、报告生成、账单计费、文字处理、数据分析、档案管理、接口功能、胶片管理、系统管理等。

在国外,病人看病做检查之前一般需进行预约,因而预约功能是国外RIS必不可少的功能;书面报告的生成是国内RIS必不可少的功能,很多RIS还提供了基于不同病例的报告模版以方便医生录入诊断报告,而国外医生多采用口述报告,所以国外RIS有录音功能,有的甚至集成了语音识别技术。

下面是我国RIS的基本功能规范:

(1) 预约登记功能:支持病人预约登记。

(2) 分诊功能:病人基本信息、检查设备、检查部位、检查方法、划价收费。

(3) 诊断报告功能:生成检查报告,支持二级医生审核,支持典型病例管理。

(4) 模板功能:用户可以方便灵活定义模板,提高报告生成速度。

(5) 查询功能:支持姓名、影像号等多种形式的组合查询。

(6) 统计功能:可以统计用户工作量、门诊量、胶片量以及费用信息。

随着应用的不断深入和新的需求的提出,RIS的功能也越来越丰富。根据不同的应用对象(是针对医院的放射科还是专门的医疗影像中心),当今的RIS可能还包括一些扩展的功能,例如口述报告、影像协议管理等。由于RIS系统的许多操作涉及患者医疗档案数据,因此RIS必须对病人的医疗信息提供安全保障机制,包括用户身份鉴定和访问控制等功能。当RIS产品被实施到某个医院时,它必须有与其他的信息系统接口的能力,例如,病人索引、入院/出院/转院管理系统和录入检查申请的系统。面向专门的医疗影像中心的RIS可能还包括诸如基于 Web 的检查预约、申请程序和社保接口工具等。

7.3.9　临床决策支持系统

临床决策支持系统(CDSS)是用人工智能技术对临床医疗工作予以辅助支持的信息系统,它可以根据收集到的病人资料,做出整合型的诊断和医疗意见,提供给临床医务人员参考。

目前开发应用的 CDSS 主要是医学专家系统。医学专家系统是基于医学知识库的知识利用系统,是一种求解问题的计算机程序系统。它可以像具有某一医学领域或学科知识、能力、经验的专家一样,分析和判断复杂的临床问题,并利用专家推理方法来求解这些问题。因此,专家系统不同于一般数据库系统,它所存储的不是医学问题答案,而是用于推理的知识和能力。

1. 医学专家系统的基本结构和功能

(1) 医学知识库:存放医学知识及医学专家的经验。知识库具有存储、检索、删除、修改等功能。

(2) 推理机:利用数学模型或推理规则,结合医学知识库,解决所遇到的临床问题。

(3) 咨询解释器:将用户提出的问题转换成推理机可以理解的信息,并将推理结果如诊断、治疗方案等转达给用户。

(4) 知识获取及知识库:是专家系统与真实专家之间的交互界面,可以通过人工修正或机器学习的方法将专家知识输入到医学知识库中。

2. 中医专家系统开发过程

中医专家系统的开发过程大致如下:

(1) 要和中医专家进行一系列讨论,获取有关中医专家的相关知识,建立中医专家的知识库,这部分也称医理设计。

(2) 对中医专家的逻辑推理过程进行模拟,即建立数学模型或推理的规则库。

(3) 通过编程在计算机上实现中医专家系统。

(4) 选择大量的病例进行验证,这相当于机器学习,通过验证寻找问题解决问题,使系统不断完善。

(5) 在临床实践过程中还需不断地修正,直到开发出来的系统可以像中医专家一样,对疾病信息进行分析推理,能诊断出中医病名及症型以及制订治疗方案。

一个专家系统的开发过程,应该是一个不断地进行循环反复的改进、扩充和完善的过程。

3. 临床决策系统在中医研究中的情况

CDSS 作为电子病历系统的一个功能模块,首先是电子病历系统,最后是临床数据分析系统。

(1) 数据整合。

临床决策支持系统的三个主要成分是医学知识、病人数据和针对具体病例的建议。病人数据是通过临床决策支持系统的医学知识来对数据进行解释,从而为临床医生提供准确的决策支持。

临床决策支持所需的病人数据是通过电子病历系统完成数据采集的,再通过一个数据泵进行抽取和整理。为了使决策支持的结论更加准确,系统尽可能提供病人数据的完全整合,包括病人的基本信息、病历信息、病程信息、医嘱信息、检验信息、影像信息、护理信息,以及中医所需要的特有的舌像信息、脉象信息。为了能够更好地利用数据,系统采用 XML 文档格式存储这些临床数据,并用可扩展样式语言(eXtensible Stylesheet Language,XSL)技术对这些保存着数据的 XML 文件进行处理。用 XPath(XPath 是一门在 XML 文档中查找信息的语言，用于在 XML 文档中通过元素和属性进行导航)搜索 XML 文档中的数据，通过 XML 分析器(Parser)可以将其内容还原为结构化的字段并进行处理，这样可以很方便地读取和搜索数据。系统还设计了临床语义模型，通过临床 XML 模板定义可以提取出几十万个有关临床数据项语义，以便在临床数据检索操作时设定检索条件。

(2) 医学知识库。

临床决策支持系统内核的推理程序可以根据知识库的知识和经验生成建议以支持决策。由此可见，医学知识库是临床决策支持系统中的另一个重要元素。

临床决策支持系统建有完善、全面、快速的医学知识库。该知识库包含了词库、术语字典、模型结构、知识仓库四个部分，其中，词库针对最小应用元素的医学用语进行了描述与定义；术语字典则提供了一定范围内的信息关联，这些关联可以包括相关属性的描述、取值范围、相关临床术语、偏向标志、各类编码表等；知识模型结构是将这些术语相关的内容组成一种网状的结构，方便存储和调用；知识仓库就是所有这些知识信息的容器，以功能强大的数据库为架构平台来辅助智能的文字处理与检索系统。

医学知识一般有两个来源，即医学文献(指记录已归档的知识)和某一领域的专家(指专家的临床经验)。在长海医院中医研究所中，所有的医学知识库中的内容也都是通过这两种方法获得。对于任何一种医学知识，系统先通过知识采集引擎把知识采集进来，然后通过解释引擎利用知识模型在知识库中查找相应的解决方案，逐步缩小目标范围，最后由知识库系统判定归于何种类别的医学知识，并存储于知识库中相应的位置。

(3) 决策支持

决策支持就是临床决策支持系统的最后一个步骤，也是最重要的一个步骤，其功能是将医学知识应用于病人数据的结果，进行分析、归纳，最终针对具体病人提出相应的决策和建议。临床决策支持系统的决策支持引擎使用 C-Script，该引擎具有速度快、操作方便、数据准确的特点。C-Script 提供一个简单的工具，可以由临床医生自己定义决策推理的逻辑关系，把决策推理用到的参数和数据项目转换成逻辑表达式，然后由 C-Script 引擎解释定义过的逻辑关系，把其中数据间的关联解释成计算机能够理解的语言，再由计算机处理其中的逻辑关系，最后根据逻辑关系，把数据结果通过表达式计算出来。

7.3.10　手术、麻醉信息管理系统

手术信息处理系统的工作主要为术前、术中、术后三个阶段的信息管理提供支持。术前是手术预约安排信息的处理，系统为麻醉师和手术相关人员提供病人的病历、检查和检验结果等信息，以帮助他们全面了解病人情况，更好地完成手术准备；在术中，麻醉医生将病人的麻醉过程信息记录到系统中，同时系统与监护设备相连接，自动获取病人生命体征信息；术后，麻醉医生可以下达医嘱、记录病人的恢复过程、通过系统自动生成病人的麻醉记录单。如果需要，还可以对麻醉过程进行回顾总结。

下面以一个手术麻醉临床信息系统为例，介绍其所需具备的一些功能特点。

(1) 整合手术室与麻醉科的管理流程，提高管理质量，系统自动统计医护人员的工作量，有效提高业绩考评管理。

(2) 全程自动记录手术及麻醉过程，自动绘制麻醉记录单，全面采集麻醉机、监护仪、呼吸机等设备的数据，支持多厂家、多型号设备的采集，麻醉医师可以根据需要调整采集频率。

(3) 自动生成麻醉和护理医疗文书。

(4) 完善的手术过程管理,详细记录术中事件及用药记录。

(5) 与电子病历、HIS、LIS、PACS等系统无缝连接,实现信息共享,在手术室里就可以随时调阅手术病人的检验数据、影像数据、既往病史等资料,以提供决策支持依据。

(6) 在手术过程中出现紧急情况时,系统全程记录各种突变,可以事后重现临床各种数据变化,避免医疗起诉举证困难的情况。

(7) 术后复苏病人监控,保证病人安全离开手术室。

(8) 完善的麻醉药品、试剂和耗材的管理,减少管理低效导致的浪费。

(9) 辅助完成术前、术中、术后器械清点。

(10) 保存大量临床手术与麻醉数据,方便诊疗、科研及教学。

(11) 辅助科室管理,提供多种统计分析报表。

7.3.11 冠心病监护信息系统/重症监护信息系统

冠心病监护信息系统(CCU)及重症监护信息系统(ICU)主要应用在医院的监护病房。医院监护病房或病房中的监护床往往有许多监护仪、呼吸机等设备,现代医院所应用的设备已经大量采用了数字化技术,这些设备不仅能够完成对检测的心电、呼吸、脉搏等数据进行分析,在出现异常情况时自动报警,许多产品还具有联网传输监护数据的功能。在医疗中,这些实时记录的心电图、呼吸数据、血压等信息对临床医生掌握病情是非常有意义的,如图7-15所示。

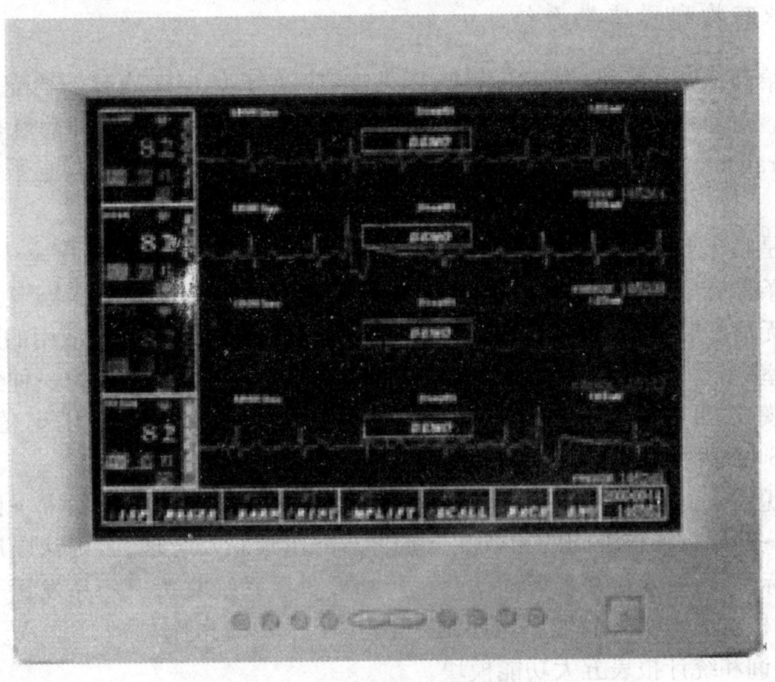

7-15 检测心电图的数据分析

监护信息系统可以从监护设备所配备的数据处理工作站或通过网络直接采集监护仪产生的数据,存储和显示病人的这些生命体征信息。临床监护信息的使用者主要是医生和护士,因此监护信息系统的功能往往也必须与病房的医生工作站或护士工作站紧密结合。系统将采集到的病人生命体征信息与医院的各种检验、检查信息一并提供给医生和护士,以便他们及时对重症病人做出诊断并且做出恰当的治疗方案。

7.3.12 心电信息管理系统

由于心电图显示模式的特殊性，心电信息系统联网的很少，大都采用单机打印心电图的方式，事后不保存心电检查信息，这造成临床医生无法实时浏览心电检查信息，每次都需要重新检查。目前生产心电图设备的厂家众多，接口不统一，而且心电数据的存储、传输、分析格式等在国际上还没有形成统一的标准，比较有名的有 MFER 标准和 SCP-ECG 标准。随着通信技术的发展，心电远程诊断技术日新月异，从最开始的电话，到后来的 Internet，再到现在的 GPRS 等心电远程监护有了极大的进步，方便临床医生对病人的心电信息的快速获取和记录，心电图信息系统也得到发展。

7.3.13 移动医护工作站

传统的医院信息系统都是以有线联网的方式为用户提供服务的。移动医护工作站应用无线网络技术，通过无线网络保持与整个信息系统网络实时连接，将病人信息从医生办公室和护士站带到了病人的床旁。移动医护工作站按照病人床旁的信息需求开发，医生可以在病床旁查阅病人病历，可以直接下达医嘱；护士可以在病床旁提取病人医嘱，执行医嘱，可以将采集到的病人的体温、脉搏等信息直接录入到系统中。移动医护工作站的应用彻底解决在哪发生的信息在哪录入的问题，减少了对纸张的依赖。

7.3.14 静脉药物配置信息系统

为了降低给药错误，20 世纪 60 年代末，国外许多医院开始探索静脉药物配置的最佳方式及程式化管理。对静脉输液加药配置采用统一配置、集中管理的方式，即静脉药物配置中心(Pharmacy intravenous admixture service，PIVAS)模式。静脉药物配置信息系统就是在此基础上诞生的。

静脉输液是临床上常用的一种治疗手段，长期以来都是在病房的治疗室中进行配置的。由于治疗室的条件有限，某些药物在进行配置的过程中会对配置人员的健康产生危害，药师对配置的药品也无法即时监控，难以发挥药师在临床用药中的作用，而且输液用的药品从药房领取存放在治疗室中，易造成药品流失，不利于药品的管理。而 PIVAS 作为一种先进的静脉配置技术和管理模式，可以解决以上种种问题，强调安全、有效、合理、经济用药，值得大力推广。近年来，PIVAS 在国内的一些大医院也有了较多的应用和推广。

PIVAS 信息系统的工作流程一般如下：临床医生根据病人情况开立医嘱→医嘱由系统传输到配置中心→药师审核输液间的相容性、稳定性、配伍禁忌及合理性，确认以后组方分批建立标签→打印标签，由技术员在准备间摆药→药师核对后系统收费→药品发送→病区接收药品。最后，护士核对后为病人输液。该系统一般包括 PIVAS 医嘱处理、PIVAS 库房管理、药品维护、药品查询和统计报表五大功能模块。

PIVAS 信息系统的使用，为 PIVAS 提供了及时、准确的数据，减少工作人员的手工操作，大大提高了工作效率与准确率；在医生与药师之间建立良好的电子沟通渠道，加强了药师对临床用药的监管力度，使病人的用药更加合理，杜绝药品禁忌的出现；为药库管理人员提供及时的药品信息，使静脉药物配置中心药库管理更加科学、规范；减轻了临床护士的日常治疗工作负担，提高了护理质量。

7.3.15　临床路径

目前对临床路径(Clinical Pathways,CP)是由医院某领域的专家,根据某种疾病或某种手术方法,制定一种大家认可的治疗模式,让病人由住院到出院都依此模式来接受治疗,并依据治疗结果来分析评估诊疗效果,控制医疗成本及提高医疗质量,如图7-16所示。

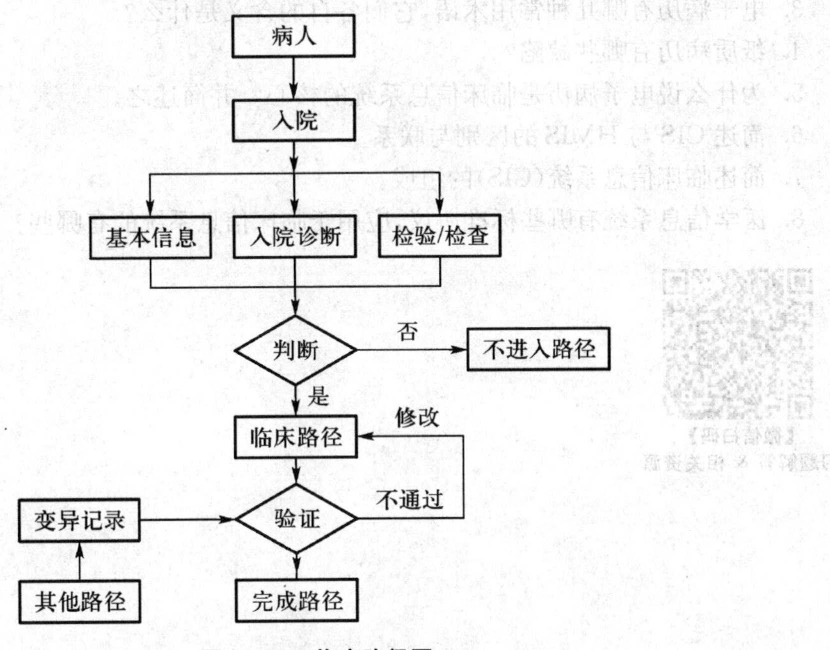

图7-16　临床路径图

临床路径是一种事先写好的文件,用以描述对特定类型的病人提供多学科临床医疗服务的方法,并出于持续评价和自我不断完善的目的,需要记录路径执行中出现的异常情况和差异,进而作出解释。通常情况下,临床路径用工作流程图的方式表示。它强调时间性,是医务人员在医疗活动中可操作的时间表。

临床路径是控制医疗成本的有效工具,也是一种管理系统。它既可追踪病人由住院到出院每天的治疗过程,让病人顺着临床路径建议的治疗方式接受管理,同时也是医疗系统中成员间互相沟通的枢纽。临床路径可加强医疗计划的连续性,促进医疗体系间的合作。

本章小结

医院信息系统内容丰富,涉及面广,以临床信息系统为中心,为患者提供临床医疗、护理服务;以医院管理信息系统为纵轴,实现对医院人流、物流、财流的综合管理。其核心层是电子病历,实现病人信息的采集、加工、存储、传输、预警和服务。为了确保医院信息系统的质量,保护用户的利益,国家卫生部门特制定"2012版规范"作为医院信息系统实施的基本标准,而其中数据的规范管理和标准化又是医院信息系统成功的关键。医院信息系统不但可以协助医务人员开展临床工作,而且有助于教学、科研等活动的有效开展,能够带来崭新的医疗模式、先进的管理理念,同时也将对医疗服务质量的进一步提高、医疗事故和医疗纠纷的减少、医疗行为的规范、新型医患关系的建立等起到有力的推动作用。医院信息系统拥有着广阔的发展前景,并已成为必然趋势。

习题与自测题

一、简答题

1. HIS具有哪些主要功能？医院实施HIS有何意义？
2. 制定《医院信息系统基本功能规范》的目的是什么？
3. 电子病历有哪几种常用术语，它们各自的含义是什么？
4. 纸质病历有哪些缺陷？
5. 为什么说电子病历是临床信息系统的核心？并简述之。
6. 简述CIS与HMIS的区别与联系。
7. 简述临床信息系统(CIS)的组成。
8. 医学信息系统有哪些标准协议，应用于临床信息系统的有哪些？

【微信扫码】
习题解答 & 相关资源

参考文献

[1] 教育部高等学校大学计算机课程教学指导委员会. 大学计算机基础课程教学基本要求[M]. 北京:高等教育出版社,2016.

[2] 周金海,印志鸿. 新编大学计算机信息技术教程[M]. 南京:南京大学出版社,2015.

[3] 张福炎,孙志辉. 大学计算机信息技术教程(2016 版)[M]. 5 版. 南京:南京大学出版社,2016.

[4] 施诚. 医院信息系统[M]. 北京:中国中医药出版社,2009.

[5] 王爱英. 计算机组成与结构[M].(第 5 版). 北京:清华大学出版社,2013.

[6] 谢希仁. 计算机网络[M].(第 7 版). 北京:电子工业出版社,2017.

[7] 肖庆. 计算机网络基础与应用[M]. 北京:人民邮电出版社,2013.

[8] 周金海. 人工智能学习辅导与实验指导[M]. 北京:清华大学出版社,2008.

[9] 冯天亮. 数据库原理及其医学应用[M]. 北京:电子工业出版社,2014.

[10] 王珊,萨师煊. 数据库系统概论[M].(第 5 版). 北京:高等教育出版社,2014.

[11] 李月军. 数据库原理与设计(Oracle 版)[M]. 北京:清华大学出版社,2012.

[12] 屠建飞. SQL Server2008 数据库管理[M]. 北京:清华大学出版社,2012.

[13] 温川飙. 中医临床数字化数据规范[M]. 四川:四川科技出版社,2015.

[14] 胡铮. 电子病历系统[M]. 北京:科学出版社,2011.

[15] 龚沛曾,杨志强. 大学计算机[M].(第 6 版). 北京:高等教育出版社,2013.

[16] 王志军,柳彩志. 多媒体技术及应用[M].(第 2 版). 北京:高等教育出版社,2016.

[17] 胡晓峰,吴玲达,等. 多媒体技术教程[M].(第 4 版). 北京:人民邮电出版社,2015.

[18] 国家卫生计生委关于印发“十三五”全国人口健康信息化发展规划的通知,2017.

[19] 曹晓兰,彭佳红. 多媒体技术与应用[M]. 北京:清华大学出版社,2012.

[20] HAUX R. Medical informatics: Past, present, future [J]. International of Medical Informatics,2010,79(9):599 - 610.

[21] 代涛. 医学信息学的发展与思考[J]. 医学信息学杂志,2011 - 06 - 20.

[22] 董建成. 医学信息学的现状与未来[J]. 中华医院管理杂志,2004(4):211 - 233.

[23] 徐一新,应峻,董建成. 医学信息学的发展[J]. 中国医院管理,2014(3):6 - 63.

[24] 关延风,马骋宇. 基于电子病历的医疗信息隐私保护研究[J]. 医学信息学杂志,2011,32(8):36 - 39.

[25] 张会会,马敬东,邸金平,等. 网络健康信息质量评估研究综述[J]. 医学信息学杂志,2014,35(3):1 - 5,16.

[26] 姜彬彬. 多媒体技术实用教程[M].(第 2 版). 北京:清华大学出版社,2014.